郇庆治　王聪聪　主编

社会主义生态文明论丛

SERIES ON SOCIALIST ECO-CIVILIZATION

ONE

第一卷

中国林業出版社
CFPH China Forestry Publishing House

北京大学习近平新时代中国特色社会主义思想研究院资助出版

图书在版编目(CIP)数据

社会主义生态文明论丛. 第一卷／郇庆治，王聪聪主编.
北京：中国林业出版社，2024. 5. — ISBN 978-7-5219-2744-3

Ⅰ. X321. 2-53

中国国家版本馆 CIP 数据核字第 2024EV1390 号

责任编辑：何　鹏　李丽菁

出版发行　中国林业出版社
（100009，北京市西城区刘海胡同 7 号，电话 83223120）
电子邮箱　cfphzbs@ 163. com
网　　址　http：//www. cfph. net
印　　刷　三河市双升印务有限公司
版　　次　2024 年 6 月第 1 版
印　　次　2024 年 6 月第 1 次印刷
开　　本　710mm×1000mm　1/16
印　　张　20
字　　数　320 千字
定　　价　85. 00 元

《社会主义生态文明论丛》

编　委　会

序　一

在全球气候变化的时代背景下，对于生态可持续性和一种全新的社会经济与自然关系的需要及其实践探索，意味着重构当前经济并使之成为真正可持续的。其核心在于通过生态重建实现经济发展以及社会进步。换言之，它所关涉的是如何接纳新的观点看法、重新平衡优先事项和社会关注重心的转移。所有这些问题对于人类社会的未来都至关重要，对于中国和整个世界来说都是如此。然而，对于这些问题的解决，我们目前并没有既存的发展模式可以遵循、成熟的政策可以复制、现成的方案可以照搬。我们已经处在一个社会生态转型过程之中，但却因而对转型本身的理解更加着眼于技术与社会层面上的革新，试图找到既有利于生产力发展又具有可持续性的新方法。

为了促进对于上述问题的新观点及其解决方案的探索，罗莎·卢森堡基金会北京代表处于2015年与北京大学马克思主义学院共同创建了“中国社会主义生态文明研究小组”(CRGSE)。这一合作努力的主要目的有如下三个。第一，这一研究团体由于从一开始就确立的向优秀青年学者开放的特点而创建了一个跨学科的研讨与交流平台，涵盖了关于生态文明这一议题的主要理论与经验视点。在其中，来自马克思主义、经济学以及社会科学相关学科的学者，就问题确定、政策方案和政策落实等开展理论的、方法论层面上的和基于实证观察的学术讨论与交流。第二，这一研究团体还是作为一个更大规模的国际性“生态转型研究”网络的重要构成部分而创立的。也就是说，在中国开展的学术讨论和科学探索可以与在欧洲、南美、印度和非洲的类似活动相互交织、彼此促进。第三，这一研究团体无论作为一个整体还是其个体成员所提供的专业特长，可以使不同层面上的政策决策者有所参考借鉴，并帮助更大范围内的公众理解生态挑战及其应对。

在“中国社会主义生态文明研究小组”过去七年的发展过程中，罗莎·卢森堡基金会不仅积极参与了共同组织国际会议、小组学术年会和专题工作坊，以及会议成果出版和实地考察研究，而且深度介入了这些学术活动之中以及之外的学术讨论、观点提炼、主题凝聚、国际网络扩展和学术项目的准备与实施。七年多来，基金会与北京大学马克思主义学院的合作交流总是十分愉快而成果丰富的。

近年来，这一研究小组虽然在研究主题上看起来显得更加多样化与复杂，但实际上是更加具有内在一致性和决定性。如今，它已经不仅发展成为一个有影响力的学术网络，对国内环境政策的讨论产生重要影响，而且成功促成了生态文明研究这一全新而宽阔的研究领域，在其中年轻的和知名的学者可以创造性地阐发他们各自的学术看法。

罗莎·卢森堡基金会北京代表处对于这一研究小组所取得的进展感到由衷高兴，同时也为基金会对它的发展所做出的贡献感到自豪。

即将出版的这本专题文集是“中国社会主义生态文明研究小组”近年来所取得的丰硕成果的又一例证。它涵盖了围绕“社会主义生态文明”这一核心概念的许多宽泛而有趣的学术议题，必将会对该议题领域的学界与政策决策者产生重要影响。尤其是，这一文集包括了关于社会生态转型议题的一些高质量论文，充分体现了作者从不同学科或跨学科视角的理论思考，而这也是研究小组致力于探索社会生态转型新观点、新方法和新思路的宗旨的体现。

因而，请允许我利用这一专题文集出版的机会，祝贺“中国社会主义生态文明研究小组”在过去七年中所从事的开创性工作，并感谢北京大学马克思主义学院尤其是郇庆治教授所提供的富于效率且高质量的、既遵循科学原则又具有政治战略远见的、同时始终是友好而密切的合作。

罗莎·卢森堡基金会北京代表处期待着继续并不断扩大我们之间的合作，从而创作并出版更多这样的里程碑式著作。

扬·图罗夫斯基 博士
罗莎·卢森堡基金会北京代表处 首席代表
2022 年 1 月 10 日

序　二

这部关于社会主义生态文明理论与实践的专题文集，是一个名为“中国社会主义生态文明研究小组”的团体撰写的。因而，我首先要在这里郑重介绍和推举一下这个团体。

这个团体的诞生与西方的生态马克思主义在中国的广泛传播密切相关。尽管西方的生态马克思主义早在20世纪70和80年代就已出现，但真正产生影响却是在90年代之后。我国原先研究“西方马克思主义”的一些学者，特别是其中的一些青年学者，对作为“西方马克思主义”中的一个重要派别的生态马克思主义的迅速崛起，十分敏感。他们及时地对生态马克思主义加以跟踪研究。随后，生态马克思主义的许多代表人物及其著作与理论观点，被介绍到国内。毫无疑问，我国学者对生态马克思主义和西方绿色左翼思潮研究刚开始的几年，主要停留于对其人物、理论观点的述解上。但随着生态危机的现实越来越严峻地呈现于人们的面前，特别是随着我国生态文明建设的大力推进，我国的生态马克思主义的研究者迅速地实现了研究的“转型”：他们从单纯地对生态马克思主义进行学理性探讨，转变为以生态马克思主义为思想资源开启对社会主义生态文明的理论与实践的研究。这样，在我国学术界，特别是在我国高等院校，涌现了一批有着生态马克思主义知识背景的社会主义生态文明的研究者，其中既有如郇庆治、王雨辰、张云飞、方世南、解保军、陈永森这样比较年长的学者，更有像蔡华杰、刘仁胜、郭剑仁、李宏伟、李全喜、杨志华、刘海霞、王聪聪这样的青年精英。郇庆治教授及时地把这批分布在全国各高校的学者组织在一起，于2015年成立了“中国社会主义生态文明研究小组”。这个小组最初曾作为“全国当代国外马克思主义研究会”的一个分支机构开展活动，后来则主要隶属于北京大学马克思主义学院和德国罗莎·卢森堡基金会的合作框架。

“中国社会主义生态文明研究小组”的诞生，以及这批原先研究生态马克思主义和西方绿色左翼思潮的学者的成功转型，对我国社会主义生态文明理论的研究，乃至对我国社会主义生态文明建设实践，都产生了令人意想不到的积极影响。这个小组、这批学者，实际上已成为我国社会主义生态文明理论和实践战线上一支谁也不能忽视的生机勃勃的有生力量。用郇庆治教授的话来说，这是从“它”到“我们”的研究场域与角色自主性立场的历史性转变。我从事“西方马克思主义”的研究已有数十年，经历了从20世纪80年代以来我国传播和研究“西方马克思主义”的全过程。我一直认为，从事“西方马克思主义”研究关键在于把它变成推进马克思主义中国化、观察和解决我国一系列现实问题的思想资源。在研究“西方马克思主义”各个流派的研究队伍中，显然，生态马克思主义的研究者在这方面是做得最好的。他们早已不停留于对生态马克思主义本身的述介上，而是紧密地联系我国生态文明建设的实际，自觉地、富有成效地利用生态马克思主义的思想资源，从理论和实践两个方面来推进中国的生态文明建设。这样，他们也从单纯的“西方马克思主义”研究者变成了我国生态文明建设的探索者。他们所实现的这一“华丽转身”，真值得好好地总结和推广。我多么希望，我国的生态马克思主义研究者所走过的这一道路，成为我国所有的“西方马克思主义”研究者所走的道路。

接下来，我谈几点具体看法，请大家批评指正。

第一，我们应当充分地估计我们这个小组对推动中国的社会主义生态文明建设所起的积极作用。不久前闭幕的党的十九届六中全会充分肯定了我国的生态文明建设方面所取得的显著成就，认为党的十八大以来我国生态环境保护发生了“历史性、转折性、全局性变化”。我们这个社会主义生态文明研究小组成立于党的十八大之后，它的成长和发展大致与我国社会主义生态文明建设的推进同步。应当承认，中国的生态文明建设取得如此大的成绩，其中也渗透着我们这个小组成员的智慧与辛劳。这些年，我们这个小组集体或者独立在中国的生态文明建设的理论与实践方面倾注的心血有目共睹。我们所出版的相关著作、所发表的相关文章、所撰写的相关内部报告、所举办的相关学术研讨会、所进行的相关调查研究和社会实践、所提供的相关咨询，统计一下其数字是惊人的。实际上，我们所做的工作已得到了社会上广泛的认可。在当今的中国，提及生态文明建设，离开了我们这个小组，已断然不行。

第二，我们应当继续发挥我们了解西方生态马克思主义和西方绿色左翼思潮的优势。我们这个小组成员的一个优势就是熟知西方的生态马克思主义，生态马克思主义的研究视域、研究对象甚至研究立场与我国的生态文明建设理论的相当程度上的契合性。我们现在实现了“转型”，但千万不能丢掉我们这一优势。我们的研究应当继续保持从“生态马克思主义”到“马克思主义生态学”再到“社会主义生态文明建设理论”的这一根主线。我们充分了解西方生态马克思主义和西方绿色左翼思潮，我们以此为思想资源来研究中国的生态文明建设，在国内是得天独厚的。

第三，我们应当更加自觉地肩负起推进中国生态文明建设的历史使命。党的十九届六中全会认为，改革开放以后，党日益重视生态环境保护，但“生态文明建设仍然是一个明显短板”。党的十八大以来，党中央以前所未有的力度抓生态文明建设，这一明显的短板有了很大的改变。但必须承认，生态文明建设在我国仍然任重而道远。生态文明建设在我国仍然还在路上。我们这个小组实际上已经承担起了推进中国生态文明建设的历史使命，我们现在必须更加自觉地承担起这一使命，即更自觉地把这一使命放在自己的肩膀上。当我们自觉不自觉地以研究西方生态马克思主义为主转变为以研究当今中国的生态文明建设为主，当我们成立了这个以研究中国社会主义生态文明建设为宗旨的研究小组，实际上我们已做出了选择。现在，我们没有丝毫放弃甚至放松的理由。我们把自己的余生，或者下半辈子投身于我国的生态文明建设的研究是值得的。

第四，我们应当进一步改变“单打独斗”的做法，把我们的“小组”真正整合成一支富有战斗力的队伍。现实反复告诉我们，进行生态文明建设是一项系统的工程，进行生态文明建设的研究，与进行其他的大型研究一样，仅仅依靠个人的“单打独斗”是不行的，而必须依靠群体的力量。我们这个小组的许多成员都拥有自己的研究专长，各有各的优势，应当把这些专长与优势有机地组合在一起。中国的生态文明建设的理论成果，显然不能停留于一鳞一爪、七拼八凑上，而是需要浑然一体、系统完整的成果，而这样的成果仅依靠单独的个人是很难产生出来的，必须由一个群体齐心协力、取长补短才能形成这样的成果。我们这个小组尽管成立已有多年，但无疑它十分松散，成员分散在全国各个高校。所以，我们现在必须建立一种机制，真正改变我们小组的松散状态。好在经过多年的实践，我们已经拥有了一个核心，这就是郇庆治教授；而且在我们背后，还有罗莎·卢森堡基金会的强有力的支持。这是我们把我们的队伍进一步整合在一起的有利条件。

第五，我们应当认真总结我们过往的研究成果，在更高的起点上、在更开阔的视野上展开我们的研究。为了进一步推进我们的研究，我认为如下问题必须认真地考虑：

其一，如何进一步透彻地展开对马克思主义生态理论的研究，并与此同时致力于推进马克思主义生态理论的中国化和时代化；

其二，如何进一步跟踪探讨西方的生态马克思主义和西方绿色左翼思潮，从正面、侧面甚至反面吸收其一切有益的东西，并把其转化为构建中国生态文明建设的理论资源；

其三，如何强化我们与政府相关部门的联系，建立起通畅的沟通渠道，一方面及时、有效把我们的研究成果转化为政府进行生态文明建设的战略和方针，另一方面把政府急需解决的有关生态文明建设的课题纳入我们的研究范围；

其四，如何敢于直面当今中国生态文明建设中的难题，比如环境保护和经济发展之间的两难，不停留于对生态文明建设的成果的宣传与颂扬上，而是勇于揭露生态文明建设中的短板，把不回避问题作为我们这个小组研究的一个特色；

其五，如何走出单纯地进行理论研究的“学术圈子”，而是把理论研究与现实的探讨紧紧地结合在一起，走出校门，来到生态文明建设的第一线，进行扎实的社会调查，掌握生态文明建设实践的第一手资料；

其六，如何强化问题意识，围绕着生态文明建设中的真实问题而不是虚假问题集中力量进行攻关研究，真正拿出我们的货真价实的、令人“解渴”的研究成果来；

其七，如何强化与国外各种环境保护研究机构与组织的联系，使我们的小组成为沟通国内外生态文明建设研究机构之间的“桥梁”；

其八，如何承担起把我国的生态文明建设理论成果，特别是习近平生态文明思想推介到国际学界的责任，使全球生态文明建设成为构建人类命运共同体的首要途径。

郇庆治教授要我为这一文集写一个序言。有感而发，写下了以上这些文字。其中肯定有许多片面甚至错误之处，敬请批评指正。

是为序。

陈学明

2021 年 12 月

目　录

Contents

导 论

作为一种转型政治的社会主义生态文明

郇庆治

内容提要：深入理解与阐发社会主义生态文明理念或话语理论的关键在于，不能将其简约或虚化成为一种生态环境治理的公共政策概念或术语，而脱离中国特色社会主义现代化发展和中国特色社会主义理论这一更宏大、也更为重要的背景和语境。更明确地说，社会主义生态文明话语与政治——相较于各种形态的"生态中心主义"或"生态资本主义"——更能够(应该)代表当代中国生态文明及其建设的本质或目标追求。依此而言，欧美"绿色左翼"学界所倡导与推动的"社会生态转型"理论——以及其他各种激进转型理论，虽然未必能够最终导致当代资本主义社会的"大转型"甚或"社会主义转向"，但确实可以给当代中国的社会主义生态文明及其建设提供方法论(话语)与政治层面上的某些启迪。

关键词：社会主义生态文明，转型政治，社会生态转型，生态马克思主义，绿色左翼当代中国语境或视域下的社会主义生态文明及其建设，无论是就其作为一种现实实践的未来可能性还是对它的学理性阐发来说，都是一个值得做更系统与深入探究的议题。2017 年中国共产党第十九次全国代表大会(以下简称“十九大”)工作报告对“社会主义生态文明观”的强调充分表明，中国特色的社会主义现代化发展意味着或指向一种“社会主义生态文明”①。也就是说，渐趋成为大众共识的是，现实中具象性的生态环境难题应对及其保护工作其实有着明显的政治意识形态和社会整体性变革的意涵。在本文中，笔者将从分析作为一种绿色变革话语理论与政治的“社会主义生态文明”的国际性“转型话语”语境入手，进而阐明它基于当代中国现实的环境政治哲学或转型政治意蕴。

一、转型、转型话语(政治)与社会生态转型

政治哲学的“转型”(transformation or transition)概念所意指或涵盖的②，并非只是欧美国家所独有的或当代意义上的社会变革现象。就前者而言，跨越数千年之久的古代中国封建社会也是一个不断形塑自身的渐进改变过程，而自改革开放以来的当代中国社会也被广泛认为是进入了一个全面而深刻的转型时期③；就后者来说，近代社会以来的欧美资本主义制度体系及其所主导的世界格局，也经历了一个持续甚至加速发生着的变革转型进程，所以才会有当代资本主义社会相对于其初立时期的诸多重大差异。概言之，“转型”这一术语或范畴，既可以泛指某一社会(包括人类社会本身)的社会形态意义上的根本性变革，但尤其指这个社会在同一社会形态条件下的阶段性或局部性改变，而衡量这种阶段性或局部性改变的标尺也是极其多样化的，比如社会的

① 习近平：《决胜全面建成小康社会，夺取新时代中国特色社会主义伟大胜利》，人民出版社，2017 年版，第 52 页；胡锦涛：《坚定不移沿着中国特色社会主义道路前进，为全面建成小康社会而奋斗》，人民出版社，2012 年版，第 42 页。

② 一般意义上的“转型”概念至少还可以应用在自然科学与数学、人文艺术、商业和技术等众多学科(实践)领域中，而它在社会科学中更多是一个社会学、经济学、文化学等学科意义上的术语或范畴。

③ 耿明斋：《中国经济社会转型探索》，社会科学文献出版社，2008 年版。

经济技术基础、政治统治与社会治理方式、能源资源支撑体系、大众性生活消费方式等。依此而言，转型是一个叙述性或阐释性的概念，旨在更为清晰地表明社会已经或正在发生的某种意义上的尚未构成本质性的改变，特别是那些“社会的(societal)”而不仅仅是“社会的”(social)或“社会学意义上的”(sociological)变化[①]。不仅如此，作为一个政治哲学概念，“转型”更为关注或强调的是社会中那些社会形态意义上的整体性或重大变革的政治意蕴，而对于社会某些层面或领域中的转型实践(事实)的描述、阐释或研判，也往往会基于颇为不同的政治意识形态或哲学立场。比如，对于近代社会之初手工业作坊技术体系向机器大工业技术体系的转型，以及目前正在进展中的化石燃料能源体系向可再生能源体系的转型，保守主义、自由主义、社会主义和生态主义等都会对它们的发生过程及其经济社会后果做出颇为不同的叙述与阐释。

政治哲学中的转型话语(discourse of transformation)或转型性话语(transformative discourse)，显然不同于作为一种既定事实或现实实践的转型本身，但却无疑是基于对转型事实或实践的界定、分类与理论分析而建构起来的。尤其需要指出的是，就像此前并不鲜见的转型话语一样，最近这一波 2010 年代以来萌生并迅速变得有些流行的国际性转型话语，也是深刻内嵌于欧美资本主义国家的整体性制度环境及其文化观念基础的[②]。换言之，欧美主导语境下的转型话语或转型性话语，其实质就是关于当代资本主义社会的阶段性变革或局部性转变的话语。具体来说，它们既包括围绕欧美资本主义社会中某一个层面或领域的转变而构建起来的转型话语理论系统——比如资本积累(盈利)模式转型、社会治理模式转型或能源结构体系转型，也可以特指围绕不同类型的转型实践(事实)或同一转型实践(事实)的不同层面的比较分析而形成

① 刘少杰：《当代中国社会转型的实质与缺失》，《学习与探索》2014 年第 9 期，第 33-39 页；张雄：《社会转型范畴的哲学思考》，《学术界》1993 年第 5 期，第 36-40 页。

② 与当前活跃着的这一轮转型话语形成鲜明对照的，是 20 世纪 80 年代末、90 年代初开始曾盛行一时的所谓“转型国家(体制)”话语。其基本意涵是，第二次世界大战后出现的中东欧“现存社会主义国家”实现了向欧美资本主义社会的多元民主政治与市场经济体制的转变。这其中的转型概念更多使用的是 transition 而不是 transformation，所凸显的不仅是转型路线的一种从 A 到 B 意义上的确定性或不容置疑性，还有转型话语主导者的一种意识形态意义上的优越感甚或傲慢。

的系统性转型话语理论——比如“绿色资本主义”理论、“去增长”理论或“超越发展”理论[1]。而正如扬·图罗夫斯基(Jan Tulovsiky)所概括的，前者可称之为“关于转型的话语”，而后者可称之为“作为话语的转型”——包括转型的政策话语、范式话语、叙述话语、认识论话语等逐层递进的意涵[2]，二者的关注重点略有不同。

相应地，一方面，当前的转型话语或转型性话语作为一个话语理论集群是高度异质性的或政治多元化的。这不仅表现在人们对于欧美资本主义国家中正在发生的各种转型实践的意蕴、范围、进程等多样化界定或理解，也表现在人们对于当代欧美资本主义社会需要进一步变革的方向、力度、路径等多样化界定或理解。因而，至少到目前为止，形形色色的转型话语作为政治话语是极端竞争性的，并不存在某一种(系列)话语的主导性或垄断性地位，而这也多少可以解释欧美国家中近年来所频繁发生的社会政治乱象——比如政治民粹主义的大行其道。另一方面，转型术语和转型话语之所以在2010年前后再次形成一波风潮，其最重要的推动并非来自2008年爆发的那场金融与经济危机本身，尤其是各级政府(包括欧盟机构)在应对危机后果上的无效或失当作为，而在于这场危机所表明的欧美国家长期以来所偏执于的现代化发展(以工业化与城市化为主)模式甚或理念本身的穷途末路。因而，资本主义社会的阶段性变革或转型成为一种广泛共识，尽管不同政治派别对于转型的具体政治与政策意涵的阐释依然大相径庭——比如对于如何实现(生态)可持续性的理解。

因而，新一波转型话语论争有着两个明显的特点：一是它们所面向或讨论的转型不再只是事实追溯性或阐释性的，或者说“向后看”的，而且也是未

---

① Ulrich Brand, “Green economy and green capitalism: Some theoretical considerations,” *Journal für Entwicklungspolitik* 28/3 (2012): 118-137; Ulrich Brand and Markus Wissen, “Strategies of a green economy, contours of a green capitalism,” in Kees van der Pijl (ed.), *The International Political Economy of Production* (Cheltenham: Edward Elgar, 2015), pp. 508-523; Giacomo D'Alisa, Federico Demaria and Giorgos Kallis, *De-growth: A Vocabulary for a New Era* (London: Routledge, 2014); Miriam Lang and Dunia Mokrani (eds.), *Beyond Development: Alternative Visions from Latin America* (Quito: Rosa Luxemburg Foundation, 2013).

② 扬·图罗夫斯基：《关于转型的话语与作为话语的转型：转型话语与转型的关系》，载郇庆治(主编)：《马克思主义与生态学论丛》(第五卷)，中国环境出版集团，2021年版，第55-74页。

来憧憬性或规范性的，或者说“向前看”的。相应地，某种转型话语在相当程度上就成为未来转型进程的一种影响性力量，也就是成为现实中的“转型政治”的一部分①。进一步说，现实中如果说具象意义上的转型或“关于转型的话语”在一定程度上是政治中性的，那么，系统性的转型理论话语或“作为话语的转型”就必须是基于某种政治立场的。如果再考虑到“转型政治”得以施展的竞争性民主政治的社会制度环境，任何一种政治立场之下的话语表达的缺席，都将意味着或导致转型过程中相应的社会政治群体的利益或关切受损。二是它们所面向或讨论的转型还具有一种前所未有的深刻性或内源性挑战应对特征。如果说欧美资本主义社会(制度体系)此前所遭遇的挑战主要是资本积累方式、经济技术手段、政治统治与社会治理工具等层面或领域中的困境，而它都通过资本类型扩展、地理区域拓展、经济管理运营革新、民主政治扩大等方法实现了资本主义社会自身的阶段性变革而不是走向崩溃，那么，2010年代金融与经济危机所彰显的则是作为资本主义社会制度与文化根基的“扩张型现代性”本身以及由此所引发的多重性危机②。相应地，它所提出的一个核心性问题就是，以资本扩张或增值为根本遵循的资本主义社会能够由此走向一个可持续发展的绿色社会吗？或者借用哲学的语言来表述，资本主义社会条件下的现代性可以质变成为自我反思性的吗？

可以说，上述背景或语境呼唤并促成了一种激进的或“绿色左翼”的转型话语的出现与迅速成长。这其中特别值得关注的著作是卡尔·波兰尼(Karl Polanyi)的《大转型》③。一方面，他把“转型”界定为前资本主义社会的经济与劳动形式向资本主义市场经济社会的逐渐转变——一个远不是自然发生的，而是快速强大起来的现代国家所主动推进的历史性过程，也就是一种关涉到社会各个层面(包括人们最初的地方性社会联系与心态)的综合性转型或“大转

① 扬·图罗夫斯基：《关于转型的话语与作为话语的转型：转型话语与转型的关系》，载郇庆治(主编)：《马克思主义与生态学论丛》(第五卷)，中国环境出版集团，2021年版，第55-74页。

② 约瑟夫·鲍姆：《欧洲左翼面临的多重挑战与社会生态转型》，《国外社会科学》2017年第2期，第13-19页；萨拉·萨卡：《当代资本主义危机的政治生态学批判》，《国外理论动态》2013年第2期，第10-16页。

③ Karl Polanyi, *The Great Transformation* (New York: Farrar & Rinehart, 1944/1945/1957/2001).

型”[①]，而这种深刻变革的最直接后果就是一种扩张型的社会经济现代性的形成并占据整个社会的统治地位——比如劳动力和土地等生产要素依据市场价格而不再是传统、地方再分配和互惠性来进行配置。另一方面，他清楚地阐明，向资本主义社会的转型或资本主义社会的形成，同时意味着或蕴含着一种资本主义的社会关系(人与人关系)和社会自然关系(人与自然关系)。也就是说，在资本主义社会条件下，被作为资本或商品对待的不仅是人(劳动者)，还包括自然(自然资源)，相应地，自然生态和劳动者都被纳入到资本主义性质的社会体系之中，成为服务于资本增值目的或逻辑的被剥夺对象，因而这种社会(“市场社会”)在本质上是人性与自然破坏性的或不可持续的。波兰尼及其《大转型》对于一种“绿色左翼”转型话语建构的相关性或贡献在于，对现代资本主义的历史与发展的分析同时具有阐释与解构的一面，而其解构意义在于，彰显与强调了当代资本主义经济政治的非天然性和变革必要性与可能性——他甚至提及了作为其替代物的一种“社会主义社会”(“重建社会家园”)的前景[②]。比如，当今转型话语中的“第二次大转型”概念[③]——强调当代资本主义社会转型的文明革新意义与意涵——显然就直接来自波兰尼的“大转型”[④]。

当然，至少与波兰尼及其《大转型》同等重要的是马克思的《资本论》等有关著述，尽管也许是“替代”或“革命”而不是“转型”才能准确表达他关于资本主义社会及其未来走向的立场。在马克思看来，资本主义社会的整体性和渐进变革特征都是毋庸置疑的，但更为重要的是，它的基本矛盾及其演进决定着资本主义社会被共产主义社会取代的历史必然性和现实进展。也就是说，

---

① Karl Polanyi, *The Great Transformation*, New York: Farrar & Rinehart, p. 41.

② Karl Polanyi, *The Great Transformation*, New York: Farrar & Rinehart, p. 257.

③ Gerhard Schulze, *Die beste aller Welten. Wohin bewegt sich die Gesellschaft im* 21 *Jahrhundert*? (Frankfurt am Main: Hanser Belletristik, 2003), p. 81; Wissenschaftlicher Beirat der Bundesregierung Globale Umweltveränderungen (WBGU), *Welt im Wandel: Gesellschaftsvertrag für eine Große Transformation* (Berlin, 2011).

④ 尽管欧美学界对于波兰尼“大转型”理论的时代价值也有着不同的认识，比如克劳斯·托马斯贝尔格更加强调的似乎是欧美资本主义当前所面临的像撰写《大转型》时那样的意味着一个自由主义资本主义梦想或乌托邦幻灭的阶段性困境。参见 Claus Thomasberger, “The belief in economic determinism, Neoliberalism, and the significance of Polanyi's contribution in the twenty-first century,” *International Journal of Political Economy* 41/4 (2012—2013): 16-33.

共产主义社会作为资本主义社会的历史性取代，不仅必定(只能)是全面而深刻的——否则不足以消除资本主义社会条件下的基本矛盾，而且将在很大程度上是终极性的，尤其是就彻底克服资本主义社会所凸显的一些人类文明本身意义上的对立、矛盾或冲突而言——比如自人类文明社会以来就一直存在着的少数人(群)对多数人(群)的以及人类对自然生态的制度性剥夺或歧视。相应地，共产主义社会——作为资本主义完全而根本性替代意义上的新社会，将是一个集经济丰足、社会平等和生态可持续性于一身的新型社会或新型文明。“这种共产主义，作为完成了的自然主义，等于人道主义，而作为完成了的人道主义，等于自然主义，它是人和自然界之间、人和人之间的矛盾的真正解决”；“社会化的人，联合起来的生产者，将合理地调节他们和自然之间的物质变换，把它置于他们的共同控制之下，而不让它作为一种盲目的力量来统治自己；靠消耗最小的力量，在最无愧于和最适合于他们的人类本性的条件下来进行这种物质变换”[①]。毋庸讳言，无论从当代资本主义的现实发展还是从世界社会主义运动的历史实践来看，马克思所做的理论分析或预测仍是过于宏观或粗线条的，甚至可以说在很大程度上只是政治哲学意义上的，其中不乏需要更丰富的历史事实(发展)来验证或补充的环节与细节。但是，马克思及其有关著述对于一种“绿色左翼”转型话语建构的相关性或贡献在于，具有鲜明的质变或断裂表征的共产主义社会及其过渡愿景，依然是当代资本主义社会及其阶段性转型的一个无法回避的标杆或坐标参照，而任何无意或有意回避了这种愿景本身的转型话语都很难说是真正激进的。

正是在上述背景与语境下，欧美学界近年来兴起并逐渐成形的“社会生态转型”理论成为一种颇具代表性的“绿色左翼”转型话语[②]。概括地说，“社会生态转型”话语或理论包含两个相互关联的基本观点。其一，它是对当今欧美

---

① 《马克思恩格斯文集》(第二卷)，人民出版社，2009，第185页；《马克思恩格斯文集》(第二卷)，人民出版社，2009年版，第928-929页。

② Ulrich Brand and Markus Wissen, ‘Social-ecological transformation’, in Douglas Richardson et al. (eds.), *The International Encyclopedia of Geography* (Hoboken: John Wiley & Sons, 2017), pp. 223-245; Christoph Görg, Ulrich Brand, Helmut Haberl, Diana Hummel, Thomas Jahn and Stefan Liehr, “Challenges for social-ecological transformations: Contributions from social and political ecology,” *Sustainability* 9 (2017): 10-45; Karl Bruckmeier, *Social-ecological Transformation: Reconstructing Society and Nature* (London: Palgrave Macmillan, 2016).

资本主义国家及其主导的国际社会所倡导推行的(新)自由主义绿色政治或政策的一种批评性回应。在它看来，由自然(生态)资本、生态现代化、绿色增长或绿色经济等表述不一的术语所组成的“绿色资本主义”或“生态资本主义”话语，终究不过是当代欧美资本主义国家及其政府的一种危机应对或资本规制战略，希望依此来摆脱传统的资本增值模式和政治统治模式所面临着的难以为继的危机或挑战。单纯就这种思路或战略的现实可行性而言，依据乌尔里希·布兰德(Ulrich Brand)的分析①，至少少数欧美国家的确可以在一个经济与政治日益一体化的世界平台上做到这一点。这也就是他所辩称的绿色资本主义不仅是现实可行的，而且已经成为一种发生中的事实。当然，他也明确指出，就像以往发生过的资本主义阶段性转型的首要目的是延续(或加速)资本增值和维持社会政治统治一样，这次的生态化转型也是如此。这意味着，无论是自然生态的虚拟资本化，还是环境友好型经济与治理方式的吸纳彰显，都将是一个基于资本增值尺度或逻辑的选择性过程。也就是说，它几乎不可能是促进社会平等或公正的过程，也未必会成为有助于生态可持续性的过程——同时在地方、国家和全球层面上。因而，“社会生态转型”理论认为，主导性或“浅绿色”转型话语的根本性缺陷或弊端，同时在转型力度与范围的意义上：仅仅着眼于能源、技术或经济运营监管的显性要素或层面上的革新，而无视或回避社会整体意义上的结构性重建，是严重不充分的，而依然是一种民族中心主义或地域主义的转型思维或战略追求，则很难形成一种区域更不用说全球层面上的历史性变革合力——20世纪90年代以来的国际气候变化应对政治和可持续发展政治已清楚地表明了这一点。

其二，它是基于当今欧美国家现实的对后资本主义社会或文明主导时代的一种“绿色左翼”政治构想。“社会生态转型”理论之所以可称为一种激进的绿色转型话语，不仅在于它对(新)自由主义绿色话语或“绿色资本主义”理论

① Ulrich Brand and Markus Wissen, “Global environmental politics and the imperial mode of living: Articulations of state-capital relations in the multiple crisis”, *Globalizations* 9/4 (2012): 547-560; “Crisis and continuity of capitalist society-nature relationship: The imperial mode of living and the limits to environmental governance,” *Review of International Political Economy* 20/4 (2013): 687-711; Ulrich Brand, “‘Transformation’ as a new critical orthodoxy: The strategic use of the term ‘transformation’ does not prevent multiple crises,” *GAIA*25/1 (2016): 23-27.

的激烈批判，还在于它对当今资本主义社会转型范围与力度的更大胆想象。概言之，在它看来，生态环境危机应对旗帜下的社会生态转型，理应同时是一个社会公正与生态可持续考量兼顾的综合性变革过程。任何致力于解决生态环境问题的政治决定或政策举措，都必须充分或优先考虑社会公正与正义层面上的原则要求，而社会公正与正义层面上原则要求的更充分实现，应该也会有助于那些解决生态环境问题的政治决定或政策举措的制定落实。很明显，这种对当代资本主义社会转型目标与进路的理解，已经非常接近于我们熟知的欧美生态马克思主义或生态社会主义的理论分析，即一种“绿色(生态)的社会主义”，只不过它似乎更愿意自称为一种“批判的政治生态学”①。同样不容忽视的是，“社会生态转型”理论所构想的转型愿景与过渡战略，(只能)是面向整个欧美资本主义世界的或全球性的。也就是说，由于各种“绿色资本主义”或“生态资本主义”性质的转型话语与战略，从一开始就致力于或满足于当代资本主义社会的局部性或阶段性变革目标与追求，因而，它们并不会挑战并变革资本主义性质的社会经济制度框架及其文化观念基础，除非这些话语与战略遭遇到来自更大范围内直至整个世界的、受到其社会不公正与生态不可持续后果影响民众的强有力抗拒。换言之，“社会生态转型”政治的本质在于，它理应是，而且必须是跨地域的或全球性的，而这意味着当代左翼政治的一种绿色左翼融合意义上的和全球层面上的重组，即逐渐形塑一种“全球性转型左翼”变革主体②。

因此，如果不是过分纠结于严格意义上的概念术语表述形式，那么，“社会生态转型”理论其实就是当代欧洲社会主义政治与生态主义思维的一种时代结合③。其核心意涵是，在社会主义理论和政治框架内对生态环境议题的吸纳融入，将会成为当代社会主义运动自我革新的重大历史机遇——“努力实现当

① Ulrich Brand, “How to get out of the multiple crisis? Towards a critical theory of social-ecological transformation,” *Environmental Values* 25/5 (2016): 503-525.

② 乌尔里希·布兰德：《超越绿色资本主义：社会生态转型和全球绿色左翼视点》，《探索》2016年第1期，第47-54页；Ulrich Brand, “Beyond green capitalism: Social-ecological transformation and perspectives of a global green-left,” *Fudan Journal of the Humanities and Social Sciences* 9/1 (2016): 91-105.

③ Philip Degenhardt, “Social-ecological Transformation: A discursive classification,” in Liliane Danso-Dahmen and Philip Degenhardt (eds.), *Social-ecological Transformation: Perspectives from Asia and Europe* (Berlin: RLS, 2018): 89-99.

今社会关系向一个和平与社会公正的社会的转型"①。换言之，当今时代的社会主义政党与政治必须同时是"红色的"和"绿色的"，或者说"红绿的"。由此也就不难理解，"社会生态转型"理论的未来社会构想及其过渡战略，已经被以德国左翼党为代表的欧洲左翼党所采纳(同时强调生态的和社会生产方式的转型以满足社会的与环境保护的需要，或社会公正的环境与能源转型)，从而有别于绿党所主张的"绿色转型"(面向一个稳定、充足与可持续未来的经济与社会体制转型)和社会民主党所主张的"生态现代化转型"(绿色的、公正的、基础性转型或新工业革命)②。

二、社会主义生态文明：当代中国语境下的术语学分析

上述对国际转型话语尤其是社会生态转型理论的概述，对于准确理解与阐发当代中国语境下的"社会主义生态文明"(socialist eco-civilization)理念是颇有助益的。一方面，无论是就其理论践行要求还是现实政治影响来说，以"社会生态转型"为代表的激进或"绿色左翼"转型话语，都是一个并非局限于欧美国家范围的国际性或全球性思潮与运动，比如目前已经活跃于拉美地区的"超越发展"理论和印度的"激进民主"理论等③。很显然，"社会主义生态文明"理念也可以大致划归为这种国际性或全球性"绿色左翼"思潮与运动的一部分。其基本依据在于，中国的社会主义生态文明及其建设，不但要致力于解决经济社会现代化进程中所出现的较为严重的一系列生态环境问题，而且要在这一过程中自觉促进与实现"生态可持续性与现代性"和"生态主义与社会主义"

---

① Party of the European Left (EL), *Statute of the Party of the European Left* (Rome: 2004), article 1.

② Party of the European Left (EL), *Refound Europe, Create New Progressive Convergence* (Berlin: 2016); European Green Party (EGP), *Green New Deal for Europe: Manifesto for the European election campaign 2009* (Brussels: 2009); Party of European Socialists (PES), *Making Green Growth Become a Reality* (Warsaw: 2010).

③ Miriam Lang and Dunia Mokrani (eds.), *Beyond Development: Alternative Visions from Latin America* (Quito: Rosa Luxemburg Foundation, 2013); Ashish Kothari, Federico Demaria and Alberto Acosta, "*Buen Vivir*, degrowth and ecological Swaraj: Alternatives to sustainable development and the green economy," *Development* 3-4 (2014): 362-375.

的双重结合[①]。也就是说，作为社会主义生态文明及其建设目标追求的生态可持续性或生态主义，将同时是一种实现了“现代性”的生态否定与超越和“资本主义”的生态否定与超越的社会主义，而这将是一个真正的绿色社会，也就是一种新型的社会主义社会。依此而言，当代中国社会主义生态文明建设的任何现实进展，都是无法置身于这种国际性或全球性“绿色左翼”变革进程(也即是广义的世界社会主义运动)之外的，同时也是它的重要表现与支撑。

另一方面，与包括欧美国家在内的“绿色左翼”政党与政治不同的是，当代中国的社会主义生态文明建设是在一个社会主义制度框架与文化观念体系基本得以确立的宏观背景与语境下进行的。也就是说，社会主义生态文明及其建设在当今中国更多体现为“中国特色社会主义现代化发展”整体进程的组成部分，或者说中国特色社会主义的阶段性发展或自我转型[②]。而这其中，作为唯一执政党的中国共产党的政治意识形态绿化和政治领导作用发挥是至关重要的[③]。其一，对社会主义生态文明及其建设话语与政治的逐渐形塑或吸纳，对于中国共产党来说是一个政治意识形态不断绿化的长期性过程。从新中国成立之初倡导的“勤俭节约”思想，到20世纪70年代末改革开放之后确立的“环境保护基本国策”，再到90年代初起制定实施的“可持续发展”战略[④]，中国共产党渐趋演进成为一个绿色的左翼执政党。2007年举行的第十七次全国代表大会将“生态文明建设”写入大会工作报告和修改后的党章，是

① 郇庆治：《社会主义生态文明：理论与实践向度》，《江汉论坛》2009年第9期，第11-17页；潘岳：《论社会主义生态文明》，《绿叶》2006年第10期，第10-18页；谢光前：《社会主义生态文明初探》，《社会主义研究》1992年第2期，第32-35页。

② 刘思华：《中国特色社会主义生态文明发展道路初探》，《马克思主义研究》2009年第3期，第69-72页；陈学明：《建设生态文明是中国特色社会主义题中应有之义》，《思想理论教育导刊》2008年第6期，第71-78页。

③ 刘勇：《生态文明建设：中国共产党治国理政的与时俱进》，《社科纵横》2012年第12期，第17-18页；张首先：《生态文明建设：中国共产党执政理念现代化的逻辑必然》，《重庆邮电大学学报(社科版)》2009年第4期，第18-21页。

④ 郇庆治：《改革开放四十年中国共产党绿色现代化话语的嬗变》，《云梦学刊》2019年第1期，第14-24页；秦立春：《建国以来中国共产党生态政治思想的演进》，《求索》2014年第6期，第11-16页。

迄今为止一个最重要的标志性节点，而这一绿化进程本身仍在持续进展之中①。其二，中国共产党是当代中国社会主义生态文明及其建设的无可置疑的领导力量。2012年“十八大”所确立的“五位一体”社会主义现代化建设事业总体布局，对于生态文明及其建设来说同时是在战略路径和总体目标意义上的。也就是说，把生态文明建设融入经济建设、政治建设、社会建设和文化建设的各方面和全过程，与建设符合生态文明原则和本质要求的经济、政治、文化和文化制度框架是相辅相成、内在统一的。而2017年举行的“十九大”不仅将生态文明及其建设明确地置于“新时代中国特色社会主义思想”的宏大理论体系之下，而且对于到21世纪中叶的生态文明建设目标做了“三步走”的中长期规划，即“打好污染防治的攻坚战”(2020年之前)、“生态环境根本好转、美丽中国目标基本实现”(2020—2035年)和“生态文明全面提升”(2035—2049年)②。这充分表明，社会主义生态文明及其建设已成为中国共产党治国理政的一个明确政治目标和常态性议题政策(任务)。

因而，如果全面理解中国特色社会主义建设的当代中国背景和语境，社会主义生态文明理念的完整意涵是不难阐明的。简言之，当今中国的生态文明及其建设必须同时是生态上进步文明的和社会主义政治取向的③。具体来说，“十九大”报告所强调的“社会主义生态文明观”“人与自然和谐共生的现代化”和“绿色发展”，实际上都是对当代中国目标追求的“中国特色社会主义现代化发展”作为一个有机整体的分别性表述，而且它们之间是相互促进、互为条件的。也就是说，“社会主义生态文明”“人与自然和谐共生现代化”“绿色发展”这三个概念，都是对“生态文明及其建设”这一伞形“元哲学”术语或范畴的一种次级性描述或表达④。相应地，更为具体意义上的生态文明制度建

① 即便在2017年党的十九大之后，围绕着环保部落实“打好污染防治攻坚战”战略部署而采取的“煤改气”等行政举措所引发的社会争议(北方省份冬季供暖大面积地由煤炭改为天然气，却由于后者供应上的系列问题而导致了部分居民生活困难)，其话语争论仍集中于环境保护与经济发展之间究竟是否存在着直接性的冲突或矛盾，反映了全社会生态文明意识与思维的牢固确立尚需时日。

② 习近平：《决胜全面建成小康社会，夺取新时代中国特色社会主义伟大胜利》，人民出版社，2017年版，第28-29页。

③ 张剑：《社会主义与生态文明》，社会科学文献出版社，2016；王宏斌：《生态文明与社会主义》，中央编译出版社，2011年版。

④ 郇庆治：《生态文明及其建设理论的十大基础范畴》，《中国特色社会主义研究》2018年第4期，第16-26页。

设举措，或者说环境经济政策和生态环境行政监管手段意义上的革新，都应从属于并接受这些次级性概念的“政治正确性”检验。比如，某一项环境经济政策——无论是新能源消费补贴还是生态环境税——的制定实施，都必须既符合人与自然和谐共生或绿色的准则，也符合社会主义的宗旨方向。

但也必须看到，一方面，当今中国的生态文明及其建设话语更多是围绕生态文明建设政策及其实践自上而下地构建起来的，因而具有一种强烈的政策话语体系的表征，而作为一种政策话语，就会较容易受到欧美国家及其所主导的国际环境政策话语体系的羁绊或左右。欧美国家自 20 世纪 70 年代初以来开始的生态环境难题或危机综合性应对，确实取得了实实在在的局地性成效，也的确在经济技术革新、环境法治与行政监管、公众社会政治参与等方面积累了许多有益经验。而且顺理成章的是，这些成效与经验逐渐成了欧美国家迄今所掌控或具有绝对影响力的有关国际政府间组织(包括联合国机构)甚或非政府组织的制度模板和话语规范。但问题是，虽然欧美国家中的大量生态环境难题应对手段和工具有着普遍性或政治中立性——比如被污染空气、水、土壤和生态的治理修复技艺，但它作为一种生态环境治理国家模式以及国际化传输推送，无疑是基于并致力于维护资本主义的社会政治体系、文化观念和全球秩序的[①]。比如，作为核心欧盟国家的德国近年来所大力推动的能源转型和欧盟与美国对于全球气候变化应对的看似彼此对立的政策立场，都需要从当代资本主义的生态化发展需要和国内经济政治环境加以阐释，而不简单是一个国内外生态环境治理与合作的公共政策意义上的问题。不仅如此，欧美国家现实中看似具体性政策工具或技术手段的采纳与应用，也往往是一个严重依赖于其所属政治制度环境或竞争性条件的过程[②]。因而，如果现实中我们对所谓国际性(欧美)生态环境治理经验及其举措采取一种照单全收式的引入吸纳，就会或者无视这些经验及其举措得以有效施行或未能更充分发挥作用的结构性条件(尤其是资本主义的社会经济制度构型与国际秩序架

① Ronnie Lipschutz, *Global Environmental Politics: Power, Perspectives, and Practice* (Washington, D. C.: CQ Press, 2004)；于兴安，《当代国际环境法发展面临的内外问题与对策分析》，《鄱阳湖学刊》2017 年第 1 期，第 75-82 页。

② Victor Wallis, *Red-Green Revolution: The Politics and Technology of Ecosocialism* (Boston: Political Animal Press, 2018).

构)，或者忽视这些经验及其举措得以有效施行或能够更充分发挥作用的本土化条件(尤其是社会主义的制度框架体系与观念文化)，而这都将会导致偏离或违背生态文明及其建设的目标追求本身。换言之，在笔者看来，过度偏重于欧美("先进")国家经验输入模仿的生态文明及其建设思路与战略的公共政策化、议题性碎片化或国际一致化，是在当今中国科学认知与践行社会主义生态文明理念所面临的首要风险。

另一方面，我国社会主义实践(包括生态文明建设实践)的初级阶段性或不充分性，同时在主客观两个层面上制约着我们对生态文明及其建设的社会主义维度或社会主义生态文明的社会主义意涵的更深入与自觉阐发。应该承认，1987 年中国共产党"十三大"对当代中国所做出的"社会主义初级阶段"性质的政治判断，构成了"中国特色社会主义现代化发展"这一国家百年战略的理论基石，也是整个"中国特色社会主义理论体系"的逻辑起点①。这一战略和理论包括了两个内在统一、相得益彰的侧面或支柱，一是社会主义初级阶段的现代化建设，在相当程度上就是实现欧美发达资本主义国家已经完成的经济社会现代化，也是实现国家治理体系与治理能力的现代化，而这首先是关系到中华民族在当今世界民族之林中的生存与地位问题；二是一种不同于资本主义社会的社会主义制度构架与文化观念体系的成长壮大，而终将是最广大人民群众的民主政治意愿和选择决定着一个现代化中国的实现路径与形式，以及一个社会主义中国的更高级社会形态及其过渡机制。而并非多虑的是，无论是由于适应社会主义初级阶段客观要求所采取的诸多政治折衷性甚或妥协性政策的累积性效应，还是随着改革开放走向深入而日渐融入欧美主导国际社会所引发的自然性结果，当今中国社会似乎正在滋生着一种对于社会主义初级阶段的无限持久化甚或"去政治化"理解的舆情氛围或大众心态，其基本表现则是对社会主义未来发展的日益抽象或淡化的政治想象②。就此而

① 赵曜：《重新认识和正确理解社会主义初级阶段理论》，《求是》1997 年第 17 期，第 2-5 页。

② 中国人民大学周新城教授 2018 年 1 月 14 日发表在党刊《求是》杂志旗下的"旗帜"栏目官方微博上的"共产党人可以把自己的理论概括为一句话：消灭私有制"一文，标题引自《共产党宣言》并且是为了纪念该宣言发表 170 周年而作，但却遭到了来自不同方面的尖锐批评甚至是政治辱骂。笔者的看法是，他在该文中对社会主义初级阶段的"过渡"性质("充满矛盾和斗争")的强调是正确或适当的，但却并未对这一阶段向更高级阶段(而不是倒退到资本主义私有制)的转型路径与机制提出进一步的明确看法。

言，“十九大”报告对于中国特色社会主义共同理想和共产主义远大理想二者统一性的重申，具有重要的政治宣示意义①。因而，就社会主义生态文明及其建设来说，并非不可能发生的情形是，对经济社会现实的初级阶段特征的过分强调——比如国有企业相对弱势的国内外竞争力(其实并不尽然)，会限制我们对于社会主义性质的经济社会制度形式以及这些经济社会制度形式的社会主义运营管理所具有的或可能带来的实质性生态革新的战略考量；同样，囿于初级阶段背景或语境而对新型社会主义经济政治及其作用的忽视甚或回避——比如赋予国有企业更大的生态环境社会责任，也会在许多情况下或某种程度上制约我们深入思考与科学应对看似纷繁复杂的生态环境问题的整体性思路与更广阔视野。换言之，笔者认为，对社会主义未来走向及其相应的政治要求的淡化或虚化处置，以及由此导致的对于社会主义更高级阶段目标与过渡机制及其积极效应的政治构想的供给不足或缺失，是在当今中国科学认知与践行社会主义生态文明理念所面临的另一大风险。

因此，在笔者看来，社会主义生态文明理念作为一种激进的或“绿色左翼”转型话语，在当代中国的大众传播与践行有着更为有利的一般性社会制度条件。而借助于中国共产党“十七大”“十八大”“十九大”报告和习近平同志系列论述等官方权威文献，它已经成为一个系统性话语理论体系(“新时代中国特色社会主义思想”或“生态文明及其建设”)中意涵较为明晰的术语或概念。但也必须看到，部分是由于其作为一个政策话语体系中基础性范畴而构建起来的性质，更大程度上则是由于它所长期处于其中的“社会主义初级阶段”本身的过渡性或不确定性特征，社会主义生态文明理念的确存在着一种被片面化诠释或贯彻落实中“去社会主义化”的风险。结果则是，社会主义生态文明在日常政治议程中被简约为关于生态环境治理与合作的公共政策及其运作，而在理论上沦落为一种无异于“生态(绿色)资本主义”话语理论的政治折衷或杂合物。也正因为如此，当代中国“绿色左翼”学界所面临着的一个挑战性任务，就是从马克思主义生态学或广义的生态马克思主义立场对社会主义生态文明的绿色政治哲学意蕴做出更明确与深入的阐发，尤其是它在何种意义上构成了一种将对当代中国产生深刻而广泛影响的“红绿”转型哲学和政治。

① 习近平：《决胜全面建成小康社会，夺取新时代中国特色社会主义伟大胜利》，人民出版社，2017年版，第63页。

三、社会主义生态文明的转型政治意蕴

正如前文中已经指出的，笔者所指称的当代中国语境下的社会主义生态文明，是一种狭义理解或特定构型意义上的“生态文明及其建设”。概括地说，它既是当今世界范围内的“绿色左翼”变革话语理论与实践运动的一部分——尤其是就其共同反对与抗拒的资本主义霸权性经济政治及其文化价值体系而言，同时也有着鲜明的中国背景与语境方面的特点——尤其体现在其明确致力于一种“社会主义初级阶段”社会条件下的“社会主义现代化发展”。这意味着，这里所理解的社会主义生态文明是一种以马克思主义生态学或广义的生态马克思主义为理论引领的话语理论和政治政策[①]，并致力于促动当今中国“社会主义现代化发展”以及“社会主义初级阶段”的“红绿”趋向或自我转型。换言之，作为一种绿色政治哲学话语，它致力于推进生态可持续性(生态主义)与社会主义现代文明(社会主义政治)的共生共荣，即更自觉地以社会主义的思维与进路解决现实中面对的生态环境难题，而这种实践尝试或思维又将在一定程度上确证和弘扬社会主义的理念与价值。

具体而言，这种社会主义生态文明话语理论或“社会主义生态文明观”包括如下三重“转型政治”意涵。其一，它是一种对“生态资本主义”性质的生态环境治理理论与实践的批判性分析和立场。一般来说，生态马克思主义或“绿色左翼”理论视野下的“生态资本主义”，既指资本主义社会条件下的基本性经济政治制度框架，尤其是建立在生产资料私人所有制基础上的市场经济和多元民主政治，也指这一总体性社会条件下所采取的基于“自然(生态)资本化”理念的各种形式的环境经济与公共政策举措，其中最为重要的构成性元素则是所谓的“可持续发展”“生态现代化”“绿色国家”“环境公民”和“国际环境治理合作”等[②]。依此而言，在当代中国“社会主义初级阶段”的社会条件下，虽

---

① 郇庆治：《作为一种政治哲学的生态马克思主义》，《北京行政学院学报》2017 年第 4 期，第 12-19 页；《社会主义生态文明的政治哲学基础：方法论视角》，《社会科学辑刊》2017 年第 1 期，第 5-10 页。

② 解保军：《生态资本主义批判》，中国环境出版社，2015；郇庆治(主编)：《当代西方生态资本主义理论》，北京大学出版社，2015 年版。

然已经消除了基本性经济政治制度意义上的“生态资本主义”的可能性，环境经济与公共政策举措层面上的“生态资本主义”的风险却仍是明显存在的。具体来说，它又呈现为两种不同的情形：一是欧美资本主义国家中“生态资本主义”性质的政策举措的积极效应被过度或扭曲性的放大，比如对基于市场机制的经济政策手段的运用，因而，各种形式的环境经济政策工具手段被过于简单化或匆忙地移植国内并付诸实施，结果却是，这些政策工具很难发挥它们在本土环境下的运行效果，甚至作为制度形式都难以及时建立起来——比如碳交易市场制度或社区垃圾分拣回收制度①。二是对国内所采取或鼓励的许多生态环境治理公共政策举措的“去政治化”甚或“亲资本化”性质认识明显不足，或者缺乏一种社会主义的意识自觉，因而，并未真正发挥出社会主义生态文明及其建设的经济政治与文化促进潜能。比如，近年来全国各地的“美丽乡村建设”尽管它本身在很大程度上得益于中央和各级地方政府的财政支持，但却鲜有主动自觉立足于发展乡村集体经济、强化农民集体组织和增进新型城乡一体化的成功个例②。究竟什么样的产权制度体系会更有利于农村生态环境的保护是可以讨论的，但可以确信，对集体性自然生态资源的公共所有与共同管理，更容易确保这类日益稀缺资源的社会共享性使用，也更容易留得住或维系乡村作为一种社会形式的共同体感或集体意识。需要强调的是，这里的“生态资本主义”既是指一种通常所理解意义上的政治意识形态，也是一个服务于理论分析目的而引入的概念性工具。换言之，“社会主义初级阶段”社会条件下所采取的具有某些“生态资本主义”属性的环境经济与公共政策举措，既可以最终融入或臣属于资本主义的政治意识形态，也可以有助于或促成向社会主义更高级阶段的过渡，而社会主义生态文明的转型政治意蕴之一，就是努力阐明并推动后一种可能性。

---

① 中国从2011年就开始了欧盟国家首倡的碳排放权交易的“七省市”试点，但直至2017年末才正式启动覆盖重点工业行业的碳排放全国交易体系，而北京市的垃圾分类回收制度始创于1996年，但差不多20年之后，这一制度仍处在一个“大力推进阶段”(《北京日报》2017年2月17日)。

② 许经勇、黄爱东：《寓生态文明建设于美丽乡村建设之中》，《福建论坛(人文社科版)》2014年第8期，第146-151页；黄克亮、罗丽云：《以生态文明理念推进美丽乡村建设》，《探求》2013年第3期，第5-12页；郇庆治：《生态文明建设的区域模式：以浙江安吉县为例》，《贵州省党校学报》2016年第4期，第32-39页。

其二，它是一种关于生态的社会主义性质的绿色社会制度框架构想或愿景。必须承认，经典马克思主义对于作为资本主义社会替代物的未来社会即共产主义社会的总体设想，是高度概括性或理想化的。从当代生态马克思主义的理论视野来看，这一理想社会至少存在着如下两个方面的重大挑战或“不确定性”[①]：一是未来共产主义社会是否以及在何种程度上将是一个比当代欧美资本主义国家更为物质富裕的社会，二是未来共产主义社会是否以及在何种程度上将是一个比当代欧美资本主义国家更加社会与生态理性的社会。就前者而言，当今世界所日益呈现出的自然资源枯竭和生态环境恶化前景——即便充分考虑到科学技术继续进步的可能性，已经在相当程度上侵蚀或终结了任何关于未来极端富裕社会的政治想象；就后者而言，在一种物质财富越来越难以实现或维持高度富裕的社会条件下，社会主义的财富公平分配与个体(群体)间平等原则即社会主义原则似乎显得更为必要，但也肯定会变得更加难以成为现实[②]。这其中的一个悖论性情形是，社会物质财富的源源不断涌现与社会和谐和生态理性的新型社会及其大众主体的孕育，不再是一个相辅相成、互相促进的正向过程，而是一个彼此牵制、相互冲耗的逆向进程。无论如何，马克思恩格斯近两个世纪之前关于未来共产主义社会的政治设想，已经无法作为当今世界任何社会主义社会的社会与生态先进性的背书担保，而今天所能做出的关于未来新社会的所有乌托邦想象也都很难将一个极端富裕社会作为其立论起点。基于此，德籍印度学者萨拉·萨卡(Saral Sarkar)甚至提出[③]，应从当代资本主义的经济衰败或不可持续趋势中探寻一种建立在“有秩序退缩”基础上的生态的社会主义的可能性，而这将是一种生态的、新型的社会主义。而如果严肃对待或吸纳这种马克思主义生态学或广义的生态马克思主义的新认知[④]，那么，当代中国“社会主义初级阶段”语境下的社会

---

① 赵家祥：《马克思恩格斯对未来社会基本特征的设想》，《马克思主义与现实》2014第6期，第21-30页。

② 托马斯·皮凯蒂：《21世纪资本论》，巴曙松等译，中信出版社，2014年版。

③ Saral Sarkar, *Eco-Socialism or Eco-Capitalism? A Critical Analysis of Humanity's Fundamental Choices* (London: Zed Books, 1999).

④ 王雨辰：《论生态学马克思主义与社会主义生态文明》，《高校理论战线》2011年第8期，第27-32页；陈永森：《生态社会主义与中国生态文明建设》，《思想理论教育》2014年第4期，第44-48页。

主义生态文明，就会呈现为一种特定意义和构型上的理解与追求。概言之，这种未来绿色社会将是一个并非传统理解或宣传的那样雄心勃勃的、声称可以满足所有人的无限需求的富裕社会(“各尽所能、各取所需”)，而它的基本经济政治制度框架则是围绕着并致力于大众主体的基本生活需要(衣食住行)的可持续保障而建构起来的。因而，对包括自然生态环境在内的各种基础性资源的公共所有、共同管理、公平分配、互惠分享、可持续性利用，将成为其最根本性的社会原则或核心价值。相应地，“社会主义初级阶段”条件下的社会主义生态文明建设，既要自觉致力于构建一种相对物质简约、但却具有更明确的社会主义表征的新型制度构架，也要大张旗鼓地鼓励和营造一种与之相适应的支撑性社会主体和大众文化①。也就是说，社会主义生态文明话语与政治的绿色变革或“转型”意蕴在于，它所指向或倡导的是在21世纪新时代背景下的社会主义理念与生态主义理念的创造性结合，既不再固守经典社会主义的某些愿景设想或原则条款，也不会无原则辩护或支持公共生态环境质量改善旗帜下的政策举措。

其三，它是一种关于当代中国“社会主义初级阶段”实现其阶段性提升或自我转型的“红绿”战略与践行要求。正如前文所讨论的，当今中国“绿色左翼”话语和政治与欧美国家“绿色左翼”话语和政治的重大区别在于，前者所致力于实现的是一种社会主义基本经济政治制度框架和文化观念体系之下的阶段性过渡或转型，而后者则更多是一种趋向社会主义基本经济政治制度框架和文化观念体系的根本性变革或重塑。就此而言，后者的难度显然要大得多。但是，这只是一种理论层面上的分析，其实，现实中促成当代中国所处的“社会主义初级阶段”实现其向中高级阶段过渡或转型的困难和挑战，同样是异常艰巨的。必须明确，这种阶段性提升或转型所追求的经济、社会、文化和生态目标是更高层次的或更加综合性的，而因此需要面对或驾驭的社会矛盾也是更加复杂多样的。相应地，面向或属于“社会主义中高级阶段”的社会主义理念和政治，理应是与“社会主义初级阶段”所形成的社会主义理念及其制度

---

① 值得关注的是，2017年“十九大”报告明确提出了人民日益增长的“美好生活需要”这一概念，其含义已经远远超出了原初意义上的“物质文化生活需要”，尽管与拉美等“绿色左翼”学者所倡导的“好生活”概念相比还至多是“浅绿的”。

化有所区别的。正是在上述意义上，社会主义生态文明作为一种转型话语与政治承载或体现着当代中国特色社会主义阶段性发展的巨大挑战及其潜能。[①]一方面，“社会主义初级阶段”的经济社会初步现代化特征，决定了作为执政党的中国共产党既不能固守传统意义上的社会主义政治甚至价值理念，也不能简单拒斥那些明显具有生态资本主义属性的政策工具手段，另一方面，“社会主义初级阶段”的社会主义本性或取向，又要求执政党及其政府必须在明确限制各种生态资本主义属性的政策工具范围及其影响的同时，切实强化社会主义的基本经济政治制度基础以及大众文化。否则的话，经济社会现代化目标与生态环境改善目标的(局部性)实现，都不一定意味着或通向一种社会主义的未来——因为它有可能成为欧美资本主义国家中的“生态资本主义”模式的翻版，而其中所凸显的(国内外)社会与生态非公正性是不能接受或不值得期望的。由此而言，2017年中国共产党“十九大”所规划的生态文明及其建设“三步走”的路线图，既需要明确纳入“中国特色社会主义现代化发展”总体战略布局之下来考虑的，也必须从三大步骤条件下生态文明建设的经济、政治、社会与文化之间的“五位一体”整体和彼此互动意义上来理解。[②] 具体来说，“打好污染防治的攻坚战”(2020年之前)时期和“生态环境根本好转、美丽中国目标基本实现”(2020—2035年)时期与“生态文明全面提升”(2035—2049年)时期相比，社会主义生态文明的一般性生态文明制度框架与社会主义政治环境显然应该是有所不同的，而标志着这些阶段性提升或过渡的不应仅仅是一些环境经济与公共政策层面上的工具手段，还应包括一些更具根本性的政治、社会与文化制度形式，而且是具有更明显或深刻的社会主义特征的政治、社会与文化制度形式。也就是说，社会主义生态文明话语与政治所尤其彰显或标志性的，是它明确蕴含着的“中国特色社会主义现代化发展”进程及其阶段性生态文明建设目标的“红绿”转型战略与践行要求。比如，对于“打好污染防治的攻坚战”来说更为有效的政治政策构架也许是强有力、大规模的行政管理和大众动员，相比之下，对于“生态环境根本好转、美丽中国目标基本实

---

① 郇庆治：《生态文明新政治愿景2.0版》，《人民论坛》2014年10月(上)，第38-41页。

② 郇庆治：《以更高的理论自觉推动新时代生态文明建设》，《鄱阳湖学刊》2018年第3期，第5-12页。

现"来说更为有效的政治政策构架就很可能是更加企业自觉自律和政府职业化监管的综合性治理体系，对"生态文明全面提升"来说更为需要的则应是全社会生产生活方式以及文化价值理念的深刻飞跃，而标志着或促动这些社会结构性条件变化的关键性元素则是生态文明及其建设中日渐明晰的社会主义维度。

结论

综上所述，笔者认为，深入理解与阐发社会主义生态文明理念或话语理论的关键在于，不能将其简约或虚化成为一种生态环境治理的公共政策概念或术语，而脱离"中国特色社会主义现代化发展"和"中国特色社会主义理论"这一更宏大、也为更为重要的背景和语境。就此而言，"十九大"报告对"社会主义生态文明观"和"新时代中国特色社会主义思想"及其"坚持人与自然和谐共生"基本方略的明确强调，同时有着重要的"红绿"或"绿色左翼"政治与理论意涵①。更明确地说，社会主义生态文明话语与政治——相比于各种形态的"生态中心主义"或"生态资本主义"——更能够(应该)代表当代中国生态文明及其建设的本质或目标追求。这当然不是说，"生态中心主义"所强调的社会的个体价值伦理观念变革的重要性，"生态资本主义"所强调的社会的经济技术手段与行政监管手段革新的重要性②，都是无足轻重的甚或错误的，而是说，马克思主义生态学或广义的生态马克思主义理论所阐明的社会形态意义上的根本性替代——即用一种生态的社会主义取代资本主义(包括"绿色资本主义")，对于当代人类社会最终走出全球生态危机并构建一种真正的生态文明不可或缺。欧美"绿色左翼"学界所倡导与推动的"社会生态转型"理论——以及其他各种激进转型理论，是否能够最终导致当代资本主义社会的"大转型"甚或"社会主义转向"，至少从目前来看，其实是相当不确定的，而这也决非仅仅是由于理论自身不完善方面的原因，但它确实给当代中国的社会主义

① 郇庆治：《社会主义生态文明观阐发的三重视野》，《北京行政学院学报》2018年第4期，第63-70页。

② 郇庆治等：《绿色变革视角下的当代生态文化理论研究》，北京大学出版社，2019年版。

生态文明及其建设同时提供了方法论(话语)与政治层面上的某些启示："五位一体"的生态文明及其建设"三步走"构想、中国特色社会主义现代化建设的阶段性发展、社会主义初级阶段的中高级阶段转型，其实就是21世纪中国同一个历史进程的不同侧面的分别概括或表述，而这样一种宏大社会转型目标追求的实现将只可能是长期而艰巨的伟大实践或斗争的结果。

(作者单位：北京大学马克思主义学院)

第一章

《马克思恩格斯文集》与社会主义生态文明理论研究

方世南

内容提要：《马克思恩格斯文集》中关于人与自然和谐的思想，关于社会有机体通过物质变换可持续发展的思想，关于自然异化、劳动异化、商品异化、资本异化与人的异化的思想，关于生态系统与社会系统关联性的思想，关于人的自然属性与社会属性相结合和能动性与受动性对立统一的思想，以及关于人的两大提升、人类的两大和解与人类社会进步发展的两大主义等思想，在哲学、政治经济学、科学社会主义有机联系的整体理论体系中显露出了精辟而深刻的生态文明思想。马克思恩格斯生态文明思想，是马克思主义理论体系的重要组成部分。系统整理与阐发《马克思恩格斯文集》中的生态文明思想，对于完整正确地掌握马克思主义，推进马克思主义理论学科建设，并以马克思恩格斯生态文明思想为指导，加强我国生态文明建设理论与实践研究，努力走向社会主义生态文明新时代，意义重大而深远。

关键词：《马克思恩格斯文集》，人与自然关系思想，社会主义生态文明理论，生态文明建设，马克思主义人民出版社2009年出版的十卷本《马克思恩格斯文集》，收录了马克思恩格斯的112篇重要著作和280封重要书信，集中呈现了马克思恩格斯对自然界发展规律、人类社会发展规律和人类思维活动规律的整体性思考。由于人与自然的关系和人与社会的关系是马克思恩格斯研究视域中的两大聚焦点，因而，《马克思恩格斯文集》展现出鲜明的"红绿交融"色彩。在笔者看来，我们既要注重研究马克思恩格斯关于阶级斗争、无产阶级专政、武装起义、暴力革命、消灭私有制等方面的"红色"思想，也要注重研究他们关于人与自然和谐相处的"绿色"思想。因而，以整体性视野整理与阐发《马克思恩格斯文集》中的生态文明思想，对于完整正确地掌握马克思主义，并以马克思恩格斯生态文明思想为指导，加强我国生态文明建设理论与实践研究，努力走向社会主义生态文明新时代，意义重大而深远。

一、《马克思恩格斯文集》中的生态文明思想是马克思主义的重要组成部分

生态文明及其建设的核心问题，是人与自然界如何共存共生、协调发展的问题，而生态文明的理想状态就是实现人与自然的和谐共生。马克思恩格斯在《德意志意识形态》中所说的"感性世界的一切部分的和谐，特别是人与自然界的和谐"①的思想，实际上就涵盖了目前国内外几乎所有生态文明概念所表达的内容。

在《马克思恩格斯文集》前九卷所收录的112篇著作中，马克思恩格斯通过对唯物史观的研究和对资本主义剩余价值规律的揭示，以维护无产阶级和广大劳动人民的经济权益、政治权益、文化权益、社会权益和生态环境权益为研究目的，以促进人的自由而全面发展为价值追求，在人—自然—社会的系统架构中论述了自然界发展规律、人类社会发展规律和人类解放规律，在自然解放、社会解放和人类解放的整体性解放的逻辑进程中阐明了实现无产阶级和广大劳动人民自由与解放的前提条件、主要内容以及基本路径，并以唯物史观为基础、在哲学、政治经济学、科学社会主义有机联系的整体理论

① 《马克思恩格斯文集》(第一卷)，人民出版社，2009年版，第528页。

体系中展现出了精辟而深刻的生态文明思想。

比如，马克思恩格斯认为，“人本身是自然界的产物”①，“人类社会同自然界一样也有自己的发展史和自己的科学”②，“这种共产主义，作为完成了的自然主义，等于人道主义，而作为完成了的人道主义，等于自然主义。它是人和自然界之间、人和人之间的矛盾的真正解决，是存在和本质、对象化和自我确证、自由和必然、个体和类之间的斗争的真正解决。它是历史之谜的解答，而且知道自己就是这种解答”③，要在“自然主义—人道主义—共产主义”三位一体中推进社会整体进步和全面发展。恩格斯写作《自然辩证法》的主要目的，首先在于根据当时的自然科学事实，系统阐发科学的自然观，完成自然观上的根本变革；其次就是要创作一部与《资本论》相衔接的著作，即不仅要揭示自然界本身的辩证发展过程，还要阐明自然界发展的客观过程如何有规律地超越自然界的范围并辩证地过渡到人类社会历史领域。马克思恩格斯在《德意志意识形态》中则提出：“全部人类历史的第一个前提无疑是有生命的个人的存在。因此，第一个需要确认的事实就是这些个人的肉体组织以及由此产生的个人对其他自然的关系。当然，我们在这里既不能深入研究人们自身的生理特性，也不能深入研究人们所处的各种自然条件——地质条件、山岳水文地理条件、气候条件以及其他条件。任何历史记载都应当从这些自然基础以及它们在历史进程中由于人们的活动而发生的变更出发。”④

总之，马克思恩格斯的唯物史观所蕴含着的绿色生产力思想，对不可持续发展的政治经济学与资本主义制度批判的思想，关于人与自然辩证关系所包含的实践基础上的人化自然观思想，生态政治学所阐述的自然解放、社会解放和人的解放的整体性解放思想，关于合理地调节人与自然之间物质变换关系所折射的社会发展观思想，关于社会有机体通过物质变换或新陈代谢而可持续发展的思想，关于自然异化、劳动异化、商品异化、资本异化与人的异化的思想，关于生态系统与社会系统关联性的思想，关于人的双重属性即“自然属性与社会属性”紧密结合的思想，关于人的双重特性即“能动性与受动

① 《马克思恩格斯文集》(第九卷)，人民出版社，2009年版，第38页。

② 《马克思恩格斯文集》(第四卷)，人民出版社，2009年版，第284页。

③ 《马克思恩格斯文集》(第一卷)，人民出版社，2009年版，第185页。

④ 《马克思恩格斯文集》(第一卷)，人民出版社，2009年版，第519页。

性”对立统一的思想，关于人的两大提升即“在社会方面把人从其余的动物中提升出来，正像一般生产曾经在物种方面把人从其余的动物中提升出来一样”①的思想，关于人类的两大和解即“人类与自然的和解以及人类本身的和解”②的思想，关于人类社会进步发展的两大主义即“彻底的自然主义或人道主义”③的思想，等等，这些思想都蕴含着十分丰富而深刻的生态文明思想，是马克思主义理论体系的重要组成部分，呈现出鲜明的红色与绿色交相辉映的亮丽色彩。

二、《马克思恩格斯文集》中阐述生态文明思想的主要著作

概括地说，《马克思恩格斯文集》中阐述生态文明思想的主要著作，包括《1844年经济学哲学手稿》《英国工人阶级状况》《关于费尔巴哈的提纲》《德意志意识形态》《共产主义原理》《共产党宣言》《法兰西内战》《论土地国有化》《论住宅问题》《论权威》《哥达纲领批判》《社会主义从空想到科学的发展》《家庭、私有制和国家的起源》《资本论》《反杜林论》和《自然辩证法》等。

在对资本主义导致生态灾难和生态危机的批判中，全面阐述人与自然关系以及二者间如何协调发展这一生态文明建设的核心问题，是马克思的《1844年经济学哲学手稿》的重点内容。其中，他提出了关于自然界为人类提供劳动对象和生存资料，人通过劳动中介与自然界联系以及人与自然界相统一的观点，关于人的科学与自然科学将来是一门科学的观点，关于在科学与自然界的联系中认识人与自然关系的观点，关于人要按照“美的规律”构建自然界的观点，关于人与自然构成对象性关系并作为对象性存在以及“人是类存在物”的观点，关于人作为受动的自然存在物与能动的自然存在物相统一而存在的观点，关于动物生产的片面性与人的生产的全面性的观点，关于实现人的解放、社会解放与自然解放这一整体性解放，以实现自然主义和人道主义相统一的人与自然和谐、人与社会和谐的共产主义社会的观点，等等。这些观点

---

① 《马克思恩格斯文集》(第九卷)，人民出版社，2009年版，第422页。

② 《马克思恩格斯文集》(第一卷)，人民出版社，2009年版，第63页。

③ 《马克思恩格斯文集》(第一卷)，人民出版社，2009年版，第209页。

在马克思主义生态文明思想史上具有重大的理论价值和现实价值。

恩格斯的《英国工人阶级状况》反映了英国严重的阶级矛盾和生态矛盾交织在一起的状况，通过描述英国工人阶级所遭受的双重灾难——在资本主义制度下惨遭剥削和压迫的社会灾难以及在严重影响身心健康的恶劣环境之中艰难生存的生态灾难，揭示了工人所遭受蹂躏现实的社会阶级根源，并明确指出，工人阶级的社会地位必然会促使他们奋起抗争，争取自身的经济权益、政治权益、文化权益、社会权益和生态权益，最终推翻资本主义统治，实现创建新社会的任务。在其中，恩格斯用大量篇幅描写了环境污染对工人阶级生态权益的剥夺以及造成的生存危机，展示了恩格斯辩证唯物主义生态世界观和生态价值观的形成和发展。

马克思在《关于费尔巴哈的提纲》中第一次明确提出了科学的实践观，将实践作为连接主体与客体、物质与精神、人与自然、人与社会以及人与人关系的中介，并以物质生产实践为逻辑起点，构建起了与旧唯物主义相区别的新唯物主义，即实践的唯物主义。马克思对人与自然关系的精辟论述，揭示了人类社会生活的实践本质，提出环境的改变和人的改变是一致的，我们应该从人的各种社会关系以及人与环境的互动关系中去考察人的本质，并通过实践来检验和丰富理论。

马克思恩格斯合著的《德意志意识形态》，首次从有生命的个人，即与自然界具有天然的内在同一性关系的个体出发，并将其作为历史唯物主义分析的出发点和前提，从而对唯物史观做了全面系统的论述。马克思恩格斯运用自然与历史相统一的辩证法以及社会基本矛盾运动的方法论，阐明了社会存在决定社会意识这一唯物史观的基本观点，揭示了在社会实践基础上的人与自然关系的辩证统一性，提出了无产阶级夺取政权、消灭私有制、消除资本主义的社会危机和生态危机，重构在实践基础上的自然与历史之间的内在统一关系，建设人与自然和谐、人与社会和谐以及人与人和谐的新社会，并在实践中完成改造无产阶级自身的历史任务，同时强调，未来新社会的创建要以在人化自然基础上生产力的巨大增长和高度发展为前提。这个新的世界观，展现了生态认知或考量在唯物史观中的分量，标志着马克思恩格斯的生态文明思想已经具备比较完整系统的内容，为马克思在《资本论》中更加全面系统地阐述生态文明思想奠定了坚实的理论基础。

恩格斯的《共产主义原理》科学地做出了许多关于未来新社会的基本特征的预言。针对生态环境问题，恩格斯提出了加强生态文明建设的一些重大举措，比如“开垦一切荒地，改良已垦土地的土壤”[①]，“把城市和农村生活方式的优点结合起来，避免二者的片面性和缺点”，“拆毁一切不合卫生条件的、建筑得很坏的住宅和市区”[②]，使农业进入崭新的繁荣时期，“所有人共同享受大家创造出来的福利，通过城乡的融合，使社会全体成员的才能得到全面发展”[③]，阐明了未来新社会将是一个绿色发展的美好社会。

马克思恩格斯在《共产党宣言》中提出的关于生态文明建设的举措包括：“按照共同的计划增加国家工厂和生产工具，开垦荒地和改良土壤”，“实行普遍劳动义务制，成立产业军，特别是在农业方面”，“把农业和工业结合起来，促使城乡对立逐步消灭”[④]。这些举措关涉或触及消灭资本主义制度后新社会如何加强生态文明建设的一些重大问题。

马克思在《法兰西内战》中从“取缔国家寄生虫”“杜绝巨量国民产品浪费”和“厉行节约”等具有生态文明意蕴政策的角度，论述了劳动解放的意义和实现途径。对此，马克思指出，“劳动的解放——公社的伟大目标——是这样开始实现的：一方面取缔国家寄生虫的非生产性活动和胡作非为，从根源上杜绝把巨量国民产品浪费于供着国家这个魔怪；另一方面，公社的工作人员执行实际的行政管理职务，不论是地方的还是全国的，只领取工人的工资。由此可见，公社一开始就厉行节约，既进行政治变革，又实行经济改革”[⑤]。在这里，马克思实际上阐述了构建资源节约型社会对于劳动解放和政治解放的意义。

马克思在《论土地国有化》中论述了地产、土地这些生态资源对于生产力发展的重要价值，并将其称为财富的原始源泉，提出了通过土地国有化保障土地肥力、促进经济社会可持续发展的设想。马克思说：“地产，即一切财富

① 《马克思恩格斯文集》(第一卷)，人民出版社，2009年版，第686页。
② 《马克思恩格斯文集》(第一卷)，人民出版社，2009年版，第686页。
③ 《马克思恩格斯文集》(第一卷)，人民出版社，2009年版，第687页。
④ 《马克思恩格斯文集》(第二卷)，人民出版社，2009年版，第53页。
⑤ 《马克思恩格斯文集》(第三卷)，人民出版社，2009年版，第198页。

的原始源泉"①。因而，为了达到日益增长的生产，就不能无知地消耗地力。对此，马克思详细指出，"我们需要的是日益增长的生产，要是让一小撮人随心所欲地按照他们的私人利益来调节生产，或者无知地消耗地力，就无法满足生产增长的各种需要。一切现代方法，如灌溉、排水、蒸汽犁、化学处理等等，应当在农业中广泛采用。但是，我们所具有的科学知识，我们所拥有的耕作技术手段，如机器等，如果不实行大规模的耕作，就不能有效地加以利用。大规模的耕作(即使在目前这种使耕作本身沦为役畜的资本主义形式下)，从经济的观点来看，既然证明比小块的和分散的土地耕作远为优越，那么，要是采用全国规模的耕作，难道不会更有力地推动生产吗？一方面，居民的需要在不断增长，另一方面，农产品的价格不断上涨，这就不容争辩地证明，土地国有化已成为一种社会必然性。一旦土地的耕作由国家控制、为国家谋利益，农产品自然就不可能因个别人滥用地力而减少"②。在此基础上，马克思揭示了土地国有化对于社会解放、劳动解放和自然解放的诸多好处。在他看来，"土地只能是国家的财产。把土地交给联合起来的农业劳动者，就等于使整个社会只听从一个生产者阶级摆布。土地国有化将彻底改变劳动和资本的关系，并最终完全消灭工业和农业中的资本主义的生产。只有到那时，阶级差别和各种特权才会随着它们赖以存在的经济基础一同消失。靠他人的劳动而生活将成为往事。与社会相对立的政府或国家将不复存在！农业、矿业、工业，总之，一切生产部门将用最合理的方式逐渐组织起来。生产资料的全国性的集中将成为由自由平等的生产者的各联合体所构成的社会的全国性的基础，这些生产者将按照共同的合理的计划进行社会劳动。这就是19世纪的伟大经济运动所追求的人道目标"③。

恩格斯在《论住宅问题》中揭示了住宅问题既是社会问题也是生态环境问题。恩格斯指出，"在这种社会中，工人大批地涌入大城市，而且涌入的速度比在现有条件下为他们修造住房的速度更快，所以，在这种社会中，最污秽

---

① 《马克思恩格斯文集》(第三卷)，人民出版社，2009年版，第230页。
② 《马克思恩格斯文集》(第三卷)，人民出版社，2009年版，第231页。
③ 《马克思恩格斯文集》(第三卷)，人民出版社，2009年版，第233页。

的猪圈也能找到租赁者”①，“最优雅的街道背后紧挨着就是污秽不堪的工人区”②，“由于工业的巨大扩展，这些移民区大多数已经被工厂和房屋层层围住，以致它们目前已经地处拥有两三万以至更多居民的污秽多烟的市镇中间”③。在恩格斯看来，住宅问题是能够得到合理解决的，而解决住宅问题必须与消灭资本主义生产方式联系在一起。为此，恩格斯提出，应该以废除资本主义生产方式为前提，消灭城乡对立，呵护好生态环境，促进农村人口的解放，达到社会环境和自然环境的优化。在这里，恩格斯不是就事论事地谈论生态环境及其保护，而是把生态环境问题上升为社会问题、政治问题和人的问题，将工人阶级的生态权益与经济权益、政治权益、文化权益和社会权益紧密联系起来，充分体现了其生态文明思想的深刻性和完整性。

恩格斯在《论权威》中提出了“自然力”的概念，并提醒人们，如果人与自然相互对立，人们只知道征服自然力，就必然会遭到自然力的报复，而自然力的这种报复是一种不管社会组织怎样的普世性现象。恩格斯指出，“如果说人们靠科学和创造天才征服了自然力，那么自然力也对人进行报复，按他利用自然力的程度使它服从一种真正的专制，而不管社会组织怎样。想消灭大工业中的权威，就等于想消灭工业本身，即想消灭蒸汽纺纱机而恢复手纺车”④。恩格斯关于必须协调好人与自然的关系，以防止自然界对人类进行报复的思想，与他在《自然辩证法》一书中所提出的警惕自然界报复的观点是完全一致的。

马克思的《哥达纲领批判》既是科学社会主义理论的重要文献，也包含着一系列重要的生态文明思想。在这部著作中，马克思批判了德国工人党纲领草案中的拉萨尔主义观点，阐述了科学社会主义的基本原理以及许多重要的生态文明思想。比如，针对德国工人党纲领中的“劳动是一切财富和一切文化的源泉”的观点，马克思运用生态思想予以驳斥。马克思指出，“劳动不是一切财富的源泉。自然界和劳动一样也是使用价值(而物质财富本来就是由使用

① 《马克思恩格斯文集》(第三卷)，人民出版社，2009年版，第276页。
② 《马克思恩格斯文集》(第三卷)，人民出版社，2009年版，第290页。
③ 《马克思恩格斯文集》(第三卷)，人民出版社，2009年版，第288页。
④ 《马克思恩格斯文集》(第三卷)，人民出版社，2009年版，第336页。

价值构成的!)的源泉，劳动本身不过是一种自然力的表现，即人的劳动力的表现。上面那句话在一切儿童识字课本里都可以找到，但是这句话只是在它包含着劳动具备了相应的对象和资料这层意思的时候才是正确的”①。在马克思看来，空谈劳动是一切财富的源泉，既掩盖了资本主义剥削的实质，又抹杀了生态环境资源作为劳动的重要先决条件，看不到自然界的土地、矿山、河流、森林等要素在生产力形成和发展中的重大价值，从而也不可能提出保护生态和促进经济社会持续发展的理念。

恩格斯的《社会主义从空想到科学的发展》是科学社会主义理论的入门著作。其中，恩格斯从自然解放、社会解放和人的解放的整体性解放角度，对由自然规律、社会规律和人的发展规律所决定的自然历史、社会历史和人的历史做了分析展望，描绘了未来人类社会将自然生态和人文社会生态紧密结合在一起的美好图景。对此，恩格斯指出，“人终于成为自己的社会结合的主人，从而也就成为自然界的主人，成为自身的主人——自由的人”②。

恩格斯的《家庭、私有制和国家的起源》是一部从人与自然关系、人与社会关系以及人与人关系的发生、发展角度系统阐述历史唯物主义理论的重要著作，并蕴含着丰富的生态文明思想。在这部著作中，恩格斯运用唯物史观科学地阐明了人类社会早期发展阶段的历史，继在《德意志意识形态》一书中提出两种生产理论之后，进一步完整地表述了这一理论，将物质生活资料的生产和人自身的生产看作是制约人类社会发展的核心要素，并依此阐明了人类社会从血缘关系向阶级关系演进的历史条件和社会基础。恩格斯认为，在私有制的文明时代，由于这个社会的基础是一个阶级对另一个阶级的剥削，因而，生态与文明、个人财富与社会财富就处于尖锐的对立之中，“文明时代以这种基本制度完成了古代民族社会完全做不到的事情。但是，它是用激起人们的最卑劣的冲动和情欲，并且以损害人们的其他一切禀赋为代价而使之变本加厉的办法来完成这些事情的。鄙俗的贪欲是文明时代从它存在的第一日起直至今日的起推动作用的灵魂：财富，财富，第三还是财富——不是社会的财富，而是这个微不足道的单个的个人的财富，这就是文明时代唯一的、

① 《马克思恩格斯文集》(第三卷)，人民出版社，2009年版，第428页。

② 《马克思恩格斯文集》(第三卷)，人民出版社，2009年版，第566页。

具有决定意义的目的。如果说在文明时代的怀抱中科学曾经日益发展，艺术高度繁荣的时期曾经一再出现，那也不过是因为现代的一切积聚财富的成就，不这样就不可能获得罢了”①。在这里，恩格斯既揭示了人与自然的关系、人与社会的关系以及人与人的关系在由无阶级社会到阶级社会中所发生的深刻变化以及发生这种深刻变化的内在根源，又阐明了从根本上解决人与自然的关系、人与社会的关系以及人与人的关系上的矛盾对立和尖锐冲突的基本路径。

《资本论》是马克思毕生研究政治经济学的伟大成果，是一部具有划时代意义的鸿篇巨制，也是一部体现他完整系统地思考人与人的关系、人与社会的关系以及人与自然的关系的理论成果。在这部著作中，马克思既系统论述了资本主义生产方式以及与之相应的生产关系和交换关系，又在这种论述中阐发了他丰富而深刻的生态文明思想。马克思在《资本论》中运用辩证唯物主义和历史唯物主义的世界观和方法论，揭示了资本主义社会的经济运动规律以及资本主义产生、发展和灭亡的历史规律，同时体现了他对人与自然关系的深刻思考。需要指出的是，《资本论》中的生态文明思想不是零散杂乱的，而是在唯物史观和剩余价值理论体系中系统地展示出来的，呈现为一个具有内在联系的理论逻辑体系。比如，它所提出的自然界是人类存在和发展的先决条件，是商品和劳动得以产生的前提条件和自然基础的思想，资本主义生产方式以及资本逻辑导致对生态环境严重破坏的思想，人的全面解放和自然界的全面复活的思想，人以自身的活动来中介、调整和控制人与自然之间物质变换过程的思想，在生产力中注重自然力的保护和合理利用的思想，物质的循环利用和资源节约的思想，人类应该像好家长那样把经过改良的土地传给后代的思想，等等，都是对现代生态文明理论研究和实践具有重要指导作用的思想，也都是在全球生态环境保护治理中具有开拓性和原创性的思想。这些思想充分反映了马克思对自然界发展规律、人类社会发展规律和人类解放规律的整体性和超前性认识，充分体现了马克思关于自然解放、社会解放和人的解放的整体性解放的思想理论学说，为后人在此基础上进一步结合现实，深入研究人与自然的关系、人与社会的关系以及人与人的关系提供了坚

① 《马克思恩格斯文集》(第四卷)，人民出版社，2009年版，第193页。

实的思想理论基础。从这个意义上说，《资本论》中系统而深刻的生态文明思想足以表明，马克思是生态文明理论研究和生态文明学科建设的先驱与奠基者。

第一，在研究资本主义生产方式以及与之相对应的生产关系和交换关系中论述人与自然的关系，表明人与自然之间具有紧密依存和相互作用的特性，自然物质对于资本主义商品细胞的形成和发展具有重要价值以及劳动在物质资料生产中发挥着重要作用，从而体现了马克思将研究自然界发展规律、人类社会发展规律和人的解放规律紧密联系起来的整体性认知视野。

第二，马克思不仅肯定了自然界在生产力发展和物质财富创造中的重要作用，将劳动价值论与自然界的内在价值紧密联系起来，而且揭示了自然条件对劳动生产率和社会发展的直接影响，充分肯定了生态环境资源在生产力发展与社会进步中具有的基础性地位和作用，体现了生态资本和生态生产力的思想。

第三，马克思从资本主义生产方式导致的物质变换裂缝现象中分析了它所造成的自然异化、劳动异化和人的异化等方面的危害，揭示了物质变换和资源循环利用对于可持续发展的重要价值。可以说，马克思在人类生态文明理论史上较早提出了物质变换和循环经济理念，阐述了自然生态系统与社会生态系统之间的统一性问题，从中展现出丰富而深刻的生态文明思想。

第四，马克思揭示了资本主义私有制和资本逻辑是引发经济危机和生态危机交织在一起并双重爆发的最终根源，认为资本主义生产发展了社会生产过程的技术和结合，但同时也破坏了一切财富的源泉——土地和工人，激化了人与自然的矛盾和人与社会的矛盾这对双重矛盾。在马克思看来，只有消灭资本主义私有制，实行生产资料公有制，才能有效控制自然，消除社会和自然对人的双重压迫，最终实现人的全面解放，达到人与社会的关系以及人与自然的关系的整体和谐。

第五，马克思对后资本主义社会的生态文明和社会文明做了相对乐观的预测，提出了超越资本主义社会的将是共产主义社会的观点。马克思认为，共产主义社会是自然解放、社会解放和人类解放的整体解放社会形态，是人类从必然王国向自由王国的历史性飞跃；共产主义社会作为自由王国，表现为自然的自由和人的自由，因而是具有高度的生态文明、社会文明和人的文明的美好社会。这表现出了马克思对于生态文明和社会文明以及人的文明发展进步的积极乐观态度。

马克思恩格斯是历史进步论者。因而，如同相信人类不断地告别野蛮走向文明进步一样，马克思恩格斯对未来社会的生态文明抱有相对乐观的态度。在马克思恩格斯看来，人与自然的关系是一个人类逐渐地告别野蛮进而不断地走向生态文明的历史发展过程，只要人类认识自然、尊重自然、善待自然和顺从自然，就会最终从必然王国走向自由王国。对此，马克思指出，“这个自然必然性的王国会随着人的发展而扩大，因为需要会扩大；但是，满足这种需要的生产力同时也会扩大。这个领域内的自由只能是：社会化的人，联合起来的生产者，将合理地调节他们和自然之间的物质变换，把它置于他们的共同控制之下，而不让它作为一种盲目的力量来统治自己；靠消耗最小的力量，在最无愧于和最适合于他们的人类本性的条件下来进行这种物质变换。但是这个领域始终是一个必然王国。在这个必然王国的彼岸，作为目的本身的人类能力的发挥，真正的自由王国，就开始了。但是，这个自由王国只有建立在必然王国的基础上，才能繁荣起来”[①]。比如，具体到人类如何树立正确的土地观，科学地对待土地，马克思的态度是：“甚至整个社会，一个民族，以至一切同时存在的社会加在一起，都不是土地的所有者。他们只是土地的占有者，土地的受益者，并且他们应当作为好家长把经过改良的土地传给后代”[②]。总之，在马克思看来，由于土地是人类生存和发展的根基，只有好的土地才能孕育好的人类，所以，每代人都应树立起正确的土地观，以实际行动悉心照管好土地，保持良好的代际关系，从而实现人类的可持续发展。马克思的这些生态文明思想，在恩格斯的《反杜林论》和《自然辩证法》中得到了进一步的阐述和拓展。

恩格斯在《反杜林论》中关于人与自然关系的论述，集中表达了如下五个方面的重要思想：其一，自然界是第一性的，人以及人的思维、意识是第二性的，人本身是自然界的产物，人的思想意志对自然界又具有能动性；其二，自然界和人类社会是普遍联系和发展变化的；其三，自然界是可以被认识的，

---

① 《马克思恩格斯文集》(第七卷)，人民出版社，2009年版，第928页。

② 《马克思恩格斯文集》(第七卷)，人民出版社，2009年版，第878页。

认识自然规律和支配人本身的肉体存在和精神存在的规律，就是从必然迈向自由，从而体现出文化进步和社会发展；其四，通过城市和乡村的融合消除环境污染，促进人与自然之间的物质变换以达到经济社会可持续发展；其五，借助生产力的发展、科技的进步、私有制和阶级差别的消灭，走向真正的人的自由与已被认识的自然规律和谐一致的生活的生态文明时代。

《自然辩证法》是恩格斯研究自然界和自然科学中的辩证法问题以及对那个时代的自然科学做哲学分析的重要著作，也是体现他丰富而深刻的生态文明思想的重要著作。恩格斯运用辩证唯物主义的世界观和方法论，对欧洲文艺复兴以来的自然科学的主要成就，特别是 19 世纪自然科学的三大发现做了科学总结；批判了自然科学研究中的唯心主义和形而上学；论述了自然科学和哲学的关系，并强调指出，自然科学的发展及其成果证明了辩证唯物主义自然观的科学性及其产生的必然性，唯物辩证法为自然科学研究提供了科学的方法，自然科学家应当自觉地学习和掌握唯物辩证法，而蔑视辩证法是会受到惩罚的。恩格斯《自然辩证法》中的生态文明思想内容丰富，见解超前，论述深刻，对当今生态文明建设实践也具有重要的指导意义。

一是将辩证唯物主义自然观与历史观紧密地结合起来，阐述了自然界与人类社会的内在统一性，从系统有机整体的角度论述了人类文明与生态文明的内在关联性，将社会进步与生态优化紧密地联系起来。

二是从人的能动性和受自然界的制约性这双重属性出发，阐述了人类必须服从自然规律和通过能动性的发挥能够支配自然的辩证关系，说明了在推动人与自然的和谐方面，人既有主体性和能动性，又有受自然制约的被动性与受动性，而只有协调好人与自然之间的能动性和受动性关系，才能促进生态文明和社会文明的协调发展。对此，恩格斯指出，“只有一种有计划地生产和分配的自觉的社会生产组织，才能在社会方面把人从其余的动物中提升出来，正像一般生产曾经在物种方面把人从其余的动物中提升出来一样。历史的发展使这种社会生产组织日益成为必要，也日益成为可能。一个新的历史时期将从这种社会生产组织开始。在这个时期中，人自身以及人的活动的一切方面，尤其是自然科学，都将突飞猛进，使以往的一切都黯然失色”①。恩

① 《马克思恩格斯文集》(第九卷)，人民出版社，2009 年版，第 422 页。

格斯在这里提出的“两个提升”思想，意指在人类文明的高级阶段，即随着新的社会生产组织的形成，将消除人与自然之间的生态矛盾以及人与社会之间的社会矛盾这两种矛盾，在人与自然和谐以及人与社会和谐的态势下，社会科学和自然科学将会获得迅猛发展。

三是强调人类不能过分地支配自然界，必须善待自然界，只有理解和遵循自然规律，按照自然界固有的规律办事，才能避免自然界对人类的报复现象发生。

四是揭示了导致生态危机的主要原因是统治阶级为了获得自身的利益以及资本主义将获得利润作为唯一的动力，忽视被压迫者最贫乏的生活需要以及自然界的承载力，而解决生态危机的根本出路是对资本主义社会制度实行完全的变革。对此，恩格斯强调，“但是要实行这种调节，仅仅有认识还是不够的。为此需要对我们的直到目前为止的生产方式，以及同这种生产方式一起对我们的现今的整个社会制度实行完全的变革”①。

三、《马克思恩格斯文集》中阐述生态文明思想的重要书信

《马克思恩格斯文集》第十卷为书信选编，按时间顺序收录了马克思恩格斯在1842—1895年间写的280封重要书信。这些书信也展示出了许多重要的生态文明思想，构成了对前九卷生态文明思想的进一步补充、完善和拓展。

其一，它深刻阐述了生态与文明之间的关系，生态文明实质上是自然生态与人类实践发生关系的产物，生态本身无所谓文明或不文明，生态文明是生态与文明密切结合的成果。比如，马克思在致阿道夫·克路斯的信中指出，“热带沼泽地非常肥沃，而要加以开垦则需要文明。但是热带沼泽地本身对杂草来说是肥沃的，而对有益的草类决非如此。文明显然产生在小麦野生的地区，小亚细亚等等的某些地区就是这样。历史学家很有道理地把这样的土地，而不是把有毒植物和需要花很大的工夫耕耘才能使之成为对人类来说是肥沃的土地，称为自然沃土。肥力本来只是土地同人类需要的一种关系，它不是

① 《马克思恩格斯文集》(第九卷)，人民出版社，2009年版，第561页。

绝对的"①。马克思在这段话中深刻地阐明，所谓生态文明是生态与人类文明相结合的产物，而实践活动是实现这一结合的桥梁和途径。尽管热带沼泽地土质非常肥沃，但如果这些肥沃的土地不纳入人类实践活动领域，就无法显示其对人类的价值。而只有通过人类文明的力量，将其按照人类的目的加以开垦，将人类文明传递到这些热带沼泽地，才能表现出生态文明。因而，所谓土地肥力反映的是土地同人类需要之间的一种关系，其内在的价值是与人类的需要紧密关联着和对应着的，土地肥力并不是绝对的，而是相对的。

再比如，恩格斯在致马克思等人的书信中指出，李嘉图认为土地肥力会随着人口的增加而减少，甚至认为如果在同一块土地上追加投资，超过一定限度以后，增加的收益就会依次递减，并将土地肥力日益衰竭视为一条规律，这是一种错误的看法，并不符合生态文明发展的客观规律。马克思恩格斯认为，所谓土地肥力递减规律，忽视了资本主义竞争规律和科学技术水平的进步以及生产力状况等这些更重要的东西。事实上，追加的或连续投入的劳动和资本，都是会随着生产方式的改变和技术的革新而变化的。只有在技术水平不变的情况下，连续投入追加劳动和追加资本，才会出现收益逐渐减少的现象，但决不能据此断言这是一条普遍规律。在恩格斯看来，马克思的研究已经把土地肥力递减问题彻底讲清楚了。他指出，"我在《德法年鉴》上早已用科学耕种法的进步批驳过肥力递减论，——当然那是很粗浅的，缺乏系统的论述。你现在把这一问题彻底弄清楚了"②。可以看出，马克思恩格斯作为实践的唯物主义者，一方面自觉地将生态与人类实践结合起来思考，认为人类具有主观能动性，人类文明是不断发展的历史进程，生态与文明相结合所形成的生态文明是一个不断拓展其领域的过程；另一方面自觉地将生态与人类有意识的社会调节结合起来思考，将生态问题上升为社会问题。而马克思在书信中则批判了资产阶级社会导致生态危机和社会危机的症结，在于无法进行有意识的社会调节。马克思指出，"资产阶级社会的症结正是在于，对生产自始就不存在有意识的社会调节。合理的东西和自然必需的东西都只是作为

① 《马克思恩格斯文集》(第十卷)，人民出版社，2009年版，第125页。
② 《马克思恩格斯文集》(第十卷)，人民出版社，2009年版，第68页。

盲目起作用的平均数而实现”[①]。马克思恩格斯根据社会基本矛盾学说所得出的结论是，只有超越资本主义社会，建立起奠基于生产资料公有制的自由人联合体，对生产进行有意识的社会调节，才能根除生态危机和社会危机，重构新型的人与自然和谐关系以及新型的人与社会和谐关系。

其二，它生动记录了资本主义国家由于大力推进工业化以及过分地追求资本的增值而导致的多种生态问题，揭示了这种严重的生态环境状况对人的身心健康的影响以及对全球可持续发展的影响。比如，马克思恩格斯在书信中多次提到天气状况以及天气对人的工作和生活的不利影响。1882 年 12 月 15 日，恩格斯从伦敦写给马克思的信中说，“今天又是整天浓雾弥漫，整天都点着煤气灯。——祝你健康，希望天气很快就会好转，那样你就可以出门了”[②]。而第十卷没有收录的、恩格斯 1893 年 10 月 11 日于伦敦致维克多·阿德勒的信中，对柏林城市的外表与工人恶劣的人居环境予以这样的评论：“但城市的外表确实是美丽的，连工人住宅的门面简直也像宫殿一般。至于这些外景后面的东西，最好不谈。工人住宅里的贫困当然是个普遍现象；然而使我大为丧气的是‘柏林屋’——昏暗、污浊、闷气和在其中感觉舒适的柏林的平庸生活，这是在世界其他地方不可能有的现象。”[③]

不仅如此，恩格斯还揭露了资本主义生产方式对生态环境造成的巨大危害。他在致尼古拉·弗兰策维奇·丹尼尔逊的信件中说，“关于这种惊人的经济变化必然带来的一些现象，你说的完全正确，不过所有已经或者正在经历这种过程的国家，或多或少都有这样的情况。地力损耗——如在美国；森林消失——如在英国和法国，目前在德国和美国也是如此；气候改变、江河干涸在俄国大概比其他任何地方都厉害，因为给各大河流提供水源的地带是平原，没有像为莱茵河、多瑙河、罗纳河及波河提供水源的阿尔卑斯山那样的积雪。农业旧有条件遭到破坏，向大农场资本主义经营方式逐渐过渡——这些都是在英国和德国东部已经完成了的而在其他地方正在普遍进行着的过

---

① 《马克思恩格斯文集》(第十卷)，人民出版社，2009 年版，第 290 页。

② 《马克思恩格斯文集》(第十卷)，人民出版社，2009 年版，第 494 页。

③ 《马克思恩格斯全集》(第三十九卷)，人民出版社，1974 年版，第 131 页。

程"①。而恩格斯在另一封致尼古拉·弗兰策维奇·丹尼尔逊的信件中，则进一步阐述了资本主义生态危机对人的生命和生产力造成的巨大痛苦。他指出，"毫无疑问，从原始的农业共产主义过渡到资本主义的工业制度，没有社会的巨大的变革，没有整个阶级的消失和它们的另一些阶级的转变，那是不可能的；而这必然要引起多么巨大的痛苦。使人的生命和生产力遭受多么巨大的浪费，我们已经在西欧——在较小的规模上——看到了。但是，这距离一个伟大而天赋很高的民族的彻底灭亡还远得很。你们已经习以为常的人口迅速增长，可能遭到遏制。滥伐森林加上对旧地主以及对农民的剥夺，可能引起生产力的巨大浪费；然而，一亿多人口终究会给非常可观的大工业提供一个很大的国内市场；在你们那里，也像其他任何地方一样，事情最终会找到它们自己的相应的位置，——当然，如果资本主义在西欧能持续得足够长久的话"②。

其三，它进一步揭示了人类社会与动物界的本质区别，阐明了自然观与历史观之间的辩证关系，反对把历史发展的丰富多样的内容都概括在所谓"生存斗争"这一干瘪而片面的说法中，强调了促进生态文明和社会文明协调发展的根本出路。比如，恩格斯在致彼得·拉甫罗维奇·拉甫罗夫的一封书信中，针对拉甫罗夫的《社会主义和生存斗争》一文，全面系统地阐述了他的辩证唯物主义自然观和历史观。生存斗争是达尔文自然选择学说的核心概念，认为每个生物在生活过程中都必须跟自然环境作斗争、跟同一物种的其他生物作斗争、跟不同物种的生物作斗争，其中以同一物种的生物之间的斗争最为激烈，而斗争的结果是物竞天择、适者生存。恩格斯在信中强调，自己虽然接受达尔文学说中的进化论，但认为达尔文进化论的证明方法(生存斗争、自然选择)只是对一种新发现的事实所做的初步的、暂时的、不完善的说明。因而，他指出，"在达尔文以前，现在到处都只看到生存斗争的那些人(福格特、毕希纳、摩莱肖特等)所强调的正是有机界中的合作，植物界怎样给动物界提供氧和食物，反过来动物界怎样给植物界提供碳酸和肥料，李比希就曾特别强调这一点。这两种见解在一定范围内都是有一定道理的，但两者也都同样

① 《马克思恩格斯文集》(第十卷)，人民出版社，2009年版，第627页。

② 《马克思恩格斯文集》(第十卷)，人民出版社，2009年版，第663页。

是片面的和偏狭的。自然界中物体——无论是无生命的物体还是有生命的物体——的相互作用既有和谐，也有冲突，既有斗争，也有合作。因此，如果有一个所谓的自然科学家想把历史发展的全部丰富多样的内容一律概括在'生存斗争'这一干瘪而片面的说法中，那么这种做法本身就已经对自己作出了判决，这一说法即使用于自然领域也是值得商榷的"①。

在这封书信中，一方面，恩格斯从如下三个方面指出了达尔文生存斗争学说的错误。其一，"人类社会和动物界的本质区别在于，动物最多是采集，而人则从事生产。仅仅由于这个唯一的然而是基本的区别，就不可能把动物界的规律直接搬到人类社会中来"②。其二，人类社会发展的阶段会从生存阶段达到更高的阶段，那就是享受的阶段和发展的阶段。恩格斯指出，"人类的生产在一定的阶段上会达到这样的高度：能够不仅生产生活必需品，而且生产奢侈品，即使最初只是为少数人生产。这样，生存斗争——我们暂时假定这个范畴在这里是有效的——就变成为享受而斗争。不再是单纯为生存资料而斗争，而是为发展资料，为社会地生产出来的发展资料而斗争，对于这个阶段，来自动物界的范畴就不再适用了"③。其三，人类社会迄今为止的历史并不是生存斗争的历史，而是一系列阶级斗争的历史。恩格斯指出，"只要把迄今为止的历史视为一系列的阶级斗争，就可以看出，把这种历史理解为'生存斗争'的稍加改变的翻版，是如何肤浅。因此，我是决不会使这些冒牌的自然科学家称心如意的"④。因而，在恩格斯看来，"达尔文的全部生存斗争学说，不过是把霍布斯一切人反对一切人的战争的学说和资产阶级经济学的竞争学说，以及马尔萨斯的人口论从社会搬到生物界而已。变完这个戏法以后……再把同一种理论从有机界搬回历史，然后就断言，已经证明了这些理论具有人类社会的永恒规律的效力。这种做法的幼稚可笑是一望而知的，根本用不着对此多费唇舌。但是，如果我想比较详细地谈这个问题，那么我就要首先说明他们是蹩脚的经济学家，其次才说明他们是蹩脚的自然科学家和哲

① 《马克思恩格斯文集》(第十卷)，人民出版社，2009年版，第410-411页。
② 《马克思恩格斯文集》(第十卷)，人民出版社，2009年版，第412页。
③ 《马克思恩格斯文集》(第十卷)，人民出版社，2009年版，第412页。
④ 《马克思恩格斯文集》(第十卷)，人民出版社，2009年版，第413页。

学家”①。

另一方面，恩格斯揭示了资本主义生产方式所导致的社会危机和生态危机，强调消除这些危机的根本出路就是进行社会主义革命，消灭资本主义私有制，建立起自由人的联合体，达到人与自然的和谐以及人与人的和谐。对此，恩格斯指出，“但是，如果像目前这样，资本主义方式的生产所生产出来的生存资料和发展资料远比资本主义社会所消费的多得多，因为这种生产人为地使广大真正的生产者同这些生存资料和发展资料相隔离；如果这个社会由于它自身的生存规律而不得不继续扩大对它来说已经过大的生产，并从而周期性地每隔 10 年不仅毁灭大批产品，而且毁灭生产力本身，那么，‘生存斗争’的空谈还有什么意义呢？于是生存斗争的含义只能是，生产者阶级把生产和分配的领导权从迄今为止掌握这种领导权但现在已经无力领导的那个阶级手中夺过来，而这就是社会主义革命”②。而对于无产阶级革命的目的，恩格斯在致朱泽培·卡内帕的信中说，“我打算从马克思的著作中给您找出一则您所期望的题词。我认为，马克思是当代唯一能够和那位伟大的佛罗伦萨人相提并论的社会主义者。但是，除了《共产主义宣言》中的下面这句话(《社会评论》杂志社出版的意大利文版第 35 页)，我再也找不出合适的了：‘代替那存在着阶级和阶级对立的资产阶级旧社会的，将是这样一个联合体，在那里，每个人的自由发展是一切人的自由发展的条件’”③。可以清晰地看出，马克思恩格斯是在研究自然界发展规律、人类社会发展规律以及人类解放规律中论述人与自然的关系、人与社会的关系以及人与人的关系的。他们所强调的未来理想社会是由生态文明、社会文明和人的文明共同构成的整体文明和整体进步的新社会，是自然主义的人道主义和人道主义的自然主义相统一的共产主义社会。

（作者单位：苏州大学马克思主义学院）

① 《马克思恩格斯文集》(第十卷)，人民出版社，2009 年版，第 411-412 页。

② 《马克思恩格斯文集》(第十卷)，人民出版社，2009 年版，第 412 页。

③ 《马克思恩格斯文集》(第十卷)，人民出版社，2009 年版，第 666 页。

第二章
构建中国形态的社会主义生态文明理论

王雨辰

内容提要：基于“实然”和“应然”之间的目标状态差异，一般意义上的生态文明理论可以划分为作为工具论的和目的论的生态文明理论，并在当代社会现实中具体展现为“以生存为导向”还是“以追求生活质量为导向”或“以工具理性为基础”还是“以价值理性为基础”的不同理论样态。构建作为工具论和目的论内在统一的中国形态的社会主义生态文明理论，必须深化对马克思主义的生态哲学本体论和马克思主义的人类中心主义价值观的研究。作为工具论的中国形态的生态文明理论旨在坚持维护发展中国家自身的发展权和环境权，把“以人民为中心”视为推进生态文明建设的价值旨归，并将其作为一种新发展观规约人们的实践行为和推动民族国家的绿色发展；而作为目的论的中国形态的生态文明理论则应在“人类命运共同体”理念引领下，坚持尊重自然、顺应自然、保护自然的生态文明理念，把推动民族国家的绿色发展与全球环境善治有机结合起来。

关键词：“实然”与“应然”，生态文明理论，工具论与目的论，生态本体论，生态价值论笔者在另文中[①]，对郇庆治教授基于其理论基础差异将生态文明理论划分为“深绿”“红绿”和“浅绿”三种类型的观点做了拓展[②]，根据其服务对象和价值立场的不同，将生态文明理论划分为作为特殊与地区的生态文明理论和作为普遍与全球维度的生态文明理论，提出任何生态文明理论都包含了特殊与地区、普遍与全球维度之间的矛盾，并试图破解这一矛盾。在笔者看来，由于研究范式和价值立场的局限，既存的生态文明理论都没有解决好这一问题，而中国形态的社会主义生态文明理论的构建，必须以解决这一矛盾为前提，而解决这一矛盾的关键就在于，必须立足于既能切实推进我国生态文明建设，又有利于促进全球环境治理的价值立场，从而把哲学研究范式和政治经济学研究范式有机结合起来。本章依据“应然”与“实然”之间的目标状态差异，将一般意义上的生态文明理论划分为作为工具论的和作为目的论的生态文明理论，并强调中国形态的社会主义生态文明理论必须是作为工具论和作为目的论内在统一的生态文明理论。为此，笔者将首先对当代欧美国家的绿色话语思潮或广义的生态文明理论在生态本体论和生态价值论上的分歧做系统梳理，从而阐明生态本体论和生态价值论之间的区别，并对人类中心主义价值观做出合理评估，然后将初步勾勒出中国形态的社会主义生态文明理论的意涵与特征。

一、当代生态文明理论在生态本体论和生态价值论上的分歧

任何一种广义的生态文明理论，都包含生态本体论、生态价值论、生态方法论和生态治理论等四个方面的内容。当代绿色思潮或广义的生态文明理论在生态本体论和生态价值观上存在着激烈的论争，而这些论争也对我国的生态文明理论研究产生了巨大影响。

当代绿色思潮或广义的生态文明理论在生态本体论问题上的分歧主要表

① 王雨辰：《论生态文明的普遍与特殊、全球与地方维度》，《南国学术》2020 年第 3 期，第 484–493 页。

② 郇庆治：《绿色变革视角下的生态文化理论及其研究》，《鄱阳湖学刊》2014 年第 1 期，第 21–34 页。

现在，究竟应当建立在近代机械论的哲学世界观和自然观，还是由生态学所揭示的生态哲学世界观和马克思主义生态哲学的基础之上。具体地说，“深绿”思潮以当代生态学等自然科学为基础，反对近代机械论的哲学世界观和自然观，主张人类与自然之间相互联系、相互影响和相互作用的生态哲学世界观和生态自然观，并进而提出了将“生态公益”置于人类利益之上的生态文明理论。“浅绿”思潮在整体上依然坚持近代机械论的哲学世界观和自然观，主张适当考虑“人类整体利益”和“长远利益”的人类中心主义价值观，希望通过经济技术进步和制定奖惩分明的生态法律法规，来保证现行资本主义生产的自然条件，其本质是一种维持资本主义可持续发展的绿色资本主义理论。有机马克思主义主张以怀特海的过程马克思主义为理论基础，尤其是用怀特海的“关系实在论”来代替近代哲学的“实体本体论”，强调宇宙是由不断运动变化的不同等级的有机体组成的，并处于一种相互联系和相互转化的发展过程之中，包括人类在内的所有存在物只有被置于相互联系的有机关系网中才能得到理解，反对近代机械论的哲学世界观和自然观，特别是近代哲学把物质和精神对立起来的机械决定论和二元论，并坚持认为这种新认知可以为生态文明及其建设提供本体论基础，因而可以大致将其理解一种后现代生态文明理论①。生态学马克思主义坚持以马克思主义哲学的生态自然观和唯物史观的辩证统一关系为理论基础，主张人类和自然之间的关系是以实践为基础的具体的、历史的统一关系，并以此作为其生态文明理论的生态本体论，而这就意味着，要解决好人类与自然之间的关系就必须首先解决好人与人之间的关系，从而使其生态文明理论的批判与价值向度指向社会制度和社会生产方式。

当代绿色思潮或广义的生态文明理论在生态价值观上的分歧具体体现在，“深绿”思潮反对人类中心主义价值观以及建立在这一价值观基础上的科学技术运用和经济增长，认为正是由于人类中心主义价值观秉承以人类需要为取舍标准的主观价值论，只承认非人类存在物的满足人类需要的工具价值，造成了人类对自然生态的滥用和生态环境危机。相应地，“深绿”思潮主张确立以“自然价值论”和“自然权利论”为主要内容的生态中心主义价值观。其核心

---

① 陈永森、郑丽莹：《有机马克思主义的后现代生态文明观》，《福建师范大学学报(哲社版)》2018年第1期，第1-9页。

观点是强调在生态共同体中包括人类在内的所有构成元素都具有平等的价值和权利，人类并不具有比其他存在物更高的价值，其理论实质则是以贬损人类价值和尊严的方式把“生态公益”置于人类利益之上。

“浅绿”思潮则坚持认为，任何物种都是以自我为中心的，不会把别的物种的存在作为目的，因而，人类保护生态环境的目的最终是为了人类自身的利益，不能脱离人类自身的利益来谈论生态环境保护。也就是说，在它看来，人类中心主义价值观本身并没有问题，也不应当否定，问题只在于近代社会价值观把人类中心主义扭曲性阐释成为一种“人类专制主义”，要求人的任何感性欲望都应当得到满足，从而导致了人类对自然生态的滥用和生态环境危机。依此，“浅绿”思潮在强调人类中心主义价值观不容否定和抛弃的同时，又主张把基于感性欲望的强势人类中心主义修改为基于理性欲望和保护生态环境责任与义务的“开明的人类中心主义”。

有机马克思主义把传统人类中心主义价值观的意涵归纳为“学者们用‘人类例外论’这一术语，来概括那些认为人类独立于支配地球上所有其他生命形式的自然法则之外的意识形态。几个世纪以来，人类主要根据自身的利益来建构价值观，而把一切其他生命形式看作人类实现自身利益的‘资源’”①。在它看来，传统观点仅仅从工具性的角度理解自然，只承认自然是人类生存和发展的基础，因而是一种只关注人类的福祉而忽视和否定人类之外存在物的福祉的扭曲价值观，并强调只有承认地球生态共同体中所有存在物的内在价值，树立万物平等和有机联系的共同体价值观，才能避免人类粗暴地对待其他存在物的态度和行为，也才能从根本上克服生态危机。

生态学马克思主义在生态价值观上存在着主体性的人类中心主义价值观和少数性的生态中心主义价值观这两种倾向。秉承人类中心主义价值观的生态学马克思主义理论家，一方面批评“深绿”思潮没有看到任何生态问题都是相对于人类的利益而言的，任何理论建构都离不开人类的历史经验这一事实，尤其是未能看到当人类的利益与非人类存在的利益发生冲突时，我们总是会优先考虑人类的利益。因而，“深绿”思潮所主张的“自然价值论”和“自然权

① 菲利普·克莱顿、贾斯廷·海因泽克：《有机马克思主义：生态灾难与资本主义的替代选择》，孟献丽等译，人民出版社，2015年版，第226页。

利论”，既难以从理论上得到科学严密的论证，并且还可能会落入自然道德化和神秘化的陷阱，在实践中也会遇到诸如人类与其他存在物之间的权利等级、动物之间的“食物链”关系等一系列无法处理的矛盾和难题。另一方面，他们也批评“浅绿”思潮所主张的人类中心主义价值观并不是真正立足于人类整体利益和长远利益，而往往是立足于或受制于资本利益和西方国家利益，因而在他们看来，这种以古典经济学为基础的虚假的人类中心主义价值观，只有摆脱古典经济学的束缚牵制，转向满足人们的基本生活需要和集体的长期的需要，才会成为真正的人类中心主义价值观。相比之下，秉承生态中心主义价值观的少数生态学马克思主义理论家，把生态危机看作是人类实践行为违背了生态系统的本性和客观要求，所谓解决生态危机就是按照自然事物的本质规律从事实践活动，这也是他们所意指的“生态中心主义价值观”与“深绿”思潮所意指的生态中心主义价值观的共同之处。但明显不同的是，生态学马克思主义所意指的生态中心主义价值观，还强调或落脚于必须变革资本主义生产中使用价值从属于交换价值的做法，认为应当让交换价值从属于使用价值，这其中所蕴含着的对资本主义制度的价值与政治批判意涵，是“深绿”思潮所主张的“生态中心主义价值观”所不具备的，而这种理论特质显然根源于他们始终坚持历史唯物主义关于自然观与历史观的辩证统一关系。

从上述当代绿色思潮或广义的生态文明理论关于生态本体论和生态价值论的论争中，我们可以得出如下两点结论。

第一，生态本体论的性质决定了生态文明理论的性质与价值立场。“深绿”思潮所秉承的生态哲学世界观和自然观是以割裂自然观与历史观之间的联系为基础的，并把“自然”凌驾于“人类历史”之上，而这就决定了这些学者必然会忽视或脱离人类社会历史的维度，缺乏对人与自然间在特定社会制度和生产方式之下进行的实际的物质与能量交换过程的分析，而只能停留于从抽象的生态价值观的维度去找寻生态环境危机的根源和解决途径，也就决定了他们只能在既存社会制度框架的范围内，强调通过生态价值观的变革与个人生活方式的改变来解决生态危机。“浅绿”思潮的生态本体论是与资本主义制度和社会相联系的近代机械论的哲学世界观和自然观，虽然它强调应当通过经济、科技创新和不断完善的公共管理制度来应对生态环境危机，但其理论本质是维护资本主义再生产的条件，实际上是把生态文明建设理解为维系资本主义再生产自然条件的环境保护。因而，上述两种绿色思潮都主要是立足于资本利益的西方中心主义的绿色思潮或广义的生态文明理论。有机马克思主义要求以怀特海的过程哲学作为生态文明理论的本体论，但它同时又肯定马克思主义的阶级分析法和经济分析法的当代价值，提出要做“怀特海主义的马克思主义者”。这就使得这些学者把资本主义制度及其现代性价值体系视为生态危机的根源，认为要想革除与生态相矛盾的资本主义制度，建立使穷人免受生态危机困扰的市场社会主义社会，其前提就是要用“共同体价值观”代替现代性价值体系中的个人主义价值观。因而，尽管由于怀特海过程哲学的渊源使得他们的理论带有后现代性质，无法正确阐明人类文明与自然之间的关系，但从价值立场上看，他们属于反对资本主义的非西方中心主义生态文明理论。生态学马克思主义的生态本体论是历史唯物主义关于人与自然关系的学说，这就使得这些学者始终坚持马克思主义的阶级分析法和历史分析法来探讨生态危机的根源和解决途径。他们从资本主义社会的第二重矛盾、资本的本性以及资本主义生产方式的运行逻辑等方面，揭示了资本主义制度的反生态性质，并强调与资本主义生产方式相适应的消费方式和文化价值观念进一步加剧了生态危机，进而提出只有通过资本主义制度和价值观的双重变革，建立生态社会主义社会，才能真正解决生态危机。而从价值立场上看，他们也属于反对资本主义的西方中心主义的生态文明理论。

第二，应当正确看待生态本体论与生态价值观的关系。生态本体论与生态价值观之间虽然存在着密切的关联，但二者毕竟分属于本体论和价值论的不同领域，因而我们不能把二者完全混同起来。在我国迄今为止的生态文明理论研究中，恰恰既存在着对生态文明本体论问题讨论不够，又存在着将生态价值论混同于生态本体论的现象。总体来说，我国的生态文明理论研究经历了从评述借鉴、认同接受西方生态中心论和人类中心论的绿色思潮到自主运用唯物史观研究生态文明理论的发展过程。在借鉴、认同西方生态中心论和人类中心论的绿色思潮的研究阶段，认同生态中心论的学者普遍认为，人类中心主义是一种支持人类征服自然、破坏地球生态环境的意识形态，强调“在未来的生态文明中，我们应当树立非人类中心主义的世界观和价值观”①；

① 卢风等：《生态文明：文明的超越》，中国科学技术出版社，2019年版。

而认同人类中心论的学者则大都认为，生态中心主义的价值归宿不仅贬低了人类的权利和价值，而且也不符合生态文明建设最终是为了人类利益的目的，因而生态文明建设的价值旨归只能是人类中心主义价值观。可以说，他们分别从西方生态中心论和人类中心论的研究范式、概念和范畴入手开启了我国关于生态文明理论的研究，但过多纠结于彻底走出人类中心主义价值观还是科学践行人类中心主义价值观的争论，都忽视了对生态文明理论的生态本体论问题的探索，明显存在着混淆生态本体论和生态价值论的倾向。直到20世纪90年代后期，特别是进入21世纪之后，随着我国学术界对生态学马克思主义研究的不断深入，国内学界开始系统挖掘、整理马克思主义生态文明理论，并提出了以历史唯物主义研究范式来建构中国形态的生态文明理论的主张。但这其中明显存在的不足是，或者缺乏对马克思如何超越近代主体形而上学、创立自己的生态哲学本体论的系统考察，简单地用马克思主义关于人类与自然之间关系的思想来代替对马克思主义生态哲学本体论的探讨；或者认为生态文明理论既不能以生态中心主义价值观为价值归宿，也不能以人类中心主义为价值归宿，因为只要承认存在"中心"就难免有与生态文明相矛盾的二元论的倾向，所以只有采取与大自然妥协的态度，才能保证人类与自然之间关系的和谐和实现生态文明①。且不论人类如何与自然进行妥协以及妥协的程度问题，后一观点实际上是把生态价值论等同于生态本体论，实际上秉承人类中心主义价值观并不等同于必然秉承二元论哲学，而这种观点势必会否定以唯物史观为理论基础的生态文明理论的存在的可能性，因为马克思主义所秉承的就是一种人类中心主义的价值立场。

可以看出，强化对生态本体论问题的研究，从而把握生态本体论和生态价值论之间的区别，特别是正确评价人类中心主义价值观的得失，不仅对于我们建构中国形态的社会主义生态文明理论意义重大，也是深化我国的生态文明理论理论研究的重要路径。

---

① 王凤才：《生态文明：生态治理与绿色发展》，《华中科技大学学报（社科版）》2018年第4期，第20-23页。

二、当代生态文明理论的“实然”和“应然”的矛盾

“实然”和“应然”是当代绿色思潮或广义的生态文明理论中存在着的又一对矛盾。如果说“特殊、地方维度”和“普遍、全球维度”是依据生态文明理论的服务对象与价值目的来区分的话，“实然”和“应然”之间的矛盾则是依据“现实”和“理想”目标状态的不同而划分的。依此，我们可以把一般意义上的生态文明理论，划分为“作为工具论”和“作为目的论”的生态文明理论。事实上，生态文明理论自产生起就面临着“应然”与“实然”目标状态的矛盾，主要体现为“以生存为导向”还是“以追求生活质量为导向”“以工具理性为基础”还是“以价值理性为基础”的矛盾。

当代绿色思潮或广义的生态文明理论，是伴随着生态学等自然科学的兴起和生态环境危机的全球化趋势而产生的，而美国生态学家奥尔多·利奥波德的《沙乡年鉴》在1949年的出版，标志着它的初步形成。利奥波德在《沙乡年鉴》中依据生态系统整体性及其客观规律，要求把伦理关系从人际间进一步拓展到人类与大地之间，强调人类应当放弃基于个人的经济利益而滥用自然的行为，转向热爱、尊重和赞美大地，承认并尊重其内在价值，进而阐发了他所主张的“大地伦理”。“大地伦理”的核心目标，是维护大地共同体的整体性与和谐。在他看来，“当一个事物有助于保护生物共同体的和谐、稳定和美丽的时候，它就是正确的，当它走向反面时，就是错误的”[①]。不仅如此，他还要求根据上述道德原则，制定法律和道德规范来抑制人们对私利的过分追求，从而开启了致力于维护生态整体利益的非人类中心主义的绿色思潮。利奥波德之后的霍尔姆斯·罗尔斯顿、阿恩·奈斯等人，进一步阐发了以生态中心论为理论基础的“深绿”思潮，其核心观点是把人类中心主义价值观以及建立其上的科技运用和经济发展看作是生态危机的根源，主张通过每个人都树立以“自然价值论”和“自然权利论”为主要内容的生态中心主义价值观并依此重构整个经济社会，来彻底地克服生态危机。相形之下，以人类中心主义价值观为理论基础的“浅绿”思潮，面对“深绿”思潮的质疑和批评，提出了基

① 奥尔多·利奥波德：《沙乡年鉴》，侯文蕙译，吉林人民出版社，2000年版，第213页。

于人类整体利益和长远利益来担负保护生态环境责任和义务的现代人类中心主义价值观，强调只要以现代人类中心主义价值观为理论基础，通过经济科技革新和创建不断完善的生态环境公共管理政策，就可以在抑制生态危机的基础上保持经济的可持续发展。

可以看出，“深绿”和“浅绿”思潮虽然在生态价值观上存在着分歧和争论，但它们又有着如下的共同点。具体而言，第一，由于它们都脱离社会制度和生产方式来探讨生态危机的根源，因而都不承认资本主义的现代化和全球化是生态危机的根源所在，进而要求由所有人来共同承担实际上是由资本所造成的生态危机的后果，因而事实上违背了“环境正义”原则。第二，从生态文明理论的价值取向上说，二者都是“以追求生活质量为导向”的生态文明理论，而不是“以生存为导向”的生态文明理论。“深绿”思潮所秉承的以“自然价值论”和“自然权利论”为主要内容的生态中心主义价值观，是从自然科学知识规律直接推导出来的后现代伦理观念，而这就使得它们把人类文明与自然界对立起来，反对科学技术的运用和经济发展，主张经济零增长。在这些人的视野中，所谓“自然”不过是人类实践尚未涉足的“荒野”，所谓生态环境保护或生态文明建设不过是保持住这些“荒野”，因而其本质是欧美中产阶级在物质生活水平极大提高之后，维持提升其中产阶级的生活品质和审美趣味，却无视众多穷人的基本生活需要尚未得到满足，还需要通过发展来实现生存的愿望。相形之下，“浅绿”思潮虽然肯定科技运用和经济增长的必要性，但却无视所追求的经济增长的目的不是为了满足普通民众的基本需要，而是为了实现资本追求利润的需要，其结果只能是造成穷者愈穷、富者愈富的结局，并不会实质性改善穷人的生活困境。总之，上述两种生态文明理论都是“以追求生活质量为导向”的理论。第三，部分作为对上述两种理论的回拨与抗议，1982 年最早在美国兴起了“环境正义运动”，并迅速向世界传播。“环境正义运动”突破了“深绿”和“浅绿”思潮仅仅拘泥于从生态价值观抽象地谈论生态环境问题的缺陷，展示了生态环境危机与种族、贫困、性别等议题的内在联系，并在向世界各地传播的过程中促成了“穷人环保主义”的形成与拓展。如果说“深绿”和“浅绿”思潮是发达资本主义社会中“以追求生活质量为导向”的话语运动的话，“穷人环保主义”则是发展中国家中的“以生存为导向”的绿色思潮。它强调生态环境危机的根源在于工业化国家、第三世界国家中城市特权阶层的过度消费以及持续不断的战争和军事化，并由此批评了“深绿”和“浅绿”思潮偏执于抽象的生态价值观层面争论，并没有把握住生态环境问题的实质，而且抽象地谈论人类的整体利益既无助于解决现实存在的大量生态环境问题，也会进一步加剧社会各阶层和世界范围内的不公平。与“以追求生活质量为导向”的“深绿”和“浅绿”思潮不同，“穷人环保主义”所追求的首先不是生活质量的问题，而是如何通过实现政治平等以及经济和自然资源的重新分配来谋求生存，并由此形成了以实现自然生态资源的分配正义为核心、以维系穷人生存为首要目的的新型绿色思潮。

除了“以生存为导向”还是“以追求生活质量为导向”的矛盾，当代绿色思潮或广义的生态文明理论还存在着“以工具理性为基础”还是“以价值理性为基础”之间的矛盾。一般而言，人类理性是“工具理性”和“价值理性”的统一体。“工具理性”是理性的技术化和功利化，它所遵循的是精于计算和效率原则；“价值理性”则是对人的价值和尊严的尊重，可以规约工具理性的运用并使之有利于人的自由全面发展。启蒙运动及其所形成的现代性价值体系，高扬人的理性的意义，强调以科学技术为中介控制和利用自然，以满足人类的需要。但是，启蒙运动及其现代性价值体系所宣扬的理性，在很大程度上只是脱离了价值理性规约的工具理性，这鲜明地体现在它们对于科学本身的理解上。科学原本是对于世界终极本质和规律的把握，但启蒙理性以及现代性价值体系却把对世界本质和因果关系把握的科学当作应当否定和抛弃的无用的形而上学。结果是，是否具有“有用性”成为判断是不是科学的唯一标准。这实际上一方面是把科学降低为技术工艺，另一方面则把科学与哲学、科学与价值的有机联系人为地割裂开来，也就几乎必然会造成以资本为基础的工业文明社会条件下科学技术的异化使用，从而使科学技术变成控制人和控制自然的工具，并导致人自身生存的异化、人与人以及人与自然关系的异化。相应地，只有超越以计算和效率为衡量原则的工具理性，以尊重人的价值和尊严的价值理性为基础来建构生态文明理论，才能真正恢复人类对自然的敬畏、克服生态危机和实现人与自然关系的和谐。

从当代绿色思潮或广义的生态文明理论来看，“深绿”思潮、有机马克思主义和生态学马克思主义都主张破除现实中工具理性的支配地位，要求以价值理性为基础反思人自身、人与人以及人与自然之间的关系，恢复对自然的敬畏和实现人与自然之间的和解。只不过，“深绿”思潮和有机马克思主义由于其理论的后现代立场，反对现代技术的运用，进而把人类与自然的和解归结为人类屈从于自然的生存状态；生态学马克思主义则要求通过重建人与人的关系来重建人类与自然的关系，并要求确保技术运用建立在对人的非理性欲望有效控制的基础之上，最终实现技术运用与人类和自然共同发展的有机统一。相比之下，“浅绿”思潮则是一种“以工具理性为基础”的绿色思潮。这不仅是因为其秉承的机械论的哲学世界观和自然观，还因为它所谓的以人类整体利益和长远利益为基础考量在本质上不过是受制于资本的利益，并依然把人类与自然的关系看作支配与被支配、利用与被利用的工具性关系。因而，它只是把“自然”视为满足资本追求利润的工具，而这也就决定了虽然它也强调用不断完善的生态法律制度和法规来规范人们的实践行为，但其根本目的不过是为了维系资本主义生产所必需的自然条件，也就不可能恢复对大自然的敬畏，更不可能真正实现人类与自然关系的和谐。

“以生存为导向”还是“以追求生活质量为导向”，“以工具理性为基础”还是“以价值理性为基础”，集中体现了一般生态文明理论中的“实然”和“应然”之间的矛盾。依此，我们又可以把生态文明理论划分为作为“工具论”和作为“目的论”的生态文明理论。而这也就决定了，我们所致力于构建的中国形态的社会主义生态文明理论，必须是作为“工具论”和作为“目的论”的生态文明理论的有机统一。只不过，与不关注人民群众的基本生活需要、以追求资本主义经济可持续发展为目的的工具论性质的“浅绿”思潮不同，作为工具论的中国形态的生态文明理论将致力于通过实现全面协调和可持续，来实现人民群众对美好生活的向往与追求；与此同时，与“深绿”思潮与有机马克思主义把发展与保护生态共同体的和谐对立起来不同，作为目的论的中国形态的生态文明理论所追求的是民族国家的发展与实现全球环境善治、保护地球家园之间的有机统一。

三、中国形态的生态文明理论的生态本体论和生态价值论

鉴于生态本体论和生态价值论在生态文明理论体系中的基础性地位，中国形态的社会主义生态文明理论必须建构和提出自己的生态本体论和生态价

值论。概言之，中国形态的生态文明理论的生态本体论，必须是既符合生态学和生态哲学所揭示的生态世界观与生态自然观，又符合社会主义生态文明建设目标的马克思主义生态哲学本体论。而这就要求我们首先阐明，马克思所实现的哲学革命是如何超越近代西方知识论哲学，并创立其独特的生态思维方式和生态哲学的。

近代西方知识论哲学包括经验论哲学和唯理论哲学，其思考主题是认识论问题，虽然在认识来源、认识方法等问题上存在着分歧和争论，但他们都把整个世界划分为现象世界与本体世界、客观世界与主观世界，把哲学的任务和功能规定为运用哲学理性，探寻整个世界的普遍规律，最终形成了一种主、客二分的知识论哲学。但由于其哲学的机械论缺陷，他们始终无法科学地解决物质如何向精神过渡的问题，结果必然是不断走向唯心主义和不可知论。休谟以怀疑论的方式，提出了“科学是否具有必然性”和“哲学形而上学是否存在”这两个重要问题。而休谟之后的康德、费希特、席勒、黑格尔和费尔巴哈等人，逐步提出了通过“实践原则”和“历史原则”来解决主体与客体、自然与历史二元对立的难题的思路。但是，一方面，他们或者把实践理解为一种理论活动和自我意识的活动，或者把实践理解为人类的日常活动，而不是把实践理解为人类改造客观世界的现实感性活动；另一方面，由于其阶级立场的限制，他们又无法把“历史原则”贯彻到底，最终都无法解决主体与客体、自然与历史之间的辩证关系。

马克思、恩格斯不仅继承了德国古典哲学所提出的“实践原则”和“历史原则”，而且把二者有机结合起来。他们一方面批评德国古典哲学对实践理解的偏差，强调人既是受动性的存在物，必然受到外部条件的制约，也是一个通过感性活动、按照自己的目的能动地改造对象的主体性的存在物，另一方面又始终强调不能脱离实践和人类社会历史，抽象地看待自然以及人类与自然的关系，并由此实现了对近代知识论哲学的超越，创立了实践唯物主义哲学，使哲学的研究对象、功能和使命与近代哲学相比都发生了根本性变革。具体地说，马克思、恩格斯的实践唯物主义哲学，不再像近代哲学那样把整个世界作为自己的研究对象，而是把人类社会历史(包含纳入人类实践中的自然)作为自己的研究对象，主要研究以人类实践活动为基础的人与人、人与自然间的关系，也不再像近代哲学那样把探寻整个世界的普遍规律和绝对本质为己任，把人类与自然绝对对立起来，把自然看作是满足人类需要的工具，而是通过考察社会历史领域中人和人、人和自然间的关系，以探讨如何实现人类的自由和解放为目标和归宿。这就决定了，实践唯物主义是认识功能、批判价值相统一的哲学，也是一种以人类实践为基础的历史生成论哲学，而由于这种历史生成论特别强调社会历史主体与历史客体是同一个历史发展过程，也就消除了近代哲学主、客体之间的尖锐对立，并蕴含了历史唯物主义独特的生态思维方式和生态哲学。

其独特性主要体现在，其一，与“深绿”和“浅绿”思潮在人和自然关系问题上各执一端不同，马克思主义生态哲学始终坚持人类实践基础上的自然观与历史观的辩证统一的生态自然观，并把解决人与人的生态利益关系问题看作是解决人与自然关系问题的前提，而这就决定了其生态哲学必然包含着的社会制度和生产方式批判的维度。其二，马克思主义生态哲学强调自然存在具有历史性的特点，并把人类社会看成自然界发展到一定阶段的产物，自然史和人类史都具有历史生成性的特点，而对自然史和人类史是具体的历史的统一的特点的强调，使得它关于生态文明的理论将人与自然的关系问题纳入到社会历史进程之中进行讨论。其三，马克思的生态哲学在处理人与自然关系问题上尤其具有现实性、批判性和理想性的辩证统一的特点。所谓现实性是指，马克思总是立足于现实看待人类、自然以及人与自然之间的关系；所谓批判性是指，马克思始终立足于批判性的立场，看待资本主义制度和生产方式所造成的人与自然关系的异化；所谓理想性是指，马克思把消除人与自然的异化关系，最终实现人的解放和自然的解放作为其理论的最终追求。在此基础上，习近平同志创造性地提出“生命共同体”概念来表述马克思主义生态哲学的生态世界观和生态自然观的意涵特点。在他看来，“人的命脉在田，田的命脉在水，水的命脉在山，山的命脉在土，土的命脉在林和草，这个生命共同体是人类生存发展的物质基础”①。“生命共同体”概念要求彻底否定近代机械论哲学把人与自然机械地对立起来，把自然仅仅看作是满足人类需要的被动存在物，进而把人与自然关系归结为支配与被支配、利用与被利用的工具性关系的观点，充分认识到人类与自然万物处于一种相互联系、相互影

① 《习近平谈治国理政》(第三卷)，外文出版社，2020年版，第363页。

响、相互作用的共生关系之中，并构成一个不可分割的有机整体。总之，基于“生命共同体”理念的有机论与整体论的生态世界观和生态自然观，可以更好地做到在顺应自然规律、尊重自然规律的同时利用自然规律，既满足人类生活发展需要，又实现人与自然关系的和谐与共同进化。而这意味着，将马克思主义生态哲学作为其生态本体论的中国形态的生态文明理论，内在克服了“深绿”和“浅绿”思潮在生态本体论上的片面性，既保证了理论自身的科学严密性，也可以促进生态文明建设实践的顺利进行。

与生态本体论相对应，中国形态的生态文明理论的生态价值论，是马克思主义所秉承的人类中心主义价值观。这是因为，其一，马克思主义明确反对生态中心主义的价值观。生态中心主义价值观反对和否定人类中心主义价值观，主张“自然价值论”和“自然权利论”，但他们的“自然价值论”和“自然权利论”观点，不仅面临着如何从事实判断直接推出价值判断的难题，还面临着如何阐明从权利的属人性问题向权利的自然性问题扩展的难题。马克思明确指出，不能脱离人类抽象地谈论权利问题，因为“人对自然的关系直接就是人对人的关系，正像人对人之间的关系直接就是人对自然的关系，就是他自己的自然的规定”①。离开了人类的存在，自然无所谓价值和权利，这也就决定了所谓“自然权利”从本质上说只是人类权利的物化和延伸。正因为如此，马克思主义强调，不能脱离人类的需要和利益来谈论生态问题，所谓“生态危机”只能被理解为人类实践以不恰当的方式改造生态环境所引发的后果，离开了人类的利益，谈论生态危机毫无意义，而这也就决定了所谓恢复“生态平衡”只能依赖于人类实践行为的改变。生态中心主义的谬误还在于，它未能认识到，任何生态理论的建构都离不开人类的历史和经验，因而都具有社会历史性的特点。生态中心主义脱离人类的需要和利益，仅仅从自然界的立场来界定生态危机和生态平衡，只会导致自相矛盾和神秘主义。

其二，马克思主义进一步阐发了不同于近现代人类中心主义价值观的意涵和实践指向的人类中心主义价值观。近现代人类中心主义价值观都是以工具理性为指导，都要求通过控制和支配自然来满足资本的利益，因而必然会造成人与自然关系的紧张乃至生态危机。生态中心主义者批评人类中心主义

① 《马克思恩格斯文集》(第一卷)，人民出版社，2009年版，第184页。

价值观的“支配自然”观念引发了生态危机，应当说是具有一定合理性的，但他们却由此把以“支配自然”观念为核心的人类中心主义价值观与生态危机之间概括为一种必然性因果。其实，只有在这一观念与资本主义制度相结合，并且在工具理性和经济理性的统摄之下，才具有结果的必然性，而把“支配自然”观念理解为以价值理性为规约，在服从自然规律的基础上利用自然规律，使“支配自然”真正与实现人类的利益相契合，就不会导致生态危机。基于此，马克思主义生态理论阐发了其“控制自然”观念的如下三点独特意涵。首先，“支配自然”的主要形式是占有并改变自然，其根本目的在于维系人类生存延续的需要，也是推动人类社会的发展所必需的；其次，“支配自然”虽然要求以人类的利益为基础和出发点，但必须是在尊重自然规律的前提下，并且不以直接的经济利润和满足资本制造出来的“虚假需要”为目的，而是以人与自然的和谐共生为前提，以人的自由和解放为价值归宿；其三，“控制自然”又是与如何看待科学技术的社会功能密切相关的。“深绿”思潮与有机马克思主义把建立在“控制自然”观念基础上的科学技术运用视为生态危机的根源，“浅绿”思潮则把科技创新和进步视为解决生态危机的重要路径，而马克思主义则坚持认为，科技本身并无价值属性，其社会效应如何主要取决于社会制度和生产方式的性质。马克思主义在充分肯定科技推动进步作用的同时，又认为科技的社会效应不仅依赖于人类的认识水平，更取决于社会制度的性质，并揭示了资本主义制度下科技异化的必然性。

最后，马克思主义的以价值理性为基础的人类中心主义价值观，不仅不会带来生态环境危机，还能够实现人与自然关系的和谐与共同发展。因为，马克思主义的人类中心主义价值观及其社会主义社会条件下的践行，能够立足于真正意义上的人类整体利益和长远利益，使生产的目的真正服务于满足人类的基本生活需要，不仅有利于全面发展和科技创新应用，还会有利于实现人类与自然关系的和谐和共同发展。总之，正如戴维·佩珀所指出的，马克思主义既反对人类中心论的把人和自然的关系简单归结为工具性关系，进而滥用自然，也反对生态中心论的“自然价值论”和“自然权利论”，而是主张一种涵盖自然的使用价值、道德、精神和审美价值等在内的工具价值论，并且强调“支配自然”的本质是认识到“自然只能够通过遵从它的规律来利用。因而，‘支配’并不意味着打破一个异己的意愿，而是通过合作能够驾驭自然”①。而这就意味着，马克思主义既强调科技进步和生产力发展为人类实现自由和解放奠定物质基础，又强调人类的自由和解放并不是绝对的，必须以承认和尊重自然规律为前提和基础。

四、作为“工具论”和“目的论”内在统一的中国形态的生态文明理论

从一般生态文明理论的“实然”和“应然”的矛盾来看，中国形态的社会主义生态文明理论，既应立足于民族国家利益，担当解决民族国家当前所面临的可持续发展问题、捍卫民族国家的发展权和环境权的功能，作为一种工具论的生态文明理论而存在；又应立足于人类共同利益，承担促进全球环境问题解决、实现世界共同发展和普遍繁荣的功能，作为一种目的论的生态文明理论而存在，而这也就决定了中国形态的社会主义生态文明理论理应是作为工具论和作为目的论的生态文明理论的辩证统一。很显然，当前包括中国在内的发展中民族国家所面临的主要问题是，如何在满足人民群众基本生活需要基础上，进一步实现人民群众对美好生活的向往和追求。而这也就意味着，“生存和发展”依然是广大发展中国家所面临着的主要任务，只不过，这种“发展”不应再是对生态环境造成严重污染和破坏的不可持续的发展，而应是以维持人与自然和谐关系为前提的协调、绿色和共享发展。这就要求中国形态的生态文明理论，必须包含在维持人与自然和谐关系的基础上，促进民族国家实现经济社会发展的工具论功能，尤其是科学回答如何理解发展、如何实现发展和发展的目的归宿这三个问题。

对此，当代绿色思潮或广义的生态文明理论有着不同看法并展开了激烈争论。具体来说，第一，“深绿”思潮和有机马克思主义虽然反对以环境污染为代价的发展，但它们或者从维持既有的生活质量这一目的出发，反对所有人的即便为了生存需要而改变自然的实践活动，进而否定任何发展的必要性和主张经济零增长，或者为了避免生态危机，把发展理解为回归没有现代技

① 戴维·佩珀：《生态社会主义：从深生态学到社会正义》，刘颖译，山东大学出版社，2005年版，第167页。

术运用的自给自足的自然经济；“浅绿”思潮把发展默认为服务于资本追求利润的资本主义经济的可持续发展；生态学马克思主义则把发展理解为满足人民基本生活需要和维系人与自然和谐关系的发展。

第二，“深绿”思潮着眼于实现其经济零增长的目标，认为生态共同体的所有成员都是平等的关系，人类并不具有比其他生命更高的特权，进而把生态的公益置于人类的利益之上，要求树立以“自然价值论”和“自然权利论”为主要内容的生态中心主义价值观，要求人类社会在此基础上通过个人生活方式的改变和地方生态自治，实现人与自然关系的和谐，而它们所宣称的“和谐”本质上是人类屈从于自然的状态，实际上则是把生态文明建设与发展对立起来；有机马克思主义则基于后现代立场，主张拒斥现代技术运用和发展自给自足的农庄经济，来重建人与自然关系的和谐；“浅绿”思潮虽然主张通过制定日趋严格的环境制度来规范人们的行为，但它们依然囿于与资本主义制度相联系的机械论的哲学世界观和自然观，主张通过自然资源的市场化、技术创新运用等来实现发展，其目的是为了通过实现资本主义经济可持续发展来满足资本追求利润的目的；而生态学马克思主义则要求在变革资本主义制度和建立生态社会主义社会的基础上，不再为实现交换价值而生产，而是为了满足人们的使用价值而生产，通过实现生产正义，使科学技术运用和经济增长有利于实现人与自然的和谐关系和共同发展。

第三，“深绿”思潮主张经济零增长，其根本目的在于维护中产阶级既有的生活质量，却否定穷人为了满足生存需要而进行的利用和改造自然的行为；“浅绿”思潮所追求的发展，从根本上说是为了满足资本追求利润的目的，而不是为了满足人民群众的基本生活需要，其结果必然是造成富者愈富、穷者愈穷的两极分化的结局；有机马克思主义主张走向拒斥现代技术运用的自给自足的农庄经济，虽然可以使穷人免受生态危机的危害，但却无法真正满足人民群众对美好生活的需要和向往；生态学马克思主义主张根本变革将使用价值从属于交换价值的资本主义制度，要求建立以生产使用价值和满足人民群众基本生活需要为特征的生态社会主义社会，坚持认为如果实现了生产正义和真正遵循集体整体利益和长远利益优先的人类中心主义，经济发展和技术运用不仅不会造成生态危机，还能够促进人与自然关系的和谐与共同发展。

综上所述，当代绿色思潮或广义的生态文明理论在环境保护与经济发展的关系问题、如何推进绿色发展问题、发展的价值归宿问题上所存在的主要分歧和争论是，“深绿”思潮和有机马克思主义把生态文明建设与经济社会发展绝对对立起来，“浅绿”思潮和生态学马克思主义强调发展对于解决生态环境危机的必要性和重要性，但“浅绿”思潮所默认的是服务于资本价值增值追求的可持续发展，因而实际上是把生态文明建设归结为维系资本主义再生产条件的环境保护，而生态学马克思主义强调生态文明建设必须以发展和技术创新为基础，发展的目的是满足人民群众特别是穷人的基本生活需要。

因而，如何处理生态文明建设与经济社会发展的关系，尤其是实现二者基于正确目的与价值旨归的内在融合，是构建中国形态的社会主义生态文明理论所必须面对和回答的问题。而实际上，习近平生态文明思想已经从如下三个维度对上述问题做出了系统解答。其一，它对生态文明建设与发展之间的关系做了科学阐述。习近平同志反复强调，离开发展谈论生态文明建设无异于缘木求鱼，特别是在我国的社会主义初级阶段，发展对于满足人民群众的基本生活需要和不断增长的美好生活至关重要。他用“绿水青山”和“金山银山”这“两座山”，来形象地阐明二者之间的辩证关系①。所谓绿水青山是指良好的生态环境，而金山银山则是指经济社会发展，这二者之间虽然存在着一定的矛盾冲突，但并不是简单对立的关系，而是辩证统一的关系。需要指出的是，这里的生态文明建设并不是狭义上的生态环境保护，这里的发展也不再是资源粗放型的和不协调的发展，而是一种高质量的内涵式发展。其二，它科学回答了如何实现绿色发展，从而使发展与生态文明建设相辅相成的问题。习近平同志多次批评那种依靠劳动要素投入和以牺牲生态环境为代价的粗放型发展方式，明确提出了“生态生产力”的发展观，强调应当走遵循、顺应自然生态规律与经济社会规律的生态文明的发展方式和发展道路。所谓“生态生产力”的发展观，就是既要树立人与自然和谐共生的生态文明理念，在尊重自然、顺应自然、保护自然的基础上追求和实现绿色发展，又要充分认识到“保护生态环境就是保护生产力，改善生态环境就是发展生产力”②，使自

---

① 中共中央文献研究室(编)：《习近平关于社会主义生态文明建设论述摘编》，人民出版社，2017年版，第20-21页。

② 中共中央文献研究室(编)：《习近平关于社会主义生态文明建设论述摘编》，人民出版社，2017年版，第4页。

然资源物化为现实的社会生产力，同时又在经济社会发展中保护好生态环境。其三，它提出了“以人民为中心”的发展观来规约发展和生态文明建设的价值旨归。所谓“以人民为中心”的发展观，就是“要坚持人民主体地位，顺应人民群众对美好生活的向往，不断实现好、维护好、发展好最广大人民根本利益，做到发展为了人民、发展依靠人民、发展成果由人民共享”①。把人民群众是否满意、是否有获得感作为评价发展和生态文明建设得失的根本标准，清楚展现了习近平生态文明思想与各种“深绿”“浅绿”思潮在生态文明建设价值归宿问题上的差别或理论特质。

而需要强调的是，由于我国仍处在并在相当长时期内继续处于社会主义发展的初级阶段，因而只有通过发展才能在满足人民群众的基本生活需要的同时，不断满足人民群众对美好生活的向往和追求。只不过，这里的发展不再是以牺牲生态环境为代价的粗放型发展，而是以科技创新为主导的绿色发展和协调发展。依此而言，作为工具论的中国形态的生态文明理论，担负着至少如下三个方面的作用和功能。其一，由于当代中国的发展是在由资本主义制度所支配的国际政治经济秩序中展开的，这就决定了维护中国的发展权与环境权是中国形态的生态文明理论所必须具备的功能。依据联合国颁布的《发展权利宣言》和《联合国宪章》等文件的规定，发展权和环境权是指民族国家具有自主选择发展道路、发展模式以及有自主利用本国自然资源的权利，同时又具有不对其他国家和地区输出环境污染的义务，并且强调，发展权与环境权是民族国家之间必须彼此尊重的一项不可剥夺的人权。但是，现实中发展中国家的发展权与环境权不仅没有得到应有的尊重，还经常受到各种形式的损害。这主要体现在资本不仅利用其支配的不公正的国际政治经济秩序和国际分工，剥削和掠夺包括中国在内的发展中国家的自然资源，损害发展中国家的环境权，还经常对发展中国家的发展模式与发展道路横加指责，甚至把当代生态危机的根源归咎于发展中国家的发展，损害发展中国家的发展权。因而，中国形态的生态文明理论必须把捍卫包括中国在内的发展中国家的发展权与环境权置于重要地位。其二，中国形态的生态文明理论应当避免“深绿”与“浅绿”思潮或生态文明理论无法真正落实于现实而流于空谈的缺

① 《习近平谈治国理政》(第二卷)，外文出版社，2017年版，第214页。

陷，而应做到将其外化为生态文化、生态价值观和生态法律法规，作为一种发展观真正落实到发展实践之中，规范人类的实践行为，实现民族国家生态治理和经济社会的绿色可持续发展。其三，中国形态的生态文明理论的生态本体论、生态价值论是马克思主义的生态哲学和马克思主义所秉承的人类中心主义价值观，其鲜明特点在于既把人与人的生态利益矛盾及其解决视为解决人与自然关系以及生态危机的前提，又强调人类应在尊重、顺应自然规律的基础上利用和改造自然，从而满足人类生存发展需要的合理性。这在客观上要求中国形态的生态文明理论应当包含"环境正义"的价值追求，把绿色发展的目的定位于满足人民群众的基本生活需要和对美好生活的追求，并作为一种发展观具有指导生态治理和可持续发展的"工具论"的职能。

当然，在强调中国形态的生态文明理论应当具备的以民族国家利益为基础的工具论职能的同时，也必须避免"深绿"和"浅绿"思潮拘泥于狭隘的西方中心主义的局限，明确担负维护人类整体利益和地球生态共同体利益的目的论职能，从而实现其工具论和目的论的功能的辩证统一。实际上，当代欧美绿色思潮或广义的生态文明理论也都在力图解决"实然"和"应然""工具论"和"目的论"功能之间的矛盾关系，但由于价值立场的局限和无法把哲学研究范式与政治经济学研究范式融通结合，结果是都无法辩证地解决上述矛盾，或者仅仅拘泥于"应然"和"目的论"的维度，抽象地谈论维护生态共同体的和谐，或者仅仅拘泥于"实然"和"工具论"的维度，无法上升到人类命运共同体的理论高度①。中国形态的生态文明理论的生态本体论是马克思主义生态哲学，马克思主义生态哲学坚持生态哲学世界观和生态自然观，强调自然史与人类史的一致性，而这种一致性突出体现为人与自然之间是伴随着人类实践的发展而形成的具体的、历史的统一关系。马克思主义生态哲学还强调人与自然关系的性质取决于人与人关系的性质，因而要解决人类与自然的关系，必须以合理解决和协调人与人的关系为前提。马克思主义生态哲学的上述观点，不仅把生态危机看作是人与自然关系的异化，而且也看作是人与人关系和人类生存方式的异化，并强调只有变革资本主义制度和生产方式，建立能

---

① 王雨辰：《论生态文明的普遍与特殊、全球与地方维度》，《南国学术》2020 年第 3 期，第 484－493 页。

够合理协调人与自然之间物质变换关系的共产主义社会，才能真正克服人与自然之间物质变换关系的裂缝，进而实现人与自然关系的和解和共同发展，实现人类的自由而全面发展。立足于人类生存的危机来看待和考察人与自然关系的危机，这本质上秉承的是一种哲学研究范式。但在此基础上，马克思主义生态理论还通过引入政治经济学批判，揭示了资本主义制度和生产方式如何造成本国的生态破坏问题，并通过考察资本全球化运动的内在逻辑，揭示了资本的全球化运动必然会造成生态危机全球化的发展趋势。也就是说，马克思主义生态理论一方面主张运用哲学研究范式从人类的世界观和生存方式的维度探讨生态危机的根源与解决途径，强调树立生态哲学世界观和共同体价值观对于解决生态危机的重要性，并体现为其生态文明理论的目的论维度；另一方面又主张用政治经济学研究范式联系资本运行的逻辑探讨生态危机产生的现实根源，主张当代生态治理必须遵循“环境正义”原则，根据不同民族国家造成生态危机的责任承担全球环境治理的义务，从而解决当代全球生态危机，并体现为其生态文明理论的工具论维度。

可以说，习近平生态文明思想正是上述两个维度有机融合的中国智慧及其时代体现。一方面，人类只有一个地球，这就要求世界各国必须树立尊重自然、顺应自然、保护自然的生态文明观念，在“人类命运共同体”理念的指引下，共同承担起呵护地球这个唯一人类家园的时代责任；另一方面，国际生态环境治理合作必须根据不同国家与地区的历史责任和现实发展程度，承担共同但有区别的责任和义务，尽可能地实现全球范围内的“环境正义”，从而把民族国家发展追求、国际生态环境治理和全球繁荣进步有机结合起来。总之，以马克思主义生态理论为基础，在习近平生态文明思想引领下，逐渐建构起作为工具论和目的论内在统一的中国形态的社会主义生态文明理论，是摆在我们理论工作者面前的重要课题。

（作者单位：中南财经政法大学哲学院）

第三章

生态价值：社会主义生态文明的价值论基础

张云飞

内容提要：深层生态学将自然界的“自为存在”作为评估“内在价值”的尺度，有着明显的哲学和政治局限。现代西方环境哲学与伦理学试图克服这些缺陷。有机哲学从内在关系出发完善内在价值建构，而生态社会主义则在地理学历史唯物主义和生态学马克思主义批判深层生态学的基础上，从自然生态和社会主义双重维度上重构内在价值。立足于对人与自然间生命共同体本质和社会主义本质的认知，马克思主义生态理论尤其是新时代社会主义生态文明观科学地揭示了生态价值及其实现可能性。生态价值指的是人与自然间需要和需要的满足、目的和目的的实现之间的关系，因而生态价值而不是内在价值，构成了社会主义生态文明的价值论基础。

关键词：生态文明，生态系统，内在价值，生态价值，社会主义

社会主义生态文明及其建设必须拥有自己鲜明的价值论基础，否则，就难以与“黑色资本主义”决裂，难以与“绿色资本主义”划清界限。但长期以来，由挪威现代哲学家阿恩·奈斯提出的“深层生态学”，已成为欧美环境伦理学和环保主义的一面旗帜，在中国学界也大行其道。针对“人类中心主义”的“谬误”，深层生态学主张“生态中心主义”，即在价值观上要从以人为中心转向以自然为中心[①]。如今，生态中心主义已形成了一套系统完整的绿色话语和社会政治方案：以“内在价值”为本体论依据，以“整体主义”为方法论统领，以“自然权利”为伦理学诉求，以“回归自然”为发展观愿景。而依此逻辑推进生态文明建设，不仅会干扰和贻误广大发展中国家的现代化进程，而且会拉大和加剧世界资本主义体系的不平衡性。而在一个不平衡的世界资本主义体系中，根本不可能达致生态平衡或生态和谐。况且，原生态本身并不等于生态文明。极端生态中心主义理念原则之下的生态文明愿景，最多是“生态”文明，而不是生态“文明”。因而，有必要从哲学上澄明生态中心主义的内在价值理论(以下简称“内在价值论”)。概言之，内在价值涉及本体论和价值论两个层面上的问题。在前一个问题上，正如笔者在他文中论证的[②]，不是内在价值而是新时代社会主义生态文明观所提出的“生命共同体”，奠定了社会主义生态文明的本体论基础；而在后一问题上，不是内在价值而是“生态价值”，构成了社会主义生态文明理论与实践的价值论基础。笔者认为，新时代社会主义生态文明观丰富和发展了马克思主义生态价值论，从而夯实了社会主义生态文明理论与实践的价值论基础。接下来，本章将对此做出初步阐述，以期将讨论引向深入。

一、“内在价值论”的生态哲学伦理建构

内在价值是生态中心主义对人类中心主义进行批评的哲学利器，是生态中心主义话语体系和社会政治方案的哲学基础，构成了欧美“深绿”环境伦理

---

① 在本章中，“价值论”是关于价值的定义、生成、分类、作用等价值一般问题的哲学理解，而“价值观”是对是非、善恶、美丑等具体价值问题的判断和看法。

② 张云飞：《“生命共同体”：社会主义生态文明的本体论奠基》，《马克思主义与现实》2019年第2期，第30-38页。

与社会政治理论的哲学内核。然而，这一核心概念在世界观上存在着一系列难以克服的内在缺陷，而现代西方环境哲学与伦理学则试图摆脱这些困境。

1.“内在价值论”的主要主张

一般来说，内在价值是相对于工具价值而言的。工具价值是指那些被用来作为实现某一目的之手段的事物，而内在价值则是指那些在自身中就拥有价值而无须借助其他参照物和参照系的事物。深层生态学把内在价值概念运用到自然观领域，并提出了自然的内在价值的概念。

第一，自然的内在价值的基本含义。深层生态学认为，自然事物中的固有价值的存在，不依赖于任何意识、利益，或者说，不依赖任何有意识的存在物对它们的评价。阿恩·奈斯指出，“人类的福利和繁荣以及地球上非人类生命都有自己的价值(也即是内在价值或固有价值)。这些价值不依赖于非人类世界对于人类目的的有用性”①。在这里，内在价值和固有价值是等同的，而评价内在价值的尺度是事物的“自为存在”特征。因而，自然事物的内在价值是指，凡是自然界存在的一切事物都具有独立价值，而不必将之与自然对人的有用性或人对自然的评价相联系。然而，对自然的内在价值何以可能的问题，深层生态学并未给出严格的逻辑分析和论证。尽管出身于维也纳学派，奈斯也只是诉诸自然界的目的性和客观性以及人类的直觉和体验来证明自然事物的内在价值的存在。其他深层生态学论者，则只是将内在价值划分为“非工具价值”“内在属性”和“客观价值”三种类型。而如此一来，就蕴含了内在价值论的内在裂隙。

第二，自然的内在价值的实践要求。基于对内在价值的认可与尊重，深层生态学主张停止经济发展。阿恩·奈斯提出，内在价值的观点原则适用于整个生物圈，或者更精确地说，是作为一个整体的生态圈，而这也被称为生态中心主义。“从我们现有的对所有普遍深入的密切联系的知识来看，这意味着一种基本的深层的关心和尊敬。地球上的生态过程应该在整体上保持其本

① Arne Naess, “The deep ecological movement: Some philosophical aspect,” *Environmental Ethics the Big Questions* 26/228(1986): 299-305.

真状态。‘世界环境应该保留其自然性’。”[①]依此，保持自然界的本真状态或原初性，即不人为干涉自然，就成为生态中心主义的社会实践主张。一方面，就人与自然间的一般关系来说，保护和扩展荒野或荒野周边地区的战斗应继续下去，要特别关注这些区域的整体生态功能。另一方面，就全球南北关系来看，应该限制欧美国家技术对目前非工业化国家的影响，应该捍卫这些国家反对外国宰制的斗争。因而从原则上说，保护和扩展荒野、反对西方霸权，都是正确选项。但问题是，面对西方国家的威逼利诱，处于自然经济状态中的第三世界如何才能摆脱或避免西方殖民主义和帝国主义的奴役。

综上可见，在生态中心主义者那里，内在价值既是一个本体论范畴，也是一个价值论范畴，构成了其整个哲学与政治理论的基点和支点。

2.“内在价值论”的世界观困境

阿恩·奈斯的“内在价值论”存在着一系列的内在局限或缺陷，同时表现在自然观和价值观层面上。

从自然观层面上来看，“内在价值论”明显存在着将自然理想化或浪漫化的问题。它没有看到或阐明，自然界内部存在着如下类型的辩证关系。

第一，自然界的创造性和破坏性的关系。自然是以“慈母”和“恶婆”的双重形象存在的，同时具有创造性和破坏性这双重力量与作用。一方面，在自然演化的基础上产生了人类，即大自然养育了人类。但另一方面，“不可控制的野性的自然，常常诉诸暴力、风暴、干旱和大混乱”[②]。即便人类在大自然面前循规蹈矩，自然也会时常对人类施虐和施暴。

第二，自然界的和谐性和斗争性的关系。自然界在其自身固有的和谐性和斗争性的博弈中得以演进发展。自然事物之间既存在着和谐也存在着冲突，既存在着合作也存在着斗争。对于生物有机体来说，既存在着有意识和无意识的合作，也存在着有意识和无意识的斗争。因而，正如不能把自然界归结为单纯的“生存斗争”一样，也不能把自然界归结为单纯的“和谐合作”。

---

① Arne Naess, “The deep ecological movement: Some philosophical aspect,” *Environmental Ethics the Big Questions* 26/228(1986): 299-305.

② 卡洛琳·麦茜特：《自然之死——妇女、生态和科学革命》，吴国盛等译，吉林人民出版社，1999年版，第2页。

第三，自然界的有序性和无序性的关系。信息是物质存在的重要形态，熵增是物质运动的重要规律，热力学第二定律和信息科学已科学地揭示了这一点。一般而言，信息是有秩序的量度，熵增是无秩序的量度。有秩序即有序性，无秩序则是无序性。有序性会强化自然的内在价值，无序性则会瓦解自然的内在价值。这两种趋势都是自然界自身存在的客观趋势，不能以偏概全。

这样，当生态中心主义践行其保持自然界原初性的主张时，就会面临着究竟是保持和维护哪一方面自然的难题。即便是回归到创造性、和谐性、有序性的自然，那也未必称得上是文明。因为，“夕照是壮丽的，但它无助于人类的发展，因而只属于自然的一般流动。上百万次的夕照不会将人类驱向文明”①。而假如是回归到破坏性、斗争性、无序性的自然，那么，这将是对文明的直接否定。此外，深层生态学也没有看到或承认自然界存在的无限性和有限性之间的矛盾。

而从价值论层面上来看，“内在价值论”则存在着过于简单化的问题，并没有科学回答如下价值论意义上的重要问题。

首先，事实和价值的关系。在事实和价值之间存在着巨大鸿沟，从事实难以推导出价值，休谟法则已明确指认出了这一点。“内在价值论”试图从自然界的“自为存在”直接推出自然的内在价值，从对自然界的事实认知直接推出对自然界的价值判断，如此这般，不仅仍未找到从事实推导出价值的桥梁，而且会将存在等同于价值。与此同时，也不能将价值简单还原为事实。之所以是这样，就在于它未能考虑到实践的作用。实践才是连接和联结事实和价值的基础与桥梁。

其次，个体和群体的关系。深层生态学更多地强调从个体自身的存在来看待自然的内在价值，因而内在价值是一种个体感知的价值。其实，个体和群体的感知大不相同，个体价值和群体价值不尽一致，尤其是从个体价值并不能直接推出群体价值。同样，群体价值也绝非是个体价值的简单叠加。很显然，深层生态学并没有找到从个体价值到群体价值的桥梁。之所以会如此，就在于它缺乏关系思维和系统思维。

---

① A. N. 怀特海：《观念的冒险》，周邦宪译，贵州人民出版社，2011 年版，第 289 页。

最后，实体和关系的关系。在实体中不存在价值，因为价值总是在一定关系中产生，体现着主体和客体之间的需要和需要的满足、目的和目的的实现之间的关系。深层生态学从自然界的“自为存在”推出自然的内在价值，这样一来，就把价值看作一个实体范畴。而脱离了关系尤其是脱离了人，自然界的内在价值就会成为一种神秘的东西。此外，深层生态学还存在将价值泛化的问题。当什么东西都是(具有)价值的时候，也就不存在价值了。

因而很明显，生态中心主义的“内在价值论”在价值论上难以自圆其说，存在着内在矛盾。

总之，由于“内在价值论”在自然观和价值论层面上都存在着的内在局限或缺陷，不能将内在价值作为社会主义生态文明建设的价值论基础，尤其是试图以自然的内在价值来推动用生态文明取代工业文明，其实质就是要“以天灭人”“绝圣弃智”“返璞归真”。

3. 基于“内在价值论”的环境伦理学体系

在“内在价值论”基础上，美国学者霍尔姆斯·罗尔斯顿构建起了一个非人类中心主义的环境伦理学体系[①]。他认为，内在价值客观地存在于大自然之中。他引用了大量进化论和生态学的科学事实来论证这一点，而不是诉诸超验的价值论原则。这种方法在一定程度上是与现代科学世界观的基本立场相一致的。进而，他系统阐述了对于自然的内在价值的把握问题。

第一，内在价值的关系性质。在罗尔斯顿看来，每一种内在价值都处于一定的关系当中，而不是孤立存在的。在内在价值的前后，都存在一个“与”字。在世界上，既不存在独立的主体，也不存在独立的客体。个体的生命都存在于自然环境当中，应该适应自然环境。

第二，内在价值的变化性质。罗尔斯顿认为，自然界既存在着反熵增的建构过程，也存在着顺熵增的解构过程，二者共同构成了自然界的矛盾运动。也就是说，自然界存在着复杂性和非线性。如此看来，自然的内在价值是可变化的，并非一成不变。内在价值是一个反映变化的范畴。

第三，内在价值的系统属性。罗尔斯顿提出，从关系和变化的视角来看，

① 霍尔姆斯·罗尔斯顿：《哲学走向荒野》，刘耳、叶平译，吉林人民出版社，2000；霍尔姆斯·罗尔斯顿：《环境伦理学》，杨通进译，中国社会科学出版社，2000年版。

内在价值从个体扩展到了个体所处其中的生态系统。而在生态系统中，内在价值之结与工具价值之网相互交织。这样一来，便产生了系统价值。“系统价值是某种充满创造性的过程，这个过程的产物是那被编织进了工具利用关系网中的内在价值。”[①]在此基础上，他得出了自然的内在价值存在着等级之分的观点，认为人类可以善意地猎杀和食用动物以达生态平衡。

通过上述努力，霍尔姆斯·罗尔斯顿在一定程度上弥补了阿恩·奈斯理论的缺陷。如今，经过对价值的本体论的艰辛思考，一些欧美环境哲学与伦理学者已经得出了自然的内在价值不能独自存在的结论，认为应该转向“后现代主义”，并将后现代主义世界观称为“有机世界观”“生态世界观”“系统世界观”[②]。这样，围绕着内在价值议题，生态中心主义和后现代主义之间就发生了勾连。

二、“内在价值论”的有机论与系统论拓展

从内在关系的思考进路出发，建设性后现代主义运用怀特海的有机哲学完善了“内在价值论”的哲学基础。

1. 怀特海有机哲学的内在价值思想

早在深层生态学之前，以有机哲学为基础，怀特海已从内在关系的思考进路提出了内在价值的概念。所谓有机哲学就是过程哲学，它把世界上的万千事物都看作是处于内在关系之中的事件和过程。

第一，内在关系的哲学意义。在它看来，现实世界是一个不断生成(become)的过程。事物的生成绝非孤立的事件，而是相互参与的过程。任何一个事件的生成都有其他事件的参与，任何一个事件都参与到了其他事件的生成过程当中。这样一来，事件之间的关系就成为一种内在关系。内在关系即不离的有机关系，是事物存在的本质。离开了内在关系，事物和事件就都不能成为其自身。因而，人类应从实体思维转向关系思维。

---

① 霍尔姆斯·罗尔斯顿：《环境伦理学》，杨通进译，中国社会科学出版社，2000年版，第255页。

② J. Baird Callicott, “Rolston on intrinsic value: A deconstruction,” *Environmental Ethics* 14/2 (1992): 129-143.

第二，人与自然的内在关系。它认为，自然参与了人的生成过程，人与自然的关系是一种内在关系，二者不可分割。因而，那种将人与自然分别看待的学说，是一种错误的二元论。其实，人是自然所包含着的一种元素，最鲜明地表现出了自然的可塑性。正是由于自然具有可塑性，才可出现新奇的规律，而这就是“涌现”的过程。事实上，人类对外部自然界的认识和评价，完全依据自然中的各种事件如何相互影响彼此的性质，而非取决于单纯的孤立的自然事件。

第三，内在价值的关系生成。它提出，由于存在物都是关联物(relatum)，内在价值是在内在关系中生成的。“在永恒活动的本质中，也必然和个别情形一样可以从理想的状态中展示到从永恒客观要素的真实结合性中产生的一切价值。这种脱离一切实在的理想状态，是没有任何内在价值的，但作为目的中的要素则有价值。个别事件对这种理想状态的位态的个体化包容所取的形式，就是个别具有内在价值的思维。这种价值的产生，是由于这时思维的理想位态和事素过程中的实际位态具有一种真正的结合性。因此，潜存的活动脱离了实在世界的实际事物，便不具有任何价值。”①可见，自然的内在价值，其实就是人与自然内在关系的价值，而不是自然存在物本身具有的价值。

可见，有机哲学将内在价值视为一个反映和体现事物内在关系的范畴，而不是一个实体范畴，并由此提出了一种不同于深层生态学的“内在价值论”的内在价值论范式。

2. 建设性后现代主义的内在价值思想

在有机哲学的基础上，以小约翰·柯布等人为代表的建设性后现代主义，提出了它的内在价值观念。

第一，强调审视内在价值的关系思维。在内在价值问题上，柯布等人反对对之做出观念论的解释。在他们看来，“内在价值论”存在着走向泛灵论的可能，因为事实上，并不是所有事物都有精神、灵魂或思想，或是所有的事件都包含着意识元素。进而，柯布等人主张从实体思维走向事件思维，而事件思维就是过程思维、关系思维、有机思维。这种新思维，要求用事件之间的相互联系和相互关系来解释事件。相应地，柯布等人主张从事物的内在关

① A. N. 怀特海：《科学与近代世界》，何钦译，商务印书馆，1959年版，第102-103页。

系的角度来界定和认识其内在价值。

第二，突出内在价值构成的整体结构。柯布等人认为，关系就意味着整体的重要性。一方面，所有的人都具有同等的内在价值。在自然界进化过程中，人类的价值被赋予一种绝对优先性，其内在价值被认为是神圣的。由于所有人类个体的精神与灵魂之间都是不连续的，具有独特性，因而所有人都具有同等的内在价值。另一方面，自然界存在着内在价值。由于自然界所发生的事情对人类至关重要，人类的兴衰取决于人类之外的自然界，自然参与了人的生成，人与自然的关系是一种内在关系，因而自然界也存在着内在价值。而就这两种内在价值的关系来看，“与一只蚊子或者一个病毒相比，人类具有更大的内在价值”①。也就是说在系统价值中，内在价值存在着等级。

总之，在建设性后现代主义看来，内在价值源自人类经验的丰富性，或者说源自人类所隶属的总体的丰富性。

可见，伴随着有机论思维的引入，建设性后现代主义在一定程度上修正了基于自然界的“自为存在”来确定内在价值的实体思维理路，开启了从相互关系尤其是从内在关系出发确立内在价值的关系思维理路，也就从哲学世界观上完善了内在价值理论。

与此同时，针对生态中心主义的内在缺陷，一些左翼生态思想流派和思潮也对“内在价值论”展开了批判。比如，生态女性主义和社会生态学强调，深层生态学所指称的统一的人类中心主义并不存在，因为现实社会中人们总是呈现为有差异的主体，尤其是存在着性别支配和等级支配。而在存在着支配逻辑的情况下，不可能有统一形态的人类中心主义。此外，生态学社会主义从生态系统和社会主义相结合的角度规定了内在价值的含义及其实践要求。

1. 地理学历史唯物主义和生态学马克思主义对内在价值论的批评

以戴维·哈维为代表的地理学历史唯物主义和以约翰·贝拉米·福斯特为代表的生态学马克思主义，科学揭示了“内在价值论”的局限性。

第一，“内在价值论”的唯心主义性质。“内在价值论”的基础是反对唯物主义的因果性概念。戴维·哈维认为，内在价值和固有价值是一种比喻，是

---

① 赫尔曼·达利、小约翰·柯布：《21世纪生态经济学》，王俊等译，中央编译出版社，2015年版，第402页。

人类想象力内在化并影响社会过程其他环节的多种结果的特性。“如果价值内在于自然，那么依靠自身客观程序的科学就应该提供一种合理的中立方法来揭示它们。”[①]其实，发现内在价值的能力取决于人类主体的能力，内在价值具有最显著的物质社会实践的属性。约翰·贝拉米·福斯特则强调，从更加普遍的意义上来看，仅仅关注价值的种种做法，就像哲学上的观念论和唯灵论一样，无益于真正理解这些复杂的关系。

第二，“内在价值论”的资产阶级意识形态性质。在戴维·哈维看来，将生态稀缺性、自然极限、自然的内在价值等作为生态主张的基点，是向资本主义意识形态的可悲投降，因为持有和支持这样的观点就遮蔽了资本主义制度在生态危机形成中的决定性作用。约翰·贝拉米·福斯特则认为[②]，深层生态学对自然和社会相互作用的看法有着明显局限，阻碍了对促动社会系统和自然系统相互作用的物质力量的系统理解，更不用说那些持续促进资本主义制度再生产的力量了。如果一个可持续社会仅仅考虑追求价值变革和伦理变革，而不涉及社会制度变革的话，那么，它对环境问题的分析就会很有欺骗性。

总之，在批判和解构资本主义体系的基础上，他们转向了对决定着自然系统和社会系统间相互作用的物质力量的理解，并认为这是最终摆脱生态危机的正确抉择。

2. 生态学社会主义对深层生态学的批判

以乔尔·科威尔为代表的生态学社会主义也不认同深层生态学所主张的内在价值概念，并对深层生态学提出了自己的批评。

第一，深层生态学的观念论性质。在科威尔看来，“内在价值论”往往更关注事物的精神层面，而没有自觉联系生态危机的客观实际，这样就很容易导向观念论和泛灵论。“泛灵论认为，任何东西都有生命。因此，它打破了在充满活力的概念和（无活力的）物质之间有明显区别的惯常的西方二元论思

① 戴维·哈维：《正义、自然和差异地理学》，胡大平译，上海人民出版社，2010年版，第179页。

② John Bellamy Foster, Brett Clark and Richard York, *The Ecological Rift: Capitalism's War on the Earth* (New York: Monthly Review Press, 2010), p. 261.

想。”[1]结果是，在克服二元论固有局限的同时，这种做法把生态批判只看作是一种脱离实际和实践的心理批判，因而是主观主义的。

第二，深层生态学的资产阶级性质。科威尔认为，深层生态学主张保持和维护荒野，并把一直生活在荒野之上的原住民赶走，却忘记了这些原住民早已与荒野融为一体。而随着这些荒野作为生态旅游景点被开发，就被赋予了其经济价值，成为一种循环利用经济剩余的有利方式。“这种退化的深层生态学是可以通过先进资本家的策略被实现的，对这些资本家来说，随着人性失去自身的价值，大自然只是日历上的美丽景观而已。”[2]可见，这是一种退化的生态学，属于资产阶级意识形态。除此之外，深层生态学所持的生物还原论的立场，还会助长种族主义的蔓延。

3. 生态学社会主义对内在价值的重构

需要指出的是，生态学社会主义不仅系统批判了深层生态学“内在价值论”的固有缺陷，还从自然生态和社会主义政治相结合的视角重构了内在价值，并把生态学社会主义视为用社会主义方式实现自然的内在价值的新社会。

第一，内在价值的政治经济学性质。与深层生态学从反对人类中心主义的角度提出内在价值的主张不同，生态学社会主义是在与交换价值相对应、与使用价值相联系的意义上提出内在价值概念的。在它看来，交换价值主导下的资本主义生产是造成生态危机的根本原因，因而社会主义社会必须转向使用价值，转向提供使用价值的自然界。相应地，对使用价值的思考追求，将导向人类发现和遵循自然的内在价值。在深层生态学那里，内在价值是自然界自身存在所体现出的价值，而在生态学社会主义看来，自然的内在价值是指自然的非商品化的属性和特征，强调自然不是买卖和议价的对象，因而必须反对以营利为中心的资本主义生产。这样一来，就打开了通向社会主义未来之门。在生态学社会主义看来，内在价值是(蕴含着)对资本主义生产方式的批判和替代。

① 戴维·佩珀：《生态社会主义：从深生态学到社会正义》，刘颖译，山东大学出版社，2005年版，第254页。

② 乔尔·科威尔：《自然的敌人：资本主义的终结还是世界的毁灭?》，杨燕飞、冯春涌译，中国人民大学出版社，2015年版，第153页。

第二，内在价值的生态系统规定。尽管深层生态学非常重视生物圈，但他们往往把内在价值视为自然事物个体存在的价值。与资本逻辑批判的指向相一致，生态学社会主义强调的是，必须通过整个生态系统的再生产来阐释置换商品生产的目标，必须在尊重生态系统整体性的意义上来理解内在价值。“一旦我们自身向生态圈开放，那么，就会打开一个内在价值的领域，即一个在生态系统中传承的价值。既然我们现在把生活作为世界的中心，而不仅仅是将营利作为中心，同时由于生命是生态系统完整性的问题，那么，生态系统关系的内在价值也会进入生态社会主义的思想中。”[①]生态学社会主义认为，所谓内在价值，就是要承认人类是自然界的一部分，彼此之间的“关联”将人类与自然生态系统融为一体，而生态思维必须体现这一本质意涵和要求。很显然，生态学社会主义所强调的是系统思维，而深层生态学则更多具有个体思维的特征。

第三，内在价值的生态学社会主义前景。深层生态学将生态智慧或环境伦理看作是实现内在价值的主要方式。而在生态学社会主义看来，尽管传统社会主义赞同环境保护，但与资本主义社会一样，仍然走的是“先污染、后治理”的道路，因而必须采用社会主义性质的方式来维护和实现内在价值。“生态社会主义是为了使用价值，或者通过已经实现的使用价值，来为内在价值而斗争的存在。”[②]具体来说，它指的是社会主义生产者由于强大的民主而联合起来进行生产，同时也是一个能够认识并尊重“增长的极限”的生态模式。在这种模式下，自然的内在价值被大家洞悉，并可以恢复到固有的状态，因而体现了生态社会主义的、也是全人类的努力方向。可见，对自然的内在价值的整体上的欣赏，内在要求或意味着用生态学社会主义取代资本主义。换言之，在内在价值实现方式上，深层生态学所诉诸的是伦理手段，而生态学社会主义所诉诸的是社会政治变革。

总之，生态学社会主义强调，应该在生态系统和社会主义政治相结合的意义上来理解内在价值及其实现。这无疑是必要而正确的。但他们大都坚持

---

① Joel Kovel, “Ecosocialism, global justice and climate change,” *Capitalism Nature Socialism* 19/2 (2008): 4-14.

② 乔尔·科威尔：《自然的敌人：资本主义的终结还是世界的毁灭?》，杨燕飞、冯春涌译，中国人民大学出版社，2015年版，第177页。

认为，古典马克思主义缺乏自然的内在价值的维度，因而需要用生态学社会主义的理论阐释来加以填空补充。如此说来，我们还需要对生态学社会主义的内在价值概念进行革命性改造，或进行马克思主义生态理论视野下的重释。

三、“生态价值论”：社会主义生态文明的价值论基础

事实上，在推动哲学革命的过程中，在回答人与自然间总体性关系问题的基础上，马克思主义科学地解决了人与自然之间的价值关系问题，形成了完整的“生态价值论”。如今，马克思主义生态价值论不仅构成了我国新时代社会主义生态文明及其建设的价值论基础，而且将会随着社会主义生态文明理论与实践的不断拓展深入而丰富和发展。

1. 马克思主义生态价值论的科学奠基

在向上提升唯物主义的过程中，马克思恩格斯将人类史和自然史的统一作为唯一科学的“历史科学”的对象和任务，从而阐明了人与自然之间价值关系(或生态价值)的可能性问题。

第一，生态价值的本体之根。马克思恩格斯站在辩证自然观、系统自然观和生态自然观的高度，来看待人与自然之间的价值关系。从历史发生来看，人是在自然界不断演化的过程中产生的。整个世界历史就是在社会实践的基础上，自然界不断向人生成的过程。从现实表现来看，尽管人是一种超越性的存在物，但是，人类的血肉和头脑都来源于自然界、隶属于自然界、存在于自然界。因而，人类和自然界具有“一体性”①，而所谓“一体性”就是有机系统。如此说来，那种将人与自然二元对立的观点是荒谬的。在这个有机系统中，人对自然界的关系，存在着价值关系(评价和被评价)、实践关系(改造和被改造)和理论关系(认识和被认识)三种类型。以实践活动为基础和中介，上述三者构成了人与自然之间的总体关系，而生态价值是这个系统的基本构成和规定性。

第二，生态价值的历史生成。马克思恩格斯从一开始就站在关乎人类尤其是工人和穷人的生存和生活的高度，来看待人与自然间关系，并由此揭示

---

① 《马克思恩格斯文集》(第九卷)，人民出版社，2009年版，第560页。

了人与自然价值关系生成的历史秘密。人类有吃喝住穿用行等一系列感性物质需要，而只有当这些需要获得满足之后，人类才能够创造文化和文明。但是，人类不可能单凭一己之力就能满足自身的需要，而必须求助于人之外的自然物。自然界为人类提供了基本的生产资料和生活资料，维持着人类的生命和生活，成为人类的另外一个身体，即自然界是人的无机的身体。这样一来，人与自然之间就存在着一种需要和需要的满足、目的和目的的实现之间的关系，即价值关系。很显然，"'价值'这个普遍的概念是从人们对待满足他们需要的外界物的关系中产生的"[①]。生态价值是在对待满足人类需要、实现人类目的的自然界的关系中生成的，是人与自然间内在联系的表现和表征。因而，为了维持人类的持续性，必须维持自然的可持续性，只有维持自然的可持续性，才能保证人类的持续性。

第三，生态价值的现实异化。马克思恩格斯总是从经济利益的高度来看待伦理道德问题，把伦理道德看作是一定经济利益的反映，从而揭示了剥削阶级尤其是资产阶级道德才是造成生态危机的价值原因。在私有制社会条件下，随着人与社会关系的异化，人与自然关系也发生异化。尤其是，随着市民社会的出现，实际需要和利己主义成为资产阶级社会的基本原则。只要市民社会完全从自身产生出资产阶级政治国家，这一原则便赤裸裸地显现出来，并且试图主宰一切。金钱(货币)就是实际需要和利己主义的主宰者。于是，"金钱是一切事物的普遍的、独立自在的价值。因此它剥夺了整个世界——人的世界和自然界——固有的价值"[②]。可见，不是人类中心主义，而是金钱中心主义(货币拜物教)，才剥夺了人和自然的固有的价值。当然，货币拜物教、商品拜物教、资本拜物教总是相互交织、难解难分。自原始社会解体以来，人类社会就一直处于阶级社会中。而在阶级社会中，人们只能从自身的阶级利益出发去看待问题、处理事务，而绝不会奉行什么抽象的人类中心主义。

第四，人与自然价值关系的未来愿景。马克思恩格斯总是从社会发展规律出发来看待人的解放，将人的解放看作是一个总体性的历史过程。只有在完成从必然王国向自由王国的飞跃之后，自然的生态价值才能真正实现。由

---

① 《马克思恩格斯全集》(第十九卷)，人民出版社，1963年版，第406页。

② 《马克思恩格斯文集》(第一卷)，人民出版社，2009年版，第52页。

于人对自然的支配不过是人对人的支配的表现和表征，因而，在生产力高度发展的基础上，随着生产资料私有制的消灭和“三大差别”的消除，联合起来的劳动者将会以合理的、人道的方式调节和控制人与自然之间的物质变换，将会按照美的规律来处理人与自然的关系。所以，作为自由人联合体的共产主义“是人同自然界的完成了的本质的统一，是自然界的真正复活，是人的实现了的自然主义和自然界的实现了的人道主义”①。共产主义社会作为人与自然、人与社会双重和谐的社会，内在地包含着对自然界实现人道主义的生态价值要求。而对自然界实现人道主义，就是要在阶级解放的过程中把人的解放和自然解放统一起来，通过人的解放实现自然解放，通过自然解放促进人的解放，最终要促进自然界的“复活”。

总之，在马克思主义看来，所谓生态价值是指人与自然间存在的需要和需要的满足、目的和目的的实现之间的关系，充分表明人与自然之间的关系是一种内在的关系，构成了人与自然间交往行为规范的根本依据。而这种概括性理解，奠定了一种科学的生态价值论的理论基础。

2. 马克思主义生态价值论的时代发展

在全面推进社会主义生态文明及其建设的过程中，当代中国共产党人提出和形成了新时代社会主义生态文明观，进一步丰富和发展了马克思主义生态价值论。

第一，生态价值的本体根基。在马克思主义关于人与自然辩证关系思想的指导下，借鉴中国古代天人合一的思维传统，吸收现代科技革命关于生态系统的科学思想，新时代社会主义生态文明观创造性地提出了“人与自然是生命共同体”的科学命题。具体而言，自然是生命之母，人因自然而生，二者是一种和谐共生关系，即生命共同体。人与自然之间构成了一个有机生命躯体，二者不即不离，一荣俱荣、一损俱损，因而理应和谐共处、共同发展、协同进化。人与自然间的价值关系就是在这一生命共同体中生成的，生命共同体构成了生态价值的本体之根。依此，“生命共同体”理念丰富和发展了马克思恩格斯提出的人与自然具有“一体性”的思想，实现了“天人合一”传统的创造性转换和创新性发展，拓展和提升了自然科学中的生态系统思想，成为辩证

① 《马克思恩格斯文集》(第一卷)，人民出版社，2009年版，第187页。

自然观、系统自然观、生态自然观、有机自然观的时代集成和科学典范。相应地，这也就彻底终结了人类中心主义和生态中心主义之间的无谓争论，终结了明显偏执的深层生态学的个体思维和实体思维。

第二，生态价值的社会规定。依据新时代社会主义生态文明观，人与自然关系的实现、人与自然价值关系的实现，固然要受认识论、发展观和生态观等系列认知元素的影响，但更为重要的是要受到社会制度的制约。“人类进入工业文明时代以来，传统工业化迅猛发展，在创造巨大物质财富的同时也加速了对自然资源的攫取，打破了地球生态系统原有的循环和平衡，造成人与自然关系紧张。从20世纪30年代开始，一些西方国家相继发生多起环境公害事件，损失巨大，震惊世界，引发了人们对资本主义发展模式的深刻反思[①](着重号系引者所加)。”因而，在社会主义现代化建设中，必须坚决克服西方资本主义工业化“先污染、后治理”的弊端，深刻反思资本主义发展模式的弊端，努力走向社会主义生态文明新时代。社会主义生态文明是社会主义本质在生态文明领域中的表现和表征，而生态价值论是社会主义生态文明观的价值论表现和表征。如此一来，社会主义生态文明观不仅坚持了唯物辩证法革命性和批判性的本质，彻底克服了深层生态学单纯依靠伦理革命实现内在价值的线性思维，也实质性突破了生态学社会主义的政治局限性。

第三，生态价值的科学内涵。新时代社会主义生态文明观坚持从马克思主义的整体性视角来看待和阐释生态价值的意涵。在哲学层面上，人类物质需要和精神需要的满足，都离不开自然界。自然界是人的无机的身体。不仅如此，人类对清新的空气、清澈的流水、清洁的土壤都有专门的需要，并形成了统一的生态环境需要。生态环境需要是人类从自然界开采资源能源的需要和将排泄物废弃物排放到自然界的需要等诸多需要的总和。随着人民群众需要的升级换代，我们“既要创造更多物质财富和精神财富以满足人民日益增长的美好生活需要，也要提供更多优质生态产品以满足人民日益增长的优美生态环境需要”[②]。生态环境需要尤其是优美生态环境需要，进一步强化了人

---

① 习近平：《推动我国生态文明建设迈上新台阶》，《求是》2019年第3期，第10页。

② 习近平：《决胜全面建成小康社会，夺取新时代中国特色社会主义伟大胜利》，人民出版社，2017年版，第50页。

与自然之间的内在关系本质，彰显了生态价值的必要性和重要性。简言之，生态价值是在自然界满足人的生态环境需要尤其是优美生态环境需要的过程中所产生的人与自然间的有机联系或内在关系。在经济层面上，生态价值(自然价值)是与生态资本(自然资本)相联系的概念。“绿水青山既是自然财富、生态财富，又是社会财富、经济财富。保护生态环境就是保护自然价值和增值自然资本，就是保护经济社会发展潜力和后劲，使绿水青山持续发挥生态效益和经济社会效益。”①在这里，生态价值(自然价值)是指自然生态在经济价值形成中的作用和贡献，生态资本(自然资本)是指自然生态在经济价值增值中的作用和贡献。而就这二者的关系来看，哲学意义上的生态价值是总体，经济学意义上的生态价值是具体。如此一来，在生态价值问题上，新时代社会主义生态文明观坚持了人道主义和自然主义的统一，克服了深层生态学的单纯自然主义的局限。

第四，生态价值的实践要求。新时代社会主义生态文明观坚持从人的总体解放的高度来看待生态价值的实现问题。由于人与自然是生命共同体，生态环境需要是人民群众的基本需要，因而，我们必须“坚持人与自然和谐共生。保护自然就是保护人类，建设生态文明就是造福人类。必须尊重自然、顺应自然、保护自然，像保护眼睛一样保护生态环境，像对待生命一样对待生态环境，推动形成人与自然和谐发展现代化建设新格局，还自然以宁静、和谐、美丽”②。需要强调的是，这一论述构成了完整而系统的评价和调节人与自然间交往的总体行为规范：其一，“尊重自然、顺应自然、保护自然”，体现了生态价值的求真的维度和要求(生态思维)，努力形成绿色化的思维方式。其二，“像保护眼睛一样保护生态环境，像对待生命一样对待生态环境”，体现了生态价值的致善的维度和要求(生态伦理)，逐渐形成绿色化的伦理道德。其三，“还自然以宁静、和谐、美丽”，体现了生态价值的臻美的维度和要求(生态审美)，不断形成绿色化的审美方式。其四，“推动形成人与自然和谐发展现代化建设新格局”，体现了实现上述价值的基础和过程(生态发展)，

① 习近平：《推动我国生态文明建设迈上新台阶》，《求是》2019年第3期，第11页。

② 《中共中央国务院关于全面加强生态环境保护，坚决打好污染防治攻坚战的意见》，《人民日报》2018年6月25日。

始终坚持绿色发展。作为一个整体，社会主义生态文明及其建设的过程，就是在可持续发展的基础上逐渐实现生态价值上的真善美相统一的过程，最终目的则是促进人的自由而全面的发展。由此，新时代社会主义生态文明观坚持从价值的总体性看待与实现生态价值，也就克服了深层生态学单纯从伦理道德角度看待内在价值的局限性。

总之，新时代社会主义生态文明观丰富和发展了马克思主义生态价值论，同时超越了生态中心主义和生态学社会主义的价值论，进一步夯实了我国社会主义生态文明理论与实践的价值论基础。

四、从“内在价值论”到“生态价值论”：一种“红绿”革命

在笔者看来，马克思主义生态价值论及其作为新时代呈现形式的“社会主义生态文明观”，科学揭示了生态价值何以可能、如何实现等一系列基础性理论问题，从而构成了对始于深层生态学的各种形态的“内在价值论”的实质性革新与超越。

第一，生态价值的整体特质。自然界是一个系统，以人为主体的社会是一个系统，人与自然之间也构成了一个系统。人与自然间具有一种和谐共生的关系，具有一体性，因而构成了一个完整的生命共同体，即有机生命躯体。生命共同体的理解比生态系统概念更加包容和充满生机，更突出了生物与环境、人类与自然之间的有机系统关联，强调不能脱离生命共同体来看待自然及其价值问题。在这个意义上，生态价值不只是单个自然物的价值，不只是单个生命物的价值，而是整个生命共同体的系统价值；生态价值是生命共同体的价值表现和价值表征，要求在生命共同体中按照人道主义方式和美的规律来对待自然，促进人与自然协同进化，促进人与自然生命共同体的优化。总之，生态价值是人与自然生命共同体所提出的绝对命令，所体现或彰显的是整体价值。

由是观之，尽管奥尔多·利奥波德已提出了“生物共同体”概念并将之作

为价值判断的标准①，但是，当生态中心主义将人类中心主义作为批判对象时，其实并没有能够将共同体思维和价值贯彻到底。因为，如果按照共同体理念和价值，他们应该反对的是非共同体和反共同体的思维和价值，比如个人主义、利己主义等，而不是人类中心主义；他们应该倡导的是共同体的思维和价值，而不是生态中心主义。这也就说明，生态中心主义在世界观上仍然没有摆脱“二元论”。

第二，生态价值的关系特质。在生命共同体中，人与自然之间存在着复杂的内在性关联。其中，最为基本的是，在人与自然之间存在着需要和需要的满足、目的和目的的实现的关系。动物凭借自身的存在以实现这种关系，人类则凭借自身的实践来实现这种关系。实践活动是将人类感性需要和客观存在的自然相联系的实际确定者。在这个过程中，生态价值才得以生成。因而，生态价值既不是“自然界的意义”的显示(自然界的自为存在)，也不是“人为自然立法”的要求(人将其价值投射到自然物上)，而是人与自然之间有机联系的体现和表征。由此可见，生态价值并不是一个实体范畴，而是一个关系范畴。生态价值既不是客观价值，也不是主观价值，而是关系价值。总之，生态价值是基于实践的人与自然有机关系而提出的绝对命令，所体现的是关系价值。

其实，从人类理论思维的发展历程来看，生态中心主义无非是延续了远古的万物有灵论、物活论的思维传统而已。比如，关于自然界的“内在价值”的看法，我们可以从庄子的“道在屎溺”和湛然的“无情有性”等思想中看出思想发生的端倪。尽管这些思想不是在环境伦理学的意义上提出的，但却具有生态伦理学的价值。而一些生态中心主义者也已经认识到，“内在价值论”并不能为环境伦理学确定一个稳固的哲学基础。

第三，生态价值的系统特质。在人与自然间的三种关系中，实践是价值的基础，理论是价值的反映，价值是实践和理论的原点，而这三种关系共同构成了一个有机系统。因而，将生态价值渗透和贯穿在人类的全部活动当中，

---

① 从词汇构成来看，“生命共同体”所用的是“a community of life”[*Documents of the 19th National Congress of the Communist Party of China* (Beijing: Foreign Languages Press, 2018), p. 61]，而利奥波德的“生物共同体”所用的是“biotic community”。众所周知，生命和生物、共同体和系统具有不同的意指和语境，生命既可以包括生物也可以涵盖所有存在物，而共同体更为强调的是系统的有机性和包容性。

是体现和实现生态价值的重要方式，而这一过程本身就是实现自然尺度和人的尺度相统一的过程。从生态价值自身来看，尊重自然的求真追求、敬畏自然的致善情怀、欣赏自然的臻美境界，是这一过程的三种基本形态，也是人类协调人与自然间关系的三种基本的价值方式。可见，生态价值并不是单纯的生态伦理学（环境伦理学）意义上的价值，而是真善美的统一。生态价值并不是单纯的价值观问题，而是人与自然间的价值关系、实践关系、理论关系的统一。总之，生态价值是人与自然总体性关系所提出的绝对命令，所体现的是系统价值。

从系统价值和价值系统的视角来看，渔猎文化、农业文明、工业文明、智能文明表征着文明（价值）进化的不同阶段，物质文明、政治文明、精神文明、社会文明、生态文明则表征着文明（价值）构成的不同领域。因而，生态文明和工业文明并不是同一个逻辑层次上的问题，而主张用生态文明取代和超越工业文明，至少违反了形式逻辑的同一律。当然，无论哪一种文明要素和哪一种文明形态，都必须植根于生态文明基础之上。

第四，生态价值的革命特征。为了克服资本逻辑对生态价值剥夺所造成的生态危机，人类社会必须走向社会主义生态文明的新时代。社会主义生态文明不仅有自己的鲜明的价值取向和追求，还有自己的科学的价值依据和要求。今天，我国不仅将生态文明及其建设上升为社会主流价值观，纳入社会主义核心价值体系和核心价值观之中，还将满足人民群众的生态环境需要、维护人民群众的生态环境权益作为生态文明及其建设的价值取向，将实现人道主义和自然主义相统一的共产主义理想作为生态文明建设的价值追求。因而，社会主义生态文明及其建设是人民群众在党的领导下自觉实现人与自然和谐共生的过程，也就是自觉维护和实现生态价值的过程。由此可见，生态价值并不是单纯的自然价值，而是人化的自然价值。生态价值并不是资本主义价值，而是社会主义和共产主义价值。总之，生态价值是实现人与自然和解的共产主义理想提出的绝对命令，所体现的是革命价值。

在社会发展的一般意义上，人类社会经过了蒙昧、野蛮、文明三个阶段。前资本主义社会坚持天人不分的价值论，是生态蒙昧的典型；资本主义社会主张人定胜天的价值论（人为自然立法），是生态野蛮的典型；而社会主义社会应该坚持天人和谐的价值论，努力成为生态文明的典范。而在现实社会中，蒙昧、野蛮、文明三种状态在任何一个领域中都会存在。而在人与自然关系领域中，存在着生态蒙昧、生态野蛮、生态文明三种状态。因而，生态文明是取代生态蒙昧、战胜生态野蛮的过程和成就，而不是取代和超越工业文明的新的文明形态(阶段)。就整体而言，社会主义生态文明是战胜资本主义生态危机、超越绿色资本主义的科学抉择、现实运动和未来愿景。当然，这依然是一个价值判断，而非事实判断。晚期资本主义通过生态环境治理已经转型成为绿色资本主义。

结语

马克思主义生态价值论是唯一科学的生态价值论。通过马克思主义生态价值论尤其是新时代社会主义生态文明观在人与自然价值关系上的科学“澄明”，生态价值可以为人与自然交往行为总体性规范提供内在的哲学伦理依据，能够为我国社会主义生态文明及其建设提供价值论基础。简言之，我们不能把作为自然界的“自为存在”体现的内在价值，作为生态文明及其建设的价值论基础，而必须立足于人与自然生命共同体和社会主义制度本质，把作为人与自然间需要和需要的满足、目的和目的的实现之间关系的表现和体现的生态价值，确立为生态文明尤其是社会主义生态文明理论与实践的价值论基础。

（作者单位：中国人民大学马克思主义学院）

第四章
社会主义生态文明视域下的生态劳动

徐海红

内容提要：按照马克思主义政治经济学，劳动是人与自然间的物质变换过程及其结果。资本主义社会条件下的劳动是异化劳动，而社会主义社会条件下的劳动是人的自由自觉活动。就劳动本身的逻辑展现而言，资本主义条件下的劳动被资本及其增值律令所掌控，是资本家获取剩余价值的手段，结果劳动会导致人与自然间物质变换的断裂，并成为反生态的现象。相比之下，社会主义社会条件下的劳动内在要求实现人与自然间的符合生态法则的物质、信息和能量交换，因而是促进人与自然和谐共生的活动，具有生态性。当然，现实社会主义社会中的这种生态劳动或劳动生态化，并不是天然具备的或可以一蹴而就的，而是一个漫长的历史性过程。相应地，社会主义生态文明建设就成为促进生态劳动实现或劳动生态化的重要平台或进路。这其中，尽管个体伦理道德与观念的生态化变革十分重要，但更为关键的却是基本制度完善与具体体制机制建设。

关键词：生态劳动，生态产品，社会主义生态文明，马克思主义政治经济学，马克思主义生态学依据唯物史观和马克思主义政治经济学，劳动是人类生活状态的基本呈现形式，是人类社会存在和发展的基础。而对于它们所理解的劳动是否具有现代生态意涵或生态性这一问题，学术界长期以来各持己见。反对者认为，马克思过分强调劳动在物质财富创造中的作用，却忽略了自然资源(生态环境)本身的贡献与价值，因而不具有生态性。而支持者则认为，马克思的确把劳动看成是(剩余)价值创造的唯一源泉，但并没有否认或贬低自然生态条件在物质财富创造过程中的作用甚或本源地位——“共产主义社会有着极其丰富的财富以及全面的人类发展，而且在生态上是合理的，因为人们拥有自然的审美观以及物质利用价值观，在共同承担社会责任的背景下，维持与改善土地和其他自然条件的质量”①。在笔者看来，一方面，鉴于其同时是马克思主义的历史唯物主义和政治经济学的基础性范畴，从理论上更加系统地阐明劳动概念的现代生态意涵或生态性是非常重要的；另一方面，我国的社会主义生态文明及其建设是一种建立在新型劳动和经济基础上的新文明，社会主义生态文明的要义是人与自然的和谐共生或人和自然的双重解放，而它的物质经济基础只能是一种合乎社会公正与生态可持续性理念原则的“生态劳动”。基于此，本章将从马克思主义政治经济学分析范式出发，对社会主义生态文明视域下的“劳动”的生态意涵及其实现做初步讨论，以期推动我国社会主义生态文明经济理论与实践的研究。

一、作为马克思主义政治经济学理论起点的“劳动”

政治经济学是马克思主义理论大厦的重要组成部分，与马克思主义哲学、科学社会主义理论相比，它有着自己相对独立的研究方法和分析进路。在马克思看来，考察一个国家和社会的历史发展，要“从实在和具体开始，从现实的前提开始”②。而对任何一个社会来说，生产劳动是人类生活存在的首要前提，是社会存在和发展的物质基础。在资本主义制度条件下，生产劳动发生

① Paul Burkett, *Marx and Nature: A Red and Green Perspective* (New York: St. Martin's Press, 1999), pp. 251-252.

② 《马克思恩格斯文集》(第八卷)，人民出版社，2009年版，第24页。

了扭曲或异化，工人的劳动成为雇佣劳动，劳动从目的本身沦为谋生手段，成为资本家创造剩余价值的工具，结果造成了资本家和工人阶级之间的对立。之所以出现资本支配劳动、抽象劳动支配具体劳动、交换价值支配使用价值的情形，其深层根源在于资本主义生产关系及其所必然衍生出的资本逻辑。而随着代之以社会主义社会，劳动将逐步从谋生手段(恢复)成为生活目的，成为人的自由自觉的活动，相应地，劳动不再是奴役人、奴役自然的过程，而是同时成为人的解放和自然的解放过程。由此可见，马克思主义政治经济学正是以劳动概念作为出发点，在社会的劳动、生产力、生产关系、生产方式、经济基础等构成性元素之间找到了内在的逻辑联系，既批判了资本主义制度的社会非公正性与反生态本性，也阐明了社会主义制度的社会公平性与生态合理性。在此基础上，我们也就可以对生态文明及其建设时代的人类劳动特点及其变化趋向做深入研究，而这显然对于社会主义生态文明建设理论与实践意义重大。

对于劳动在人类社会历史发展中的基础性地位，马克思、恩格斯在《德意志意识形态》中指出，“我们首先应当确定一切人类生存的第一个前提，也就是一切历史的第一个前提，这个前提是：人们为了能够‘创造历史’，必须能够生活。但是为了生活，首先就需要吃喝住穿以及其他一些东西。因此，第一个历史活动就是生产满足这些需要的资料，即生产物质生活本身，而且，这是人们从几千年前直到今天单是为了维持生活就必须每日每时从事的历史活动，是一切历史的基本条件”[①]。可见，马克思和恩格斯把劳动视为人类社会存续的基础，是从劳动对于人的生存重要性上进行理解的。劳动，就其初始意义而言，是指人类的物质生产劳动。人类要想生存，就必须首先解决吃喝住穿等基本问题，因而生产劳动是满足人类生存和发展需要的第一个历史活动，也是人类社会存在与发展的物质基础。应该说，这是一个非常简单、但又非常重要的事实性判断，即自古至今生产劳动都是人类社会得以存在延续的基础，是一切历史的基本条件。当然，随着人类社会的不断发展，劳动的具体内容和相关条件也在持续发生变化，并获得日趋丰富的内在规定性。比如，马克思在《1857—1858 年经济学手稿》中指出，“劳动似乎是一个十分

---

① 《马克思恩格斯文集》(第一卷)，人民出版社，2009 年版，第 531 页。

简单的范畴。它在这种一般性上——作为劳动一般——的表象也是古老的。但是，在经济学上从这种简单性上来把握的‘劳动’，和产生这个简单抽象的那些关系一样，是现代的范畴”[①]。也就是说，一方面，劳动是“一个十分简单的范畴”，因为劳动古已有之。从人类社会产生之初，劳动就已经存在。而且，尽管早期的劳动是相对简单的，但仍是一种复杂而具体的存在，包含着众多的规定性，是多样性的综合与统一。另一方面，劳动是贯通传统与现代的一个范畴，是简单与丰富、抽象与具体的辩证统一，“这个被现代经济学提到首位的、表现出一种古老而适用于一切社会形式的关系的最简单的抽象，只有作为最现代的社会的范畴，才在这种抽象中表现为实际上真实的东西”[②]。换言之，劳动作为一个现代社会范畴，无论是在深度还是在广度上，都蕴含着更为丰富的规定性。总之，劳动既是人类社会历史发展的起点，也是理解和把握当代社会发展状况的基础。没有生产劳动，人类就会失去生存的一般条件，社会发展和人类历史就将成为一句空话。对此，马克思强调指出，“人体解剖对于猴体解剖是一把钥匙。反过来说，低等动物身上表露的高等动物的征兆，只有在高等动物本身已被认识之后才能理解”[③]。这一论断所表明的是，要想认识和把握劳动的历史本质，就必须对现代社会中的生产劳动及其特征进行分析，尤其是对资本主义工业文明和社会主义生态文明时代的生产劳动展开深入讨论，唯有如此，劳动概念及其规定性才会变得丰富而具体，劳动的内在本质及其规律才会得到科学的揭示。

然而，在资本主义社会条件下，人类劳动却演变成为雇佣劳动，受制于资本逻辑，并沦为资本家剥削工人的手段。马克思基于历史唯物主义立场，从当时所处的现实状况出发，对劳动和资本在资本主义生产过程中的作用及其相互关系做了详尽考察。在他看来，资本主义政治经济体系的核心或“中枢”是资本，而资本的本质或“使命”在于实现它的价值的增值。具体而言，资本具有如下双重趋向，即“扩大所使用的活劳动和缩小必要劳动”[④]。在资本主义社会中，工人的劳动可划分为必要劳动和剩余劳动。必要劳动是工人生

① 《马克思恩格斯文集》(第八卷)，人民出版社，2009年版，第27页。

② 《马克思恩格斯文集》(第八卷)，人民出版社，2009年版，第29页。

③ 《马克思恩格斯文集》(第八卷)，人民出版社，2009年版，第29页。

④ 《马克思恩格斯文集》(第八卷)，人民出版社，2009年版，第79页。

产满足自身生存需要的物质资料的劳动，而剩余劳动是工人生产剩余产品的劳动。因而，资本家为了获取更多的剩余价值，实现资本的价值增值，就必须不断增加活劳动，缩短工人的必要劳动时间，延长工人的剩余劳动时间，“从本质上说，就是推广以资本为基础的生产或与资本相适应的生产方式”①。由此也就可以理解，对剩余价值的无限追求，必将导致大众消费需求的异化，新的人为需要被源源不断地制造出来。于是，“就要探索整个自然界，以便发现物的新的有用属性；普遍地交换各种不同气候条件下的产品和各种不同国家的产品；采用新的方式(人工的)加工自然物，以便赋予它们以新的使用价值。要从一切方面去探索地球，以便发现新的有用物体和原有物体的新的使用属性”②。结果则是，以资本增值为最高律令的政治经济体系造成对大自然的剥夺和破坏，并最终引发了全球性生态环境危机。也就是说，以资本为中心的生产经营也许能够带来个体或局部意义上的经济效率甚或生态环境质量改善，但就其本质而言，资本主义生产方式是反生态的，因为它不可能把整个社会或整个地球的生态系统稳定与可持续性作为目标追求。因而，分析或聚焦于资本主义市场经济的政治经济学只能是“资本的政治经济学”，而未来社会应产生或立足于“劳动的政治经济学”；中国特色马克思主义政治经济学不应以资本为中心或核心，而应以人民利益为中心、以劳动概念为核心，来全面构建创新的理论体系③。

因而，劳动是马克思主义政治经济学的起点，或者说，马克思主义政治经济学的理论大厦构筑于劳动概念的基础之上。正是在科学的劳动概念或“劳动本体论”的基础上，马克思恩格斯系统阐述了生产力、生产关系范畴及其辩证关系，以及建立在经济基础之上的政治上层建筑和文化价值观念，从而形成了一个完整的理论体系，特别是对于资本主义社会制度及其运行的系统性批判。马克思主义的基本观点是，资本主义社会的劳动在本质上是异化劳动，其根源则在于它受到资本关系及其逻辑的支配、受到资本主义社会生产资料私有制的支配，结果是，资本主义社会的劳动成为雇佣劳动，也就成为反生

---

① 《马克思恩格斯文集》(第八卷)，人民出版社，2009年版，第88页。

② 《马克思恩格斯文集》(第八卷)，人民出版社，2009年版，第89-90页。

③ 程恩富：《〈资本论〉与中国特色马克思主义政治经济学》，《北京日报》2017年10月16日。

态的存在。对此，马克思指出，“雇佣劳动是设定资本即生产资本的劳动，也就是说，是这样的活劳动，它不但把它作为活动来实现时所需要的那些对象条件，而且还把它作为劳动能力存在时所需要的那些客观要素，都作为同它自己相对立的异己的权力生产出来，作为自为存在、不以它为转移的价值生产出来”①。这里包含着三层含义，第一，雇佣劳动是生产资本的劳动，意味着资本主义社会中的劳动主要是一种手段；第二，雇佣劳动是工人生产生活必需品的活动，是工人为了能够维持生存，从而能够为资本家创造利润的活动，意味着雇佣劳动是工人维持生存的手段；第三，雇佣劳动是为资本家创造财富，从而创造出与自己相对立的资产阶级的手段。总之，在资本主义社会中，工人的劳动演变成为雇佣劳动，演变成为资本家获取剩余价值、获得利润的一种手段。因而，资本主义制度剥削及其实现的所有秘密，都可以从雇佣劳动身上找到理解钥匙，劳动及其时代特征是最终导致资本主义社会两大阶级对抗的关键性环节。相形之下，社会主义制度条件下的劳动，其最主要特征就在于将会回归到本真状态，劳动本身成为目的。也就是说，劳动不再被当作实现剩余价值、获取利润的手段，而是被视为生活目的本身，劳动不再是为了谋生，或是为了赚钱，而是体现为人的自由自觉的活动，是人与人、人与自然之间实现和解的基本方式。而在劳动与资本的关系上，将会是劳动控制资本、支配资本，而不是相反。相应地，社会主义社会的劳动将是一种扬弃了其异化性质与形式的存在，是真正意义上的劳动。

综上所述，劳动是人类社会存在和发展的前提基础，也是马克思主义政治经济学理论大厦构建的起点与重要概念。正是资本主义制度环境下的劳动的社会形式与政治文化条件，使得它成为一种社会剥夺性的和反生态的存在或力量，而伴随着社会主义经济政治变革所发生的，将是整个社会劳动的目的、形式与条件的根本性改变，劳动将会(重新)呈现为一种人的自由自觉的活动，而劳动本身将会(再次)成为生活目的。依此而言，马克思主义政治经济学可以理解为一种关于“劳动”的政治经济学，或者说，马克思主义生态政

---

① 《马克思恩格斯文集》(第八卷)，人民出版社，2009 年版，第 112 页。

治经济学可以理解为一种关于“生态劳动”的政治经济学①。

二、当代劳动的“生态困境”

在现实社会中，无论是主导性的资本主义工业社会(文明)还是作为其历史性替代的社会主义社会(文明)，都遭遇了生态环境保护治理意义上的危机或挑战。相应地，现实资本主义社会和现实社会主义社会条件下的生产劳动或劳动生产，都不得不接受现代生态学的“灵魂拷问”，即它们是不是有可能、如何才能够成为合乎生态的或绿色的。对此，马克思主义生态政治经济学分别做出了自己的理论阐释或解答。

对于前者，资本主义社会条件下的劳动的确具有反生态性，其根源在于生产资料私有制。劳动是人与自然之间的物质变换活动，因而劳动与自然在本质上是相通的或统一的。但在资本主义社会条件下，人的劳动却走向了自然的对立面，成为反生态性质的活动，究其根源，在于资本主义生产资料私有制。对此，恩格斯在《国民经济学批判大纲》中指出，资本和劳动最初是同一个东西。资本是劳动的结果，而它在生产过程中立刻又变成了劳动的基础、劳动的材料。因而，“由私有制造成的资本和劳动的分裂，不外是与这种分裂状态相应的并从这种状态产生的劳动本身的分裂”，而“所有这些微妙的分裂和划分，都产生于资本和劳动的最初的分开和这一分开的完成，即人类分裂为资本家和工人”②。所以恩格斯认为，“如果我们撇开私有制，那么所有这些反常的分裂就不会存在”③。也就是说，从最原初的意义上来看，人类通过劳动创造财富、积累资本，满足自身生存和发展的需要，并将剩余产品用于扩大再生产，获取更多的财富。此时，资本所有者和劳动主体是合二为一的。劳动者一方面受制于相对有限的开发利用自然资源的能力，另一方面出于对大自然本身的恐惧敬畏，在持续从自然界中获取自己需要的物质资料的同时，

① 付文军：《马克思生态政治经济学批判的逻辑理路》，《兰州学刊》2020年第2期，第92-101页；曹顺仙、张劲松：《生态文明视域下社会主义生态政治经济学的创建》，《理论与评论》2020年第1期，第77-88页。

② 《马克思恩格斯文集》(第八卷)，人民出版社，2009年版，第70页。

③ 《马克思恩格斯文集》(第八卷)，人民出版社，2009年版，第71页。

也会较好地把握开发利用自然资源的尺度，至少不会带来对自然生态环境的严重破坏。因而，人类在与大自然打交道的过程中，能够维持二者之间的可持续物质变换。但是，转折点在于私有制的出现，尤其是资本主义制度的逐步确立。资本所有者和劳动主体发生了分离，出现了资本家和工人的分裂。资本家拥有的是资本，而工人所拥有的仅仅是自己的“活劳动”。工人不得不在资本家的雇佣之下进行劳动，所创造的劳动财富也不归自己所有，而是归属资本家。而且，工人创造的财富越多，自己就越贫穷，资本家就越富有，社会日益分裂为两大对立的阶级：资产阶级和无产阶级。在资本主义私有制条件下，资产阶级所关心的是如何让自己的资本实现价值增值，只要能够不断赚钱，就会役使工人不停地劳动。结果，劳动不再是为了创造使用价值，而是为了创造交换价值，不再是为了满足人类自身的生存和发展需要，而是为了获取更多的利润。在利润动机驱使下，人类的劳动丧失了原初的意义，交换价值凌驾于使用价值之上，并且逐渐形成了大量生产、大量消费、大量废弃的生产生活方式，人类所耗费的自然资源越来越多、所排放的废弃物越来越多，人与自然之间的物质变换呈现为极度紧张甚或断裂状态，劳动最终成为一种反生态的存在。相应地，破解之道也是十分清晰的，那就是消灭资本主义私有制，摒弃资本逻辑对劳动的宰制。“只要我们消灭了私有制，这种反常的分离就会消失；劳动就会成为它自己的报酬，而以前被让渡的工资的真正意义，即劳动对于确定物品的生产费用的意义，也就会清清楚楚地显示出来[①]。”简言之，只要废除资本主义私有制，就可以扬弃劳动的生态异化，化解劳动的反自然困境。

对于后者，社会主义制度的确立，为生态劳动的实现提供了根本制度保障，但仍会存在这样那样的体制机制障碍，影响着劳动生态化的切实推进。生态劳动的本质特征是人与自然之间合乎生态理性的物质变换，特别是生产和废弃这二者之间的平衡统一。生产是人类从大自然中获取物质生活资料的过程，而废弃是人类向大自然排放生产生活垃圾物的过程。而生产和废弃的平衡统一，就是要做到所有物质都能够从自然中来，到自然中去。也就是说，人类从事生产时就必须考虑到废弃物的排放，后者必须是自然界能够吸纳消

① 《马克思恩格斯文集》(第八卷)，人民出版社，2009 年版，第 72 页。

解的东西，至少不会构成严重的伤害。而要实现二者的平衡统一，技术和制度都很重要，制度尤为根本。以新中国70多年来的社会主义现代化发展为例，计划规划和市场机制是实现资源配置与经济活动组织的两种主要方式，而且明显有着时间上的先后承继性。在社会主义制度确立初期，主要实行的是计划经济为主的资源配置方式。计划经济的优点是能够充分发挥国家的宏观调控作用，以有形之手实现各种资源的配置，促进经济发展和社会进步。计划经济体制可以从根本上保障劳动的目的是为了获取使用价值，从而与资本主义条件下以获取交换价值为目的的生产有着本质性区别。但是，这种初级版本的计划经济体制也有着自身的明显缺陷，尤其体现为生产效率不高、产品供应不够充足、生产者积极性难以得到充分发挥。20世纪80年代初实施改革开放之后，市场机制逐渐成为各种资源配置和经济活动组织的主要方式，并表现出生产效率与资源产品配置等方面的明显优势。然而，市场经济所奉行的利润至上原则和竞争原则，又会不可避免地带来资本主义社会条件下习以为常的社会公正与生态环境破坏难题，不仅难以从根本上消除大量生产、大量消费、大量废弃的生产生活方式，而且也很难完全回避劳动目的上交换价值对使用价值的胁迫或宰制。也就是说，如果只是单方面强调市场经济体制机制的决定性作用的话，初级阶段的社会主义其实也无法保证避免马克思所批评的苦役踏车式的资本主义经济生产，其最终结果必然是自然资源和生态环境的过度消耗破坏，人与自然物质代谢的裂缝或断裂①。因而，保持与扩大社会主义初级阶段的中国特色社会主义经济生产或生产劳动的社会生态特征的关键，是坚持社会主义统筹规划与市场经济手段的协调平衡，尤其是在充分利用市场经济机制的资源配置、提高效率、激发劳动者积极性等优点的同时，尽量克服或抑制其逐利性、盲目性、滞后性等局限。

这方面一个似是而非但却影响深远的命题，是所谓的“公地悲剧”。1968年，美国学者加勒特·哈丁在《科学》上发表文章，提出了著名的“公地悲剧”理论（The Tragedy of the Commons）②：一群牧民共享一片草场，每一个牧民都

---

① 约翰·贝拉米·福斯特：《生态马克思主义政治经济学：从自由资本主义到垄断阶段的发展》，《马克思主义研究》2012年第5期，第97-104页。

② Garrett Hardin, “The tragedy of the commons”, *Science* 162(1968): 1243-1248.

想多养一只羊来增加收益，在公共资源有限的情况下，每个人都知道过度放牧最终会导致草场的崩溃，但在没有制度约束的情况下，每个人都从个人利益出发，最终却造成了整个草场的退化和崩溃，牧民全部破产。应该说，哈丁本人的这一论述，并不构成对于公有制的非生态化甚或反生态化的任何“指证”，而且也不符合世界各国传统牧区以及其他类型“公地”管理制度与绩效的事实。但是，他的确提出或突出了作为公共资源(产品)的生态环境的更有效保护治理问题。欧美主流环境经济学更多强调的是一种明晰产权的解决思路。在它看来，在产权不清晰的情况下，社会公共资源包括生态环境一定会被滥用，因而通过私有化将产权确定给私人或特定主体，是避免这类“公地”悲剧发生的合理路径。当然，这种主张即便在单纯自然生态意义上也是存在问题的。比如，有些公共自然资源在技术上是无法确定给某一个体或群体的，而地球生态系统就是这一类型的最大一块“公地”。在这个星球上，如果每个人都把获取利润作为自己的最大目的，每个人都从大自然中毫无节制地掠夺自然资源，每个人都致力于满足自己不加节制的各种物质文化需要，几乎肯定会导致自然资源短缺甚至枯竭、生态环境遭到破坏，最终则是人与自然之间物质变换的断裂，也就是最大的“公地悲剧”。因而，试图通过自然生态环境的私有化来解决人类对自然资源的过度滥用所带来的危机，很显然是不现实的。而这也就提出或凸显了另一种意义上的可能性。也即是，无论在全球层面上还是在国家、地方层面上，正因为水、土壤、空气、荒地等自然资源的公共物品属性，而且很容易遭到人为滥用和破坏，所以，需要持续深入思考集体、国家甚或全球性的适当的公共生态环境保护治理方式，而不能完全交给自由市场经济机制来自发调节或任凭其长期处于社会无政府状态。

因而，对于当代中国社会中的生产劳动或劳动生产而言，社会主义初级阶段的社会主义市场经济体制及其自我完善，同时包含着两个层面上的生态意蕴。一方面，由于制度不够完善和体制机制上的原因，经济社会发展中生态环境问题的产生其实是难以完全避免的，而且这也不能仅仅归结为经济技术与管理水平上的问题；另一方面，社会主义制度框架及其整体性计划与规划手段，同时具有政治意识形态和生态环境保护治理意义上的保障性作用，它们的不断改革完善会在促进社会主义劳动的目的本性实现的同时，促进社会主义劳动的生态本质的实现。

三、“生态劳动”及其核心规定性

因而，对于新时期的马克思主义政治经济学而言，一个十分基础而重要的问题是，如何界定“生态劳动”及其主要规定性，并进而系统性阐明，在社会主义制度条件下和社会主义生态文明建设过程中，生产劳动以及更广义上的劳动何以能够复活或具有越来越多的合乎生态性质和环境友好特征，并最终实现人与自然之间物质、信息和能量交换上的平衡、循环、可持续①。而开启这方面讨论的一个合理进路，是重新概括与阐发马克思主义政治经济学对于劳动的一般性质的理解。

实际上，马克思主义政治经济学视域下的劳动范畴有着非常丰富的理论意涵。比如，宫敬才基于对马克思的政治经济学文献的研究提出，劳动有着“原型性质、历史性质、预设性质、创造性质、受动性质、技术性质、组织性质、法权性质和基础性质。这些性质客观存在于劳动者与劳动对象构成的主、客体关系之中，是劳动范畴的题中应有之义”②，而钱津则从劳动在政治经济学研究中的基点地位出发认为，劳动有着“整体性、常态性、有益性、复杂性、发展性”等五个基本性质③。可以说，这些看法都有助于深化我们对劳动范畴的思考和认识，包括对于劳动的生态质性及其特征的认知。尽管学界在讨论劳动的性质时，对于它的生态质性的一般性分析并不多见，但我们可以做出的合理推论是，劳动的生态属性蕴含在它的基础性、整体性、创造性等诸多性质特征之中或密切相关。

对此，马克思在《资本论》中指出，“劳动首先是人和自然之间的过程，是人以自身的活动来中介、调整和控制人和自然之间的物质变换的过程”④。具

---

① 徐海红：《生态文明的劳动基础及其样式》，《马克思主义与现实》2013 年第 2 期，第 84-89 页；沈丽、张攀、朱庆华：《基于生态劳动价值论的资源性产品价值研究》，《中国人口·资源与环境》2010 年第 11 期，第 118-121 页。

② 宫敬才：《马克思政治经济学中劳动范畴的性质》，《四川大学学报（哲社版）》2018 年第 4 期，第 51-59 页。

③ 钱津：《应创新对政治经济学研究基点的认识：谈劳动范畴的五个基本性质》，《经济纵横》2016 年第 8 期，第 8-13 页。

④ 马克思：《资本论》（第一卷），人民出版社，2004 年版，第 207-208 页。

体而言，这段论述包含着关于劳动理解的如下三层含义：第一，劳动首先是人与自然之间所发生或进行的过程，也就是说，劳动是人与自然之间互动性或互相成就的中介，而只有那些合乎和践行生态法则的劳动才能真正或长期性地使二者之间呈现为一种和谐共生关系，这可以理解为劳动具有生态性或生态劳动何以可能的客观需要；第二，劳动还是人自身的一种活动，从而对人与自然之间的关系发挥着"中介、调整和控制"的作用，而这种"中介、调整和控制"作用突出体现了人的劳动或对象性活动本身的主体性和主观性，蕴含着劳动可以生态地掌控人与自然之间的现实关系的可能性，这可以理解为劳动具有生态性或生态劳动何以可能的主观条件；第三，劳动是一种人与自然之间相互交换物质、能量和信息的"物质变换"或"新陈代谢"过程。这种"物质变换"或"新陈代谢"过程同时构成了人类社会劳动的生态限制或生态化进路，这可以理解为劳动具有生态性或生态劳动何以可能的现实条件。依此而言，马克思关于"物质变换"视角下劳动的讨论，也是对于劳动概念的生态质性或"生态劳动"的阐述。

在当代社会条件下，我们已可以更加明确地归纳概括马克思主义政治经济学视域下的"生态劳动"及其主要规定性[①]。所谓生态劳动，就是指人与自然之间进行的合乎自然生态规律的或生态环境友好的物质变换活动。其中，人作为一种自然力与自然界本身彼此连接，并进行物质、能量和信息等方面的交换。而这种交换活动或过程的首要特征是，人类从大自然中获取所需要的物质、能量和信息，在满足其生产与生活所需之后，排放给大自然的物质、能量和信息等都经过适当处理因而能够为自然界所吸纳消解。也就是说，这种物质变换过程是通过人的生态理性中介、调整和控制而实现的。因而，借助人与自然之间相互交换物质、能量和信息，人类社会得以维系自身的生存和发展，人与自然之间也可以保持平衡协调的和谐共生关系。

对于生态劳动，我们仍可以从劳动主体、劳动目的和劳动过程这三个层面来理解。劳动主体所关涉的是"谁劳动"的问题。概言之，凡是促进或有助

---

① 黄志斌、钱巍：《恩格斯生态劳动思想探析》，《自然辩证法研究》2020 年第 5 期，第 10-15 页；高仁龄：《从"异化劳动"到"生态劳动"：马克思异化劳动理论的生态启示》，《知与行》2016 年第 6 期，第 21-26 页；温莲香：《批判与超越：从雇佣劳动走向生态劳动》，《当代经济研究》2015 年第 2 期，第 19-24 页。

于人与自然之间的生态物质变换的社会成员，都是生态劳动的社会主体，其中包括从事物质资料生产、自然资源与生态环境管理服务、生态环境系统修复与维护、生态环境保护相关学科领域教科活动的劳动者，等等。这些劳动主体所从事的活动，无论是生产劳动、管理劳动、服务劳动、脑力劳动，还是数字(虚拟)劳动、宣教活动、文体活动，只要以某种形式中介、调整和控制人与自然之间的物质变换，促进人与自然之间的和谐共生关系，都可以归属于生态劳动，而相关从业人员则是生态劳动的主体。可见，衡量生态劳动主体的主要标准，是看他们是否通过自己的活动促进了人与自然和谐共生关系(状态)。依此而论，除了生态农林牧业、生态文化旅游业、生态工业的工商从业人员，像国家公园管理与服务人员、生态环境治理与修复工程职工、生态环境科技教研工作者等，都是重要的生态劳动主体。因为，他们都是优质生态公共产品的共同生产者和创造者，是优美生态环境的主要保护者和促进者。劳动目的所关涉的是“为何劳动”的问题。马克思在《资本论》中讨论“劳动过程和价值增值过程”时指出，“我们要考察的是专属于人的那种形式的劳动……劳动过程结束时得到的结果，在这个过程开始时就已经在劳动者的表象中存在着，即已经观念地存在着。他不仅使自然物发生形式变化，同时他还在自然物中实现自己的目的，这个目的是他所知道的，是作为规律决定着他的活动的方式和方法的，他必须使他的意志服从这个目的”①。也就是说，劳动的目的性对于劳动本身来说是极其重要的，而这当然也包括符合生态性或生态目的。在社会主义条件下，劳动可以做到不再以利润为最高目的，而是致力于人与自然的生态化物质变换、实现人与自然的和谐共生，这既是劳动的社会主义目的，也是劳动的合乎生态性目的，并使之从狭隘的物质生产劳动提升为社会主义生态劳动。劳动过程所关涉的是“如何劳动”的问题。简要地说，它是指劳动者在生态理性或生态目的引领规约下，尽可能合理地中介、调整和控制人与自然之间生态化物质变换的过程，也就是努力解决“人类如何通过劳动既满足自身的生存发展需要、又保护治理好自然环境”的难题。需要强调的是，劳动过程对于生态劳动来说也是非常重要的，其中不仅涉及很多经济技术性和社会行政管理性的提升进步，而且也会对劳动主体、劳动

① 马克思：《资本论》(第一卷)，人民出版社，2004年版，第208页。

目的的生态化形塑发挥重要作用。

劳动的生态质性或生态劳动，对于人类社会的发展进步具有重要的标志性意义。就像资本主义条件下的异化劳动和反生态劳动代表了资本主义社会中的生态环境危机、人与自然物质变换断裂、人与自然之间关系对立冲突等一样，社会主义生态文明及其建设条件下的公正劳动和绿色劳动代表着现代生态环境危机根本性成因的克服、人与自然物质变换的社会与生态理性控制、人与自然关系从统治征服向人类尊重自然、顺应自然和保护自然的历史性转变。换言之，劳动的生态化或生态劳动的逐渐实现，是社会主义生态文明建设不断推进的现实基础，生态劳动的目标要求与生态文明建设的目标要求是内在一致的。同样重要的是，社会主义生态文明经济发展乃至整体性目标的实现，归根到底要靠最广大生态劳动主体的辛勤的生态劳动。当然，在整个生态文明建设领域系统中，物质性生态劳动仍是基础性的，因为人靠大自然而生活，离开了物质生产劳动及其生态化，人类社会的持续存在都会成为问题，也就谈不上更加综合性的生态文明建设。

四、生态劳动的实现条件及其当代特征

正如前文所指出的，劳动在社会主义制度条件下的生态质性或生态劳动特征，并不是必然如此或理所当然意义上的结果呈现，而是既需要一些一般性的经济社会与政治文化条件，也会呈现出一些明显的时代性和地域性特点。尤其是考虑到当代中国的社会主义初级阶段性质和社会主义生态文明建设的长期性艰巨性，我们必须对此秉持一种科学理性的态度。对于前者，笔者将继续从劳动主体、劳动目的、劳动过程三个维度切入做些更具体分析，而对于后者，笔者将着重讨论推进我国社会主义生态文明经济建设或劳动生态化过程中所面临的突出问题。

第一，生态劳动主体需要具备必要的生态环境知识、伦理和合作意识。保罗·柏克特(Paul Burket)在《马克思与自然：一种红绿观点》中提出了生态

健全体系的七条标准①：(1)明确承认社会对自然和人类的管理责任；(2)生态知识的系统性增长及其在生产者和社区中间的社会传播；(3)认识到人类对自然过程的知识和掌控是有限的，以此为基础进行生态风险规避；(4)从全球层面上有效调节人类生态影响的社会合作；(5)尊重和鼓励人类生活方式的多样性；(6)一种生态伦理，包括人与自然融为一体的共同成员意识；(7)新的、亲生态的财富概念，明确认识到人类以外的自然条件对人类生产及其财富创造所做出的贡献，并意识到这些自然条件的有限性。应该说，柏克特所概括归纳的生态健康标准是意涵丰富的，涵盖了生态责任感、生态知识、生态风险防范、全球合作、生活方式多样性、生态价值观、生态财富观等诸多方面，而且对于社会主义生态劳动主体的建构培育也颇多启示。作为生态劳动的主体，首先应具有必要的生态环境知识，能够将自然科学知识和社会科学知识相结合，成为生态环境知识的拥有者和传播者；还应该主动运用所掌握的生态环境知识去规约自己的劳动，努力实现劳动的生态化；同时还要增强自身对自然的责任意识，成为生态伦理的践行者。需要指出的是，生态环境伦理既是一种新型的伦理意识自觉，也就是倡导人对自然要有责任意识，要把自然纳入人类道德关怀的范围，强调人类不仅要对人讲道德，也要对自然讲道德，同时也是一种新型的伦理践行实践，要把尊重自然、顺应自然、保护自然的生态文明理念和对自然环境的责任感，运用于规范和调整自己的行为，做到知行合一。除此之外，生态劳动的主体还要有合作意识，能够积极有效参与某种形式的社会组织，从而成为联合起来的生产者，以便共同控制“人与自然的物质变换”。总之，社会主义生态文明及其建设进程中的生态劳动主体，应该同时成为生态知识的拥有者和传播者、生态伦理的实践践行者、联合起来的生产劳动者，从而为“共同控制”人与自然的生态化物质变换提供主体条件。

第二，生态劳动的统摄性目标或最高目的应是人与自然间的和谐共生。社会主义条件下生态劳动的目的，既可以从人的角度来理解，也可以从自然生态的角度来理解。人的方面最为重要的无疑是有助于实现人的自由而全面

---

① Paul Burkett, *Marx and Nature: A Red and Green Perspective* (New York: St. Martin's Press, 1999), p. 240.

的发展，自然生态的方面则是促进自然界本身的稳定、和谐与美丽，而“人与自然间的和谐共生”作为总体性目标表述可以把二者较好地结合起来。对于共产主义以及社会主义社会条件下的生产劳动的生态质性或生态化特征，马克思在《1844年经济学哲学手稿》中所提出的“两个完成”思想和恩格斯在《国民经济学批判大纲》中所提出的“两个和解”的思想①，都做了富有特色的理论阐述。尽管对于这些思想的具体内容，我们可以做出不同视角下的阐释，但其核心意涵应该是十分明确的。那就是，未来共产主义社会将会提供自然界得以真正实现解放和新生的经济、政治与文化条件——尤其是相对于资本主义社会而言，也就是实现人与自然间的和谐共生。此外，恩格斯还在《自然辩证法》中提出了著名的论断，即“劳动创造了人本身”②。依此而论，社会主义条件下的生态劳动，既是致力于人的自由而全面发展的过程，也是人的社会生态性的逐渐形成过程。因为，在从事生态劳动的过程中，人们不再把自己视为一种动物性存在，而是一个完整而真正意义上的人，并在追求人与自然和谐共生的过程中体验到人的存在价值；人们不再是为了少数特权阶层和个体获取更多的剩余价值，而是为了大众集体乃至全人类的福祉，让每个人都能成为自由自觉的存在。与此同时，在生态劳动过程中，人也可以更好地感悟与认知自然资源和生态环境对于人类生存发展的前提性意义与多方面价值，从而有利于保持自然生态系统的完整、稳定与美丽。也就是说，生态劳动不仅可以促进自然生态保护治理，也将有助于成长与成全人类本身。自然生态系统由于人类活动的存在和渗入而变得更加和谐美丽，而人类社会则由于对于自然生态客观性及其规律的自觉遵循而映射出更加光辉的人性。总之，自然的趋向于人的本质和人的生态目的性，将会在生态劳动身上并通过生态劳动得以实现。因而，人与自然间和谐共生应成为社会主义社会的生态劳动的首要目标。

第三，生态劳动过程应成为生产者联合起来共同控制人与自然之间物质变换的过程。对于未来共产主义或社会主义条件下的（生态）劳动实践样态，马克思在《资本论》第三卷中做了一个十分细致但也颇具理想化色彩的想象：

---

① 《马克思恩格斯文集》（第一卷），人民出版社，2009年版，第185页、第63页。

② 《马克思恩格斯文集》（第九卷），人民出版社，2009年版，第550页。

"社会化的人，联合起来的生产者，将合理地调节他们和自然之间的物质变换，把它置于他们的共同控制之下，而不让它作为一种盲目的力量来统治自己；靠消耗最小的力量，在最无愧于和最适合于他们的人类本性的条件下来进行这种物质变换。"[①]这里的关键不是生产劳动者的生态环境友好意识或经济技术手段，而是他们成为社会化的人或联合起来的生产者，所以能够做到合理高效地调节人与自然间的物质变换。相应地，相对较少的自然物质消耗和生态环境影响，不过是这一新型的劳动社会组织方式的合乎逻辑的结果。总之，至少在马克思看来，联合起来的生产者对于人与自然间物质变换的"共同控制"，具有十分重要的积极的生态后果或生态化促进作用。

那么，究竟应如何理解这种"共同控制"的内容与手段呢？结合马克思恩格斯的相关论述，笔者认为，大致包括如下两个方面。一是对于人的需求尤其是不合理欲求的理性控制。概括说来，人的需要既有一个不同种类和层次的问题，也有一个本身合理不合理、必要不必要的问题。在社会主义社会条件下，总的来说社会主体有着更为丰富多样的需要，也能够更好地满足这些需要，但这既不意味着将会满足所有人的所有消费需要或欲求，更不意味着每一个人都会有比资本主义社会条件下更多的物质自然资源耗费。恰恰相反，社会主义制度和教育将会让人自觉主动地抛弃那些社会不公正、生态非理性的消费欲求，而这意味着某种程度或形式的消费约束或限制。比如，2020年新冠疫情流行背景下我国政府出台的限制奢侈性、炫耀性或猎奇性消费行为的法制或行政举措。二是对劳动时间长度及其分配的合理控制。这既可以在一般劳动时间缩短从而增加劳动者空闲时间的意义上来理解，也可以在确定劳动时间的更合理分配的意义上来理解。对于前者，马克思说过，"这个自由王国只有建立在必然王国的基础上，才能繁荣起来。工作日的缩短是根本条件"[②]。马克思在这里所强调的是，与资本主义社会条件下劳动者工作时间的无节制延长趋势或动力机制不同，社会主义社会条件下较为发达的生产力和共同控制的劳动过程，都可以确保大幅度缩短劳动者的一般劳动时间，从而使人们可以更好地享受生活与发展自己的个性。而一般来说，生产劳动时间

---

① 马克思：《资本论》(第三卷)，人民出版社，2004年版，第928-929页。

② 马克思：《资本论》(第三卷)，人民出版社，2004年版，第929页。

的缩短会有利于自然生态系统的休养生息，或者说有着明显的生态环境友好效果或价值。学界过去较多强调的是，随着劳动者空闲时间的增加，他们可以更自由地从事学习、娱乐、科学、审美等多种活动，以便实现“诗意地栖居”；但从人与自然关系的角度来说，劳动时间的缩短显然也有助于自然生态环境的自我修复和人与自然间趋于生态化的物质变换。对于后者，保罗·柏克特强调了共产主义与资本主义时间经济的区分的意义。在他看来，“共产主义的时间经济服务于使用价值，而资本主义的时间经济将使用价值降低为价值和资本积累的工具”“两种时间经济体之间的这种差异在生态上是显著的，因为自由时间的增加具有积极的生态潜力，而剩余价值的累积则具有反生态的特性”①。换言之，柏克特认为，社会主义条件下的劳动时间可以更多地分配给使用价值的生产，而从事使用价值生产的劳动一般来说具有更加生态环境友好的特征。总之，从事使用价值生产的生态劳动，会更多考虑到对于自然资源利用和生态环境影响的范围强度，尤其是尽量处理好废弃物的排放处置和物质再循环，从而把人类劳动活动对自然生态的不利影响降到最低限度。

因而，社会主义制度环境下生态劳动无论是劳动主体、劳动目标还是劳动过程，都意味着一种不同于资本主义社会条件下的人与自然间物质变换上的具体样态呈现与组织机制要求，特别是劳动者对生态劳动所满足需要性质和目标的限定、全社会对劳动时间的合理限制与分配、劳动过程中对于自然资源和生态环境的理性利用，构成了社会主义社会条件下生态劳动得以实现的前提性条件。尽管这些条件并不是先天具有的或一劳永逸意义上的。

鉴于我国长期处在社会主义初级阶段的客观现实与国内外环境，我们不仅需要不断改革完善有利于生态劳动得以推广深入的经济社会制度条件，还要通过引入强化生态文明建设或广义的生态环境保护治理方面的各种体制机制，来限制市场经济体制机制依然扮演主导性角色状况下的大量生产、大量消费、大量废弃的自发趋势。在此，笔者主要就倡导消费伦理和推动生态文明制度建设两个议题加以讨论。

第一，倡导消费伦理，为生态劳动实现提供伦理支撑。在当代社会条件

① Paul Burkett, *Marx and Nature: A Red and Green Perspective*, New York: St. Martin's Press, 1999, p. 255.

下，消费已经成为从生产、分配到废弃的人与自然物质变换过程的核心性中间环节。生产是为了满足消费，消费则促进了生产，并决定着对自然界的废弃物排放量和破坏程度。现代社会鼓励刺激消费，而对消费的追捧和狂热带来了极大的物质浪费，导致自然资源的过度耗费和生态环境的污染破坏，造成了人与自然间物质变换的断裂。因而，全社会倡导消费伦理，引导人们确立正确的消费观，是生态劳动得以实现的必要价值与伦理支撑。朱丽叶·斯格尔在《物质的悖论》中指出，我们这个社会的人们不是过于唯物，而是不够唯物。我们不再保留、重新利用、维修产品，我们被教育希望产品陈旧而损坏、散架，这样我们就可以扔掉它们。事实上，作为一个社会，由于现代市场的促进，我们陷入了深深的"淘汰心理"之中，它鼓励我们扔掉我们刚刚买到的、只是刚刚开始变旧的商品[①]。结果是，整个社会鼓励刺激人们不断地消费，而所消费的产品都来自人们的劳动，劳动意味着自然资源的消耗，消费则意味着向自然界的废弃物排放，一旦超出大自然所能承载的限度，就会带来包括自然生态破坏和人类健康在内的各种问题。

作为消费者，为什么会陷入过度消费的怪圈而不能自拔？从政治经济学的视角来看，人们过度消费背后的原因主要在于生产经营者对利润的追求。这是整个社会鼓噪人们过度消费的内生动力。因为，只有消费者不断地消费、废弃，才会产生出旺盛的社会需求，企业的生产和扩大再生产才能得以维系，企业主才能源源不断地赚钱。换言之，人们的消费欲望和消费水平，决定着企业获利的程度。所以，为了提高产品的销量，企业会投入大量的人力物力进行产品、企业文化和营销的策划，引导消费者追逐"时尚""健康""高品质的生活"。也就可以理解，企业通过策划激发人们的购买欲望，引导人们持续不断地购买商品，鼓励人们大量消费、过度消费、奢侈消费。比如，大型商场、热门电影、媒体广告都在传递"幸福即消费、消费即幸福"的价值观，只有消费才能让人感受到生活幸福，找到生命的意义。结果是，太多人在整个社会机器的鼓噪和时尚文化的熏染下，形成了畸形的消费心理和消费习惯，也就会造成对自然界的大量排放和生态环境破坏。因而，倡导消费伦理，的

---

① 参见约翰·贝拉米·福斯特：《生态马克思主义政治经济学：从自由资本主义到垄断阶段的发展》，《马克思主义研究》2012年第5期，第97-104页。

确需要整个社会的价值观发生全面转型，但关键或要害不在于个体的消费观念和生活风格，而在于改变利润至上，割裂生产与消费、消费与废物排放过程的劳动(经济)管理体制。生态劳动(经济)的实现，要求人们充分认识到生产、消费和废弃之间的紧密联系，从而形成封闭的经营管理循环。倡导消费伦理的重要内容，就是切实推进减量生产和减少废弃，从而逐渐弥合人与自然间物质变换的裂缝。

第二，加强生态文明制度建设，为生态劳动的实现提供制度保障。生态劳动实现的关键在于制度。这里的制度包括两个方面，一是基本制度，即社会的制度属性；二是具体制度，即生态文明建设的体制机制。就这两者的关系来说，社会的基本制度是前提和基础，而生态文明建设体制机制是在基本制度基础上的具体化和进一步展现。就前者而言，马克思关于资本主义制度导致物质变换断裂的思想，表明资本主义是生态劳动实现的制度羁绊。在资本主义社会条件下，劳动者和受益者是分裂的，劳动者的劳动成果归资本家所有，劳动者付出的劳动越多，站在工人阶级的对立面的资本家就越富有，资产阶级和工人阶级之间的鸿沟就越是难以跨越。而由于劳动过程是创造剩余价值的过程，大量生产、大量消费、大量废弃的生产生活方式就不可避免，也就必然会造成对自然资源的过度消耗和废弃物的大量排放。因而，资本主义制度下无法实现劳动的生态化。相应地，只有在社会主义社会条件下，才会最终克服私有制的弊端，摒弃资本逻辑的羁绊，实现全体生产者的联合，为生态劳动的实现提供根本制度保障。社会主义作为资本主义的替代性方案，由于实现了劳动者和受益者的统一，也就为生态劳动的实现提供了现实可能。在当代社会条件下，人类劳动的形式发生了巨大变化，除了物质劳动之外，还存在着非物质劳动、数字劳动等新型劳动形式和样态，尽管如此，社会制度对劳动与自然关系的调节规范依然具有根本性的意义。必须看到，在互联网、大数据、云计算快速发展的时代背景下，非物质劳动和数字劳动实现了对传统劳动的现代转型，却并没有从本质上超越马克思的工业劳动叙事，“数字化迷思的相对合理性无法掩饰其根本缺陷：对技术变革与社会变迁之间关系的简单化处理。特别是当迷思被资本增值的逻辑所裹挟，迷思本身将以彻底的技术拜物教姿态成为资本主义意识形态的有机组成部分”[①]。

就后者而言，社会主义生态文明体制机制的建立完善，可以为生态劳动的实现提供制度保障。社会主义市场经济体制的确立和完善，对提升劳动效率和促进经济发展具有独特的优势，但市场经济本身具有逐利性、自发性，因而需要发挥社会主义制度的优势，不断加强生态文明体制机制建设。生态文明建设是一项系统性工程，既要遵循生态学法则，也要充分考虑人民群众的美好生活需要。因而，在推进生态文明体制机制建设中，要在努力发展生产的同时确立一种整体主义视野，不断加强政府的整体规划和宏观调控，通过设立生态工业园区、发展生态产业链、推动绿色生活消费方式等制度化举措，避免对自然资源的过度消耗和废弃物的过量排放，实现经济发展和生态环境保护的统一。而对于一些事关国家生态安全的特殊区域，则可以通过采取创设国家公园、流域生态保护区、生态扶贫政策、生态补偿机制等具体制度，推动实现人与自然间的生态化物质变换，促进人与自然的和谐共生。

结语

按照马克思主义政治经济学，劳动是人与自然间的物质变换过程及其结果。资本主义社会条件下的劳动是异化劳动，而社会主义社会条件下的劳动是人的自由自觉活动。就劳动本身的逻辑而言，资本主义条件下的劳动被资本及其增值律令所掌控，是资本家获取剩余价值的手段，结果劳动会导致人与自然间物质变换的断裂，并成为反生态的现象。相比之下，社会主义社会条件下的劳动内在要求实现人与自然间的符合生态法则的物质、信息和能量交换，因而是促进人与自然和谐共生的活动，具有生态性。当然，现实社会主义社会中的这种生态劳动或劳动生态化，并不是天然具备的或可以一蹴而就的，而是一个漫长的历史性过程。相应地，社会主义生态文明建设就成为促进生态劳动实现或劳动生态化的重要平台或进路。这其中，尽管个体伦理道德与观念的生态化变革十分重要，但更为关键的却是基本制度完善与具体

① 吴韬：《从非物质劳动到数字劳动：当代劳动的转型及其实质》，《国外社会科学前沿》2019 年第 7 期，第 4-13 页。

体制机制建设。也就是说，着眼于劳动生态性的逐渐实现，要在坚持社会主义基本制度的基础上，不断完善生态文明体制机制建设，以渐趋成熟完善的社会主义市场经济体制来保障促进整个社会的经济高质量发展，同时通过引入与改进生态工业园区、国家公园、生态补偿体制机制等制度形式，来彰显社会主义的社会公平和生态正义，促进人与人平等共享、人与自然和谐共生的统一。

（作者单位：南京信息工程大学马克思主义学院）

第五章

社会生态转型、超越发展与社会主义生态文明

郇庆治

内容提要：“绿色增长”“绿色经济”“绿色资本主义”，是近年来国际学术界广泛讨论的一个新兴议题。乌尔里希·布兰德教授基于一种“绿色左翼”的立场，对此做了系统与深入的分析，并提出了自己的“社会生态转型”观点，从而构建了一个相对完整的“批判性政治生态学理论”。应该说，布兰德的政治生态学分析，有助于我们正确认识当今欧美国家所引领的“绿色”潮流的经济政治本质，认识正处于政治与力量重组过程中的新左翼或“绿色左翼”的时代特征。相形之下，围绕着“发展替代”而不是“替代性发展”概念，拉美的“超越发展”理论或学派构成了一种颇具特色的“红绿”政治哲学，明确主张拉美进步政治应该致力于实现一种更为公正和谐的社会关系和社会自然关系，尤其是在国际或全球层面上。就此而言，它是对现(当)代资本主义发展(全球化)及其“浅绿”版本的一种“红绿”批评，以及关于拉美经济政治的“红绿”转型的未来愿景。无论是社会生态转型理论还是“超越发展”理论，都可以对当代中国的社会主义生态文明理论与实践提供某些启思，尽管它们都不属于典型的或激进的生态马克思主义或生态社会主义派别，而且作为一种“红绿”变革战略或“转型政治”，还各自面临着诸多基础性的难题。

关键词：社会生态转型，超越发展，发展替代，全球绿色左翼，社会主义生态文明

无论从自我丰富提高还是国际比较研究的视角看，当今世界各国的形态各异的“绿色左翼”社会政治思潮与运动都构成了我国社会主义生态文明理论与实践不断取得进展的全球性视野和语境。基于此，笔者及其研究团队近年来特别追踪关注了欧美的“社会生态转型”理论和拉美的“超越发展”理论[①]。其主要结论性看法是，无论是社会生态转型理论还是超越发展理论，都可以对当代中国的社会主义生态文明理论与实践提供某些启思，尽管它们都不属于典型的或激进的生态马克思主义或生态社会主义派别，而且作为一种“红绿”变革战略或“转型政治”，还各自面临着诸多基础性的难题。

一、布兰德的社会生态转型理论

“绿色增长”“绿色经济”与“绿色资本主义”，是近年来国际学术界广泛讨论的一个新兴议题。奥地利维也纳大学乌尔里希·布兰德(Ulrich Brand)教授基于一种“绿色左翼”的立场，对该议题做了较为系统与深入的分析，并提出了自己的“社会生态转型”观点，从而构建了一个相对完整的“批判性政治生态学理论”[②]。结合他 2015 年 4 月在中国高校的系列演讲[③]，以及最近三年来发表的相关著述，笔者将从如下三个方面概述其主要学术观点，即对绿色资本主义的批判性分析、关于社会生态转型的基本主张和转型视野下的全球绿色左翼，并做一个简短的评论。

(一)对绿色资本主义的批判性分析

乌尔里希·布兰德整个理论分析的起点，可以说，是对欧美社会中关于

---

① 郇庆治：《布兰德批判性政治生态学述评》，《国外社会科学》2015 年第 4 期，第 13-21 页；《拉美超越发展理论述评》，《马克思主义与现实》2017 年第 6 期，第 115-123 页。

② 当然，即便在欧美大陆和德国，乌尔里希·布兰德也不是从事社会生态转型研究的唯一学者。比如，Mario Candeias, *Green Transformation*: *Competing Strategic Project* (Berlin: RLS, 2013), trans. Alexander Gallas；扬·图罗夫斯基：《关于转型的话语与作为话语的转型：转型话语与转型的关系》，载郇庆治(主编)：《马克思主义与生态学论丛》(第五卷)，中国环境出版集团，2021 年版，第 55-74 页。

③ 2015 年 4 月 1~10 日，北京大学与德国罗莎·卢森堡基金会合作，分别在北京大学、中国人民大学、中南财经政法大学、武汉大学、复旦大学和同济大学等国内高校，举办了“绿色资本主义与社会生态转型”系列研讨会，乌尔里希·布兰德教授应邀做了主题演讲。

“绿色增长”或“绿色经济”政策和战略讨论的一种“绿色左翼”的回应[1]。

众所周知，在2012年里约纪念峰会前后，“绿色经济”或“绿色增长”概念成为国际可持续性(发展)话语中的一个热门术语。其标志则是，包括联合国环境规划署、欧盟委员会、经济合作与发展组织等在内的各种版本的“绿色新政”“绿色经济倡议”“绿色增长战略”和“绿色技术转型”报告的纷纷出炉。从“绿色左翼”的立场看，布兰德认为，一方面，这是欧美资本主义国家“反危机战略”的一部分或“升级版”。鉴于欧美国家自2008年以来深陷其中的经济危机以及越来越多的人认识到，20世纪80年代末所提出的可持续发展战略并未得到有效落实，政治家们将他们的目标与希望转向了所谓的“绿色经济”。正因为如此，这些报告的一个共同特点就是，它们都声称，现行的经济与社会发展模式已经陷入困境，而“绿色经济”和“绿色增长”不仅可以摆脱当前的经济(发展)危机，还将会引向一种双赢或多赢的绿色未来。

另一方面，这些研究报告就像从未质疑过经济增长的必要性和合意性一样，也没有认真讨论过绿色经济目标或潜能的实现可能会遇到的结构性阻力与障碍。在他看来，除了根深蒂固的资本主义逐利性市场和技术发展机制，以及作为其基础的统治性权力关系和社会自然关系，还必须注意到，包括中国、印度与巴西在内的新兴经济体正在成为世界稀缺资源的强有力竞争者，现行的国家规制框架基本上是在保护和促进不可持续的生产与消费实践，绿色经济在许多情况下被等同于绿色增长，开放市场与剧烈竞争的自由主义政治正在导致一些全球南方国家的去工业化，以及伴随着经济全球化而来的一种以西方为主导的“帝国式生活方式”(imperial mode of living)的全球化。

在布兰德看来，由于目前关于“绿色经济”的讨论几乎没有触及这些结构性阻力或“硬事实”，可以预见，“绿色经济”作为一种综合性的经济社会变革战略，很难取得其所宣称的宏大或“多赢”目标。也正因为如此，一些学者已指出，绿色经济战略很可能会沦落为像20世纪90年代的可持续发展战略一样的命运。但他认为，事情并非如此简单，因为事实是，欧美国家经济的一种“选择性”绿化正在发生。只不过，可以确信的是，这种高度部门性与区域

---

① Ulrich Brand, “Green economy—the next oxymoron? No lessons learned from failures of implementing sustainable development,” *GAIA* 21/1(2012): 28-32.

选择性的绿化，很难有效解决环境恶化和贫穷难题，更不会着眼于形成新的富足生活形式及其观念。而这其中的最大危险是，绿色经济战略将会以其他部门和地区为代价来推进或实现。

对于绿色经济的“选择性”或社会生态歧视性特征，布兰德还结合欧美学界关于“去增长”“自然金融化”等议题的讨论①，做了更深入的分析。对于前者，他认为，促成人们对经济增长与繁荣问题强烈关注的原因，是2008年以来的经济危机、经合组织(OECD)国家经济增长率的下降和生态危机的重新政治化。人们由此得出的一个广泛共识是，长期以来由市场调节商品与服务的年度性生产与消费增长，已经难以为继。在此基础上，许多学者提出了应转向“有质量的增长”“替代性增长”甚或“去增长”的看法。但在布兰德看来，上述关于增长的反思与争论，大都忽视了如下事实，即资本主义条件下的经济增长作为一种社会关系，是与社会统治和社会结构的再生产密不可分的。也就是说，借用传统的法兰克福学派的批判理论，社会统治也是一种统治性的社会自然关系的基础，应该被视为现存的社会生态难题的主要动因之一和各种替代性方法的主要障碍之一。在他看来，批判理论语境下的“统治”，是指社会结构沿着阶级、性别、种族、代际和区域等维度的一种复合性的政治、经济与文化层面上的再生产方式。这种统治关系及其再生产，往往体现为统治者对被统治者的一种全面“霸权”(葛兰西术语)——尤其呈现为由被统治者的主动或被动同意，以及他们的日常生活实践，来生产和再生产这样一种压迫性的社会与权力结构。依此而言，“去增长”争论中经常被作为解决方案提及(推荐)的自然“商品化”或“绿色经济”，也是一种特定的社会关系，其目的是保证霸权和不同维度下的非对称社会结构。结果很可能是，对自然的破坏和社会控制都会强化而不是减弱。因此，他认为，衍生于“去增长”争论的发展绿色经济倡议，必须更多关注和致力于克服与社会结构和资本主义增长过程密不可分的统治议题，而生态女性主义和新马克思主义的批评提供了有益的启迪。

对于后者，布兰德认为，如果把“金融化”理解为对一种一般性趋势的概

① Ulrich Brand, “Growth and domination: Shortcomings of the (de-) growth debate,” in Aušra Pazèrè and Andrius Bielskis (eds.), *Debating with the Lithuanian New Left* (Vilnius: Demons, 2013), pp. 34-48; Ulrich Brand and Markus Wissen, “The financialisation of nature as crisis strategy,” *Journal für Entwicklungspolitik* 30/2 (2014), pp. 16-45.

括，即金融动因、金融市场、金融角色和金融机构在当代经济与社会中不断增加的作用，那么，从政治生态学和葛兰西的霸权理论来看，当前关于"自然金融化"的讨论，存在着至少两个方面的缺点。其一，往往被忽视的是，金融化过程不仅有一个投资与生产的向度，还有着一个最终实现与消费的向度。因此，它不能仅仅被理解为一种抽象的宏观需求，还必须理解为一种具有包括经济意蕴在内的多重意涵的"帝国式生活方式"。也就是说，为了更好地理解自然金融化的动力机制，我们还必须深入分析金融化的社会后果。其二，国家往往被描绘为一个为资本积累提供政治法律空间的实体。这在一定程度上当然是正确的，但还必须看到，国家的职能并非仅仅如此。尤其是，国家也是一种社会关系。国家是各种社会主体为了实现其利益一般化而角力的舞台，同时自己的利益也会在这一进程中被改变或重塑。就自然的金融化来说，国际性国家机器比如世界银行或国际货币基金组织的作用尤为重要。总之，在他看来，"自然的金融化"会在改变社会自然关系的同时，也将改变社会力量关系。不同国家机器框架内的社会与政治斗争，将会使得某种构型的社会自然关系更容易发展，并使得其他替代性类型的生长更加困难。依此而言，"自然的金融化"就像其他的绿色经济或绿色增长战略一样，并不是一种自然而然的经济过程或结果，而是欧美资本主义国家力图摆脱目前的生态或多重危机的"被动革命"战略的一部分。

与"绿色经济"密切关联、但又颇为不同的一个概念，是"绿色资本主义"①。布兰德认为，如果仅仅从"绿色增长"或"绿色经济"(生态现代化)的现实可能性的意义上来谈论绿色资本主义——也即将后者当作一个分析性而不是规范性的概念，那么，它至少在像德国和奥地利这样的核心欧盟国家中已经是一个不争的事实。德国经济之所以在2008年以来的欧美持续性经济危机中表现尚佳，在很大程度上正是得益于其制造业的技术改进或绿色化提升。

更为重要的是，在布兰德看来，如果遵循历史唯物主义的分析逻辑，那么必须承认，绿色经济战略的实施与推进，可以有助于一种特定的"社会自然

---

① Ulrich Brand, "Green economy and green capitalism: Some theoretical considerations," *Journal für Entwicklungspolitik* 28/3 (2012): 118-137; Ulrich Brand and Markus Wissen, "Strategies of a green economy, contours of a green capitalism," in Kees van der Pijl (ed.), *The International Political Economy of Production* (Cheltenham: Edward Elgar, 2015), pp. 508-523.

关系”(借助于国家)即绿色资本主义的出现。一方面，资本主义无疑是一种社会性(规制)关系，但也同时是一种社会自然(规制)关系。相应地，资本主义作为一种社会性关系的改变，也将会导致(需要)其作为一种社会自然关系的改变。而且，必须承认，资本主义自诞生以来就是一直处在不断变化或自我调整过程之中的。只不过，就像所有资本主义条件下的社会自然关系一样，“绿色资本主义”也将是“选择性的”，允许某些人获得更多的收入和享受更高的生活水准，但同时却排斥其他人和地区，甚至会破坏后者的物质生活基础。也就是说，至少在某种程度上，作为对绿色经济或“危机应对战略”的回应，一种“选择性的”绿色资本主义(集中于某些特定议题或政策领域的绿化)是可能的，或正在形成中。因此，绿色资本主义的宗旨或本质，在于一种社会生态歧视性的社会关系和社会自然关系的自我复制或“再生产”——不仅借助于不公平的自然资源占有与使用关系，还借助于看似均质化的人们的日常生活方式及其理念。这其中，标榜中立的国家扮演着一个十分重要的角色。甚至可以说，绿色资本主义是当代资本主义国家主导下的一个自我修复或重塑工程。

另一方面，这种绿色资本主义——至少在欧美核心国家——之所以可能，除了由于资本主义经济本身发展的时空不均衡性，还由于当前国际经济政治秩序方面的原因。尤其是，“帝国式生活方式”的霸权，使得欧美国家在国际贸易、国际劳动分工、自然资源获取、环境污染空间使用等方面，依然处于一种整体性优势地位——它们能够在维持其优越的物质生产生活水平的同时，享受较高的自然生态环境质量。不仅如此，大多数发展中国家或新兴经济体中的精英阶层，也都无意识地把这种“帝国式生活方式”本身视为自己的目标或追求，而被遮蔽或严重忽视的是，资本主义社会条件下生产方式、发展方式和规制方式的有限绿化，几乎必然是排斥性的——不仅不可能阻止或消除环境破坏，而且会意味着剥夺与统治结构(关系)的再生产，包括在国际与全球层面上。

需要指出的是，“帝国式生活方式”是布兰德特别强调的一个中介性分析概念①。概括地说，它不仅仅意指不同社会环境下的生活风格差异，而是要表明一种主导性的生产、分配和消费样态，以及更为基础性的一种关于"好生活"的话语和相关态度取向——不仅已主宰着所谓的北方国家，也越来越多地存在于所谓的南方国家或"新兴经济体"国家。之所以是"帝国性的"，因为人们的日常生活都过分依赖于其他地方的资源和廉价劳动力——主要是借助于世界市场，而这种可获得性是通过军事力量和内嵌于国际制度之中的非对称力量关系来加以保障的。

(二)关于社会生态转型的基本主张

首先需要指出的是，对于转型的不同意涵，即"transition"或"transformation"，乌尔里希·布兰德曾做了专门性的阐释②。在他看来，"transition"的本意是"过渡"或"穿越"，在政治学科中意指一种政治体制意义上的变迁，比如从威权体制和军事独裁转向或多或少的自由民主体制，而"transformation"的本意是"重建"或"转变"，指的往往是比如中东欧国家社会主义计划经济向资本主义市场经济的改变。但事实上，政治体制上的自由民主制转向和经济体制上的市场经济转向，都往往被人们认为是向资本主义体制的"transition"而不是"transformation"。对此，布兰德所做的具体区分是，"transition"是一种政治上有目的控制的过程，比如借助于国家实现的对发展路径与逻辑、各种力量结构与关系的有计划干预，以便使主导性的发展遵循一个不同的方向，而"transformation"是一种综合性的社会经济、政治与社会文化变革过程，同时将控制与战略相结合，但又不限于此。他认为，目前大多数关于"绿色经济"或

---

① Ulrich Brand and Markus Wissen, "Global environmental politics and the imperial mode of living: Articulations of state-capital relations in the multiple crisis," *Globalizations* 9/4 (2012): 547-560; 乌尔里希·布兰德、马尔库斯·威森:《全球环境政治与帝国式生活方式》,《鄱阳湖学刊》2014 年第 1 期，第 12-20 页。"Crisis and continuity of capitalist society-nature relationship: The imperial mode of living and the limits to environmental governance," *Review of International Political Economy* 20/4 (2013): 687-711; 乌尔里希·布兰德:《绿色经济、绿色资本主义和帝国式生活方式》,《南京林业大学学报(人文社科版)》2016 年第 1 期，第 81-91 页。

② Ulrich Brand, "Green economy and green capitalism: Some theoretical considerations," *Journal für Entwicklungspolitik* 28/3 (2012): 120-127; 乌尔里希·布兰德、马尔库斯·威森:《绿色经济战略和绿色资本主义》,《国外理论动态》2014 年第 10 期，第 22-29 页; 乌尔里希·布兰德:《作为一个新批判性教条的"转型"概念》,《国外理论动态》2016 年第 11 期，第 88-93 页。

“社会生态转型”的研究都属于前者，更多强调的是社会主体比如企业和革新过程身处其中的政治框架的改变，尽管它们也许会经常提到社会向度(比如价值观变革)或已出现的技术发展；后者意义上的“转型”，像“绿色资本主义”一样，也更多是一个分析性概念，并不能简约为一个规范性的、走向一种可持续团结社会的变革立场。依此而言，布兰德所理解或倾向于的“转型”更接近于后者，尤其是卡尔·波兰尼(Karl Polanyi)的“大转型”概念[①]。具体地说，作为一个在相当程度上建立在唯物史观基础上的批判性分析概念[②]，布兰德认为，“转型”所强调的是当前社会生态关系和多重危机的权力驱动、统治决定和霸权与危机驱动的特征，因而是必须要面对的。比如，市场也被认为是一种历史性的社会关系，是特定的社会生产生活关系和社会权力关系的一部分。

按照布兰德本人的界定，“社会生态转型”(social-ecological transformation)是一个伞形概念，用以概括从应对社会生态危机实践努力中产生出的政治、社会经济与文化替代性思考[③]。在政治战略层面上，它指的是大多数智库与国际机构所发表的政策或战略研究报告，其中提出了对危机性质的阐释以及克服危机的建议。这些报告的共同特点是，认为经济增长是可以与社会和生态目标相协调的。在学术讨论层面上，它指的是以一种更根本性的方式来思考与应对危机，不仅挑战现行的技术与市场结构，而且挑战作为其基础的生产与消费构型。

就前者来说，联合国环境规划署最早在2008年的《绿色经济创议》中提出的“绿色经济”、联合国经社理事会所主张的“绿色技术大转型”、欧洲委员会2011年提出的“可持续增长”、联邦德国政府2011年提出的“可持续性社会契约”等，大致属于这一范畴。在布兰德看来，这些报告有两个明显特点，一是

① Karl Polanyi, *The Great Transformation: The Political and Economic Origins of Our Times* (Boston: Beacon Press, 1944/2001).

② Ulrich Brand, “How to get out of the multiple crisis? Towards a critical theory of social-ecological transformation,” *Environmental Values* 25/5 (2016): 503-525；乌尔里希·布兰德：《如何摆脱多重危机？一种批判性的社会—生态转型理论》，《国外社会科学》2015年第4期，第4-12页。

③ Ulrich Brand and Markus Wissen, “Social-ecological transformation,” in Noel Castree et al. (eds.), *International Encyclopedia of Geography: People, the Earth, Environment and Technology* (Hoboken: Willey-Blackwell/Association of American Geographers, 2017), https://doi.org/10.1002/9781118786352.wbieg0690.

认为经济增长是必要的、积极的和可以与环境相协调的，二是非常信任既存的政治与经济机构和精英，认为它们愿意并能够引领这一绿化进程。然而，这些报告的缺陷是显而易见的：强调了强有力的规制框架的作用，但却忽视了主宰性的权力关系；现行制度框架下能否实现经济增长与资源使用和环境影响的“绝对脱钩”，并未得到经验性的证明；新自由主义的开放市场政策和激烈竞争，已在导致许多南方地区的去工业化；日趋全球化的自由市场，正在导致一种“帝国式生活方式”的普遍化，等等。

就后者来说，主要侧重于社会生态转型的物理基础的“社会新陈代谢”或“社会生态转变”理论、更多集中于社会与制度层面以及技术与社会革新的“转型研究与管理”学派、更加强调体制革新中的消费者层面与人们日常生活复杂性的“实践理论”、更加强调弱化经济增长指标重要性的“去增长理论”、更加关注权力与统治关系的批判性地理学或政治生态学理论等，大致属于这一范畴。布兰德认为，上述理论流派的共同特点是，强调在渐进性改良和特定政策领域之外，必须引入社会经济的、政治的和文化的深刻变革；转型被理解为一种综合性的非线性过程，因为它要涉及整个社会的方方面面；技术革新固然重要，但社会生态转型中起更关键作用的是社会革新。

在布兰德看来，从政治生态学的视角看，自然是被社会的——即社会经济的、文化的和政治或制度的——生产与占有的。其焦点不在“环境”，而在“自然占有的社会形式”，也即在其中人们的基本需要比如衣食住行和健康与生育等得以满足的方式。这当然不是要否认上述生理物理过程的物质属性，而是说，它们是由社会所决定的。相应地，自然的物质属性也会影响社会进程。尤其是，这些过程的规模大小对于改变人们获取自然资源的条件和重塑社会自然关系是至关重要的。在资本主义条件下，主要由劳动来进行调节的人类社会与自然之间的物质变换，具有一种特定的形式：使用价值的生产是为了交换价值和利润；资本与工资劳动和其他劳动之间存在着一种等级制；与资本主义经济和阶级关系相分离的现代国家的形成。

因此，布兰德认为，关于社会生态转型的一个关键性假定是，在现代资本主义社会中，变化时刻都在发生着。正如马克思恩格斯在《共产党宣言》中所指出的[①]，资产阶级如果不能够持续地革命性变革生产工具、生产关系以及整个社会关系的话，将无法存在下去。甚至可以说，正是持续的生产革命性变革、各种社会关系的永无休止改变、挥之不去的不确定性和焦躁不安，将资本主义时代与先前的其他时代区别开来。因此，从唯物史观的立场看，问题不是社会转型和社会自然关系转型会不会发生，而是什么样的转型逻辑将在其中发挥主导作用。

总之，布兰德的基本观点是，政治生态学视角与批判性政治经济学和社会理论的结合，有助于帮助我们认识"转型"或"社会生态转型"的综合性意蕴[②]。概括地说，他认为，一方面，在资本主义主导下的社会中，尽管存在着破坏其物质生存基础的长期性趋势，但可以某种形式发展出一种相对稳定的社会自然关系。换句话说，至少就当代欧美资本主义国家来说，对与自然相互作用的社会规制是可能的。尽管这种规制并不意味着在很大程度上是破坏性的自然占有关系的废除，但是，自然的破坏未必会成为整个资本主义发展的生死攸关性难题，因为各种危险性的负面影响可以在空间上外部化和在时间上推迟。就像在气候变化应对中一样，许多不利影响将会在将来的某个时间显现，而现在就发生的也大多出现在那些边缘性的、脆弱性国家或地区。然而，必须承认，这些局部或边缘意义上的问题并没有构成对资本主义本身的质疑与挑战。也就是说，目前正在雨后春笋般出现的"绿色技术""绿色产业"或"绿色经济"，更多是资本主义社会规制形式的变化。认识到这一点，有助于我们正确判断资本主义发展的时代方向，即走向一种选择性的资本主义绿化。

另一方面，绿色资本主义背景或语境下的"转型"或"社会生态转型"，要求我们必须聚焦于复杂的社会和社会自然关系，尤其是其主导性的发展动力，聚焦于社会得以组织其物质基础包括与自然物质变换的结构与过程——社会经济的、政治的、文化的和主体的。为此，我们需要深入分析当前可持续性话语的结构与权力，以及"自然走向新自由主义化"的趋势——即自然元素占

① 马克思、恩格斯：《共产党宣言》，中央编译局译，人民出版社，1997 年版，第 30 页。

② 乌尔里希·布兰德：《生态马克思主义及其超越：对霸权性资本主义社会自然关系的批判》，《南京工业大学学报(社科版)》2016 年第 1 期，第 40-47 页。

有的变化着的经济政治与社会文化动力。我们当然要承认金融市场资本主义依然强大的结构、利益和工具，但也要同时阐明，尽管不断增强的可持续趋势，既存国家和国际政治制度体系大概会导致现有条件与发展的强化——“帝国式生活方式”是这样一种现实与未来可能性的学术化表达。因此，我们既要警惕同时来自“自上而下”和“自下而上”的替代性选择被淡化为一种资本主义的生态现代化，又要更多关注和考虑应对多重危机的不同战略与可能性。但无论如何，对社会与社会自然关系的民主化重塑——对自然资源使用和生产与消费过程的民主掌控，都是一个至关重要的方面。

（三）转型视野下的全球绿色左翼

“绿色资本主义”和“社会生态转型”视角下的上述分析，在乌尔里希·布兰德看来，对于全球“绿色左翼”的最主要启示是，既要正确认识当代资本主义的反生态和社会不公正本性，又要在这样一种历史性进程中积极寻求社会生态变革的机遇。对于前者，他认为，自然生态的资本化使用和损害代价外部化，从来就是资本主义内在逻辑的一个方面，当前在绿色旗帜下的诸多改良政策与制度调整，并不会改变这一本质，而且很可能会更加以发展中国家的生态与社会代价为前提。对于后者，他认为，一方面，全球“绿色左翼”必须要能够真正在全球层面上团结起来，欧美左翼在应对经济与金融危机中所表现出的歧见令人遗憾，相应地，包括中国在内的新兴经济体国家崛起过程中的左翼共识与团结就显得尤为重要；另一方面，新一代左翼或“绿色左翼”要对未来变革的目标、动力和机制，有一种更宽广的理解与主动构建，努力成为一种能够团结各种反对或超越“绿色资本主义”力量的“转型左翼”或“多彩左翼”①。

布兰德认为，在理论层面上，“绿色左翼”要能做到区别对待不同形态的“转型”或“社会生态转型”理论，并坚持一种批判性政治生态学（政治经济学和社会理论）的立场观点。毋庸置疑，生态议题将在未来政治中发挥日益重要的作用，因为我们需要实质性减少资源使用和污物排放空间利用。而这远不仅仅是一个技术性问题，更是一个转变现行的主导性生产生活方式的问题，

---

① 乌尔里希·布兰德：《超越绿色资本主义：社会生态转型和全球绿色左翼视点》，《探索》2016年第1期，第47-54页。

一个重新阐释生活的意义和“好生活”的愿景想象的问题。政治究竟如何应对绿色挑战，还依然是一个开放性问题——同时在“去哪里”和“如何去”的意义上，比如可以是新自由主义的、生态威权主义的、生态自由主义的或解放性的。概言之，“绿色左翼”追求的“社会生态转型”所代表的是一种解放性方法，来应对多重性危机，建构有吸引力的新型生产消费方式和超越生产主义与消费主义的新生活感知，以及创造社会劳动分工中的解放性形式。依此而言，一个十分重要的工作是弥合“社会经济的”和“生态的”之间的分裂。环境问题，比如能源贫穷、肮脏工作地点、沿街吵闹住房、不健康食品，同时就是社会问题。相比之下，现实中进步自由主义精英和社会中不少民众，虽然有着对危机现实应对的不满，希望变革政治、规范和价值，以及实施技术革新，但却不愿意(或认为不可能)改变现行的权力和财产关系，不想放弃他们现有的地位，不想(或认为不可能)废除资本主义的竞争和竞争力律令。

因此，从“绿色左翼”的立场来看，“绿色经济”议题特别值得关注的是，它极有可能以其他部门和地区的牺牲为代价来推进和实现。比如，可更新能源形式的增加，可能以印度尼西亚的破坏性石油开采和巴西的生物燃料生产为代价。对此，我们需要研究，经济的一种选择性绿化背后的动力是什么，谁是利益攸关方，又是谁的利益遭到了排斥甚或压制，哪些排斥性形式将会与绿色经济的发展相伴随，等等。换言之，经济绿化得以发生的条件是什么，哪些社会利益得到了加强，又是哪些经济与福利观念得到了促进。同样重要的是，我们需要分析，绿色经济概念及其相关战略能否达成一种政治制度上和经济上的一致性。正在扩展中的绿色产业与金融业是否足以抗衡“棕色工业”及其政治代表的博弈，还是最终达成“棕色工业”与“绿色工业”、资本与劳工之间的某种形式妥协或“绿色组合主义”(green corporatism)，关于“绿色工作”的承诺，至少在某些国家和行业中是可靠和有吸引力的吗？等等。总之，我们有必要(理由)追问，谁是现今多重危机的责任方，谁又是当前绿色经济的掌控者或“幕后推手”。如果二者高度重合的话，我们就更有理由采取一种质疑或审慎的态度。

在实践层面上，布兰德认为，推进一种激进的社会生态转型是一个宽泛的“绿色左翼”联盟的历史使命。这一新型政治联盟应包括社会运动、工会、政党、创业者、进步商会、非政府组织、政府官员、教师、知识分子、文化工作者、科学家、媒体从业者，甚至是教会中社会与生态敏感的那一部分等保守性分子。依此而言，在他看来，并不存在一个“社会生态转型”的领导者阶级或阶层(主体)，同样，也不存在一个实施与实现这一转型的“宏大计划”，现有的只是一些“切入点”。至于它们如何才能够以及在何种意义上将会聚合成为一种超越特定利益的“集体意愿”，目前还是一个开放性问题。但可以想象，关键是创造出一种有吸引力的替代性生产与生活方式，以及相应的政治与文化，在其中生态可持续前提下的富裕、和平和个体发展的生活成为可能。

因此，在布兰德看来，“社会生态转型”实践应特别关注如下变革“切入点”或“契机”：包括不同规模的企业家在内的变革先行者；不同的社会经济(再)生产形式和人们变化着的实践，包括劳动分工和正式经济与其他的福利生产形式之间的关系；制度比如政党、大学和媒体内部的变化；变化着的各种力量对比，尤其是致力于削弱和阻断资本的政治与结构性权力的力量的成长；可以促进社会生态转型的战略性资源，比如德国能源转型中国家的作用；那些克服了资本主义增长律令和权力关系，但又未拒绝多种财产关系的有吸引力的生产生活方式的“故事”，或称之为“好生活”的摹本；目前已经存在着的一系列中间性概念，比如“公地”“能源民主”“食品主权”“居住城市权利”等。

需要指出的是，布兰德认为，这些具体的行为主体往往有着不同的目标、战略和能力，并且活跃于不同的层面上，它们共同构成了一个整体性转型运动的组成部分。当然，他承认，如何使这些依托于特定区域或层面的主体超越其利益与视野的局限，汇聚成一个全球性的大众运动，仍是一个十分艰巨的任务[①]。也正是在上述意义上，在他看来，与资本主义制度下制造并不停地渲染的“恐惧”氛围不同，社会生态转型实践在可以预见的未来仍将难以避免地呈现出一种“不确定性”特征。只是，这种“不确定性”不能简单解释为社会生态转型的不可能或乌托邦性质，而是说，“绿色左翼”追求的“社会生态转型”或“未来化”(futuring)本身，就是一种双重意义上的转型——既要使现存的不可持续工业不要以受影响者尤其是工人为代价实现转变，又要努力构建

① 巴西青年学者卡米拉·莫雷诺(Camila Moreno)博士应邀参加了乌尔里希·布兰德教授2015年4月在中国高校的系列演讲，并从拉美政治的视角对绿色经济、绿色资本主义和社会生态转型做了一种后殖民主义的“绿色左翼”分析与批评，认为包括巴西在内发展中国家的左翼政治的社会生态关切与欧美国家有很大不同，内部相互之间也存在着诸多差异。

与促成替代性生产生活形式的发展。换言之，激进的社会生态转型，并不是一种不可逆的确定性进程与结果——就像欧洲左翼在过去几年的经济危机应对中所表现出的国别化分裂那样，而是依赖于正在形成中的全球性“绿色左翼”理论与运动的切实努力。

二、拉美的超越发展理论

对欧美国家所主导的(现代化)发展话语与政策的批评性观点由来已久，而值得关注的是，这种批评在2008年世界金融与经济危机之后的国际经济政治背景下正呈现出日益活跃和影响力迅速扩大的迹象。可以说，拉美学界近年来所提出的“超越发展”理论，就是这样一种全球性思潮的区域性版本：它着力于批判性分析拉美各国所长期面临着的发展路径、模式与理念等多重依赖性的困境或悖论，并形成了如何走出这种现实困局的较为新颖而激进的系统性看法，从而构成了一个相对完整的社会生态转型或“红绿”变革理论。基于这一学派的代表性著作《超越发展：拉丁美洲的替代性视角》[①]，笔者接下来将着重讨论该理论提出的背景与缘起、理论分析进路与政治主张，并在此基础上做一个简短的评论。

(一)理论提出的背景与缘起

“超越发展”理论或学派的直接起因，正如米里亚姆·兰(Miriam Lang)所指出的[②]，是2010年初在罗莎·卢森堡基金会位于基多的安第斯地区办公室支持下组建的“发展替代长期性工作组”。该工作组关注的焦点是厄瓜多尔、玻利维亚和委内瑞拉，但却吸纳了来自拉美和欧洲等8个国家的学者，并致力于不同学科和思想流派的知识融合，比如生态学、女性主义、反资本主义经济学、社会主义、原住民的和西方底层民众的思想，而这些思想的共同点是都质疑“发展”这一概念本身，并寻求创建对于当前霸权性发展模式和路径

① Miriam Lang and Dunia Mokrani (eds.), *Beyond Development: Alternative Visions from Latin America* (Quito: Rosa Luxemburg Foundation, 2013).

② Miriam Lang, “The crisis of civilisation and challenges for the left,” in Miriam Lang and Dunia Mokrani (eds.), *Beyond Development: Alternative Visions from Latin America*, pp. 5-13.

的替代性选择。

米里亚姆·兰认为，日趋恶化的全球性多重危机，已经在包括拉美在内的边缘性国家呈现为一种"文明的危机"，而欧美国家所主宰的资本主义世界体系及其主流思想，所提供的仍是一系列资本主义的、反生态的和社会不公正的应对方案——比如追求"绿色增长"或发展"绿色经济"，并坚称"这将优于其他任何选择"；而在这样一种全球性境况中，拉美的政治构型似乎是一个例外：例如，在安第斯地区的玻利维亚、厄瓜多尔和委内瑞拉三国，由小农、妇女、城市居民、原住民等构成的社会运动支持下上台执政的"左翼进步政府"，不但公开宣称其目标是打破新自由主义模式，并终结旧精英阶层不久前还在从事的无耻掠夺行径，而且领导推进了围绕着新宪法起草以及贯彻实施的声势浩大的宪制改革——"这些变革进程经历了其最民主、最激动人心和最具参与性的时刻"。基于此，在她看来，当代左翼的一个重大使命是构建全新的政策主张与未来愿景，从而挑战仍沉迷于追逐永无止境的消费主义的生活的观念，并最终打破它的霸权地位，尤其是主动引入一种"对初看起来也许不可想象的世界的思考"。

具体地说，"超越发展"理论或学派可以归结为对如下三个方面理论性议题的思考或回应。

1. 对"拉美发展困境"或"资源富裕咒语"的理论反思

用(现代化)发展话语阐释拉美国家的经济社会发展时所面临的第一大挑战或难题，是它经历数次历史性机遇或大规模努力后都未能实现少数西方国家意义上的发达状态，也就是所谓的"中等收入陷阱"假设①。具体而言，每当全球范围内的某次工业化浪潮兴起时——无论是19世纪初的自由资本主义

① 最早由世界银行在其《东亚经济发展报告(2006)》中提出了"中等收入陷阱"这一概念。其基本意涵是，鲜有中等收入的经济体成功地跻身为高收入国家(目前标准为人均国民收入1.5万美元)，相反，这些国家大都长期陷入了经济增长的停滞期，既无法在工资方面与低收入国家竞争，更无法在尖端技术研制方面与富裕国家竞争。可以看出，这一命题或假设并非专门针对拉美地区所创制，但国际公认的是，成功跨越"中等收入陷阱"的国家与地区是日本和"亚洲四小龙"(日本与韩国的人均GDP分别从1972年和1986年的接近3000美元提高到1983年和1994年的超过1万美元)，而拉美地区和东南亚一些国家则是陷入"中等收入陷阱"的典型代表(阿根廷的人均GDP在1964年、1994年、2004年和2014年分别为1000美元、7484美元、4785美元和12922美元，而墨西哥的人均GDP在1973年、1994年、2004年和2014年分别为1000美元、5637美元、7042美元和10361美元)。

鼎盛时期(英国主导世界体系)、20 世纪中期的欧洲复兴时期(美国主导世界体系)还是 20 世纪后半叶的新自由主义全球化时期(新兴经济体逐渐崛起)，拉美地区都会成为短期内的热度参与者和受益者，但最终结果却是，短暂的经济繁荣或快速增长无法转化成为一种内生性的持续发展动力。

对此，迄今为止最具影响力的一种理论阐释(传统)是 20 世纪 50 年代后逐渐形成的"依附论"或"世界体系论"[①]，强调拉美各国发展相对于欧美主导的世界资本主义体系的依赖性或边缘性特征。"依附论"又称为"中心——外围论"，着力于解释包括拉美在内的广大发展中国家与西方发达国家之间的关系，其主要代表人物有阿根廷的劳尔·普雷维什(Raúl Prebisch)、埃及的萨米尔·阿明(Samir Amin)、德国的安德烈·冈德·弗兰克(Andre Gunder Frank)和美国的伊曼纽尔·沃勒斯坦(Immanuel Wallerstein)等。他们的基本观点是，当代世界可以划分为中心国家(发达国家)和外围国家(发展中国家)，前者在世界经济中居于支配地位，后者受前者的剥削和控制，并依附于前者；由于中心与外围国家之间在国际秩序中的等级制或不平等地位，二者之间的发展差距或贫富分化不是渐趋缩小，而是越来越严重。这其中，马克思主义的帝国主义理论、拉美经委会(ECLAC)在 20 世纪 50 年代初提出的早期依附理论或不发达理论、安德烈·冈德·弗兰克在 20 世纪 60 年代后期提出的殖民地资本主义理论等[②]，构成了最为直接或主要的理论来源。总之，在"依附论"或"世界体系论"者看来，外围地区国家的不发达与依附现状的形成，根源于世界性的资本主义生产体系及其形成的国际分工格局、国际交换体系和不平等的国际经济秩序。因而，它可以大致理解为对当代资本主义社会条件下不公平或非正义的国际经济政治秩序的一种马克思主义或"红色"批评，而相对于拉美各国来说又是一种"外源性"批评(即认为拉美国家经济社会发展的不理想或依附状态是由外部主导性力量所决定的)。

"超越发展"理论或学派，除了坚持社会关系尤其是国际经济政治关系分析上的"中心——边缘"或依附论观点，还着重考察了拉美国家在这样一种资

---

① 张康之、张桐：《论依附论学派的中心—边缘思想：从普雷维什到依附论学派的中心—边缘思想演进》，《社会科学研究》2014 年第 5 期，第 91-99 页；张康之、张桐：《"世界体系论"的"中心—边缘"概念考察》，《中国人民大学学报》2015 年第 2 期，第 80-89 页。

② 安德烈·冈德·弗兰克：《依附性积累与不发达》，高铦、高戈译，译林出版社，1999 年版。

本主义世界体系中的社会自然关系上的特点。在这方面，他们提出或阐发了两个代表性的论点：一是资源榨取主义，二是“资源丰富咒语”。

对于前者，大多数“依附论”或“世界体系论”者——比如安德烈·冈德·弗兰克——就已经在剩余价值剥夺或盗占的意义上使用“榨取主义”概念，意指欧美工业化国家凭借不公平的国际劳动分工与贸易体系侵占了在包括拉美国家在内的发展中国家所创造的剩余价值，并造成了二者间不断拉大的贫富差距，而玛里斯特拉·斯万帕(Maristella Svampa)、乌尔里希·布兰德(Ulrich Brand)等人则进一步将其扩展或明确为一种“资源榨取主义”[①]，即服务于世界体系中心国家的资本主义生产需要及其周期性规律的拉美国家的生态与社会不可持续的自然资源开采利用。对于斯万帕而言，“资源榨取主义”是一个用来表征拉美发展模式与理念的最一般性特征的概念，而布兰德等人则把“资源榨取主义”理解为一个贯穿拉美殖民地时期至今的历史性过程。

对于后者，苔莉·林·卡尔(Terry Lynn Karl)、阿尔贝托·阿科斯塔(Alberto Acosta)等人提出了所谓的“丰富咒语”(curse of abundance)或“自然资源咒语”(curse of natural resources)[②]，来描述这些国家中由优越自然条件所决定的负面发展特征。比如，阿科斯塔指出，“作为这些国家表征的自然资源的超级可获得性，往往导致扭曲了这类国家的经济结构和生产要素配置，逆向再分配国民收入并使之积聚到少数人手中。这种状况由于伴随着某些自然资源的丰富而来的一系列‘依赖性’外部进程而加剧。事实上，这种丰富已经变成了一种咒语”[③]。

2. 对欧美可持续(绿色)发展话语与政策的理论批评

随着联合国《我们共同的未来》(1987)报告的发表，可持续发展或绿色发展在20世纪80年代中后期逐渐呈现为一种全球共识性的发展话语与政策，

---

① Maristella Svampa, “Resource extractivism and alternatives: Latin American perspectives on development,” in Miriam Lang and Dunia Mokrani (eds.), *Beyond Development: Alternative Visions from Latin America*, pp. 117-143; Ulrich Brand, Kristina Dietz and Miriam Lang, “Neo-extractivism in Latin America: One side of a new phase of global capitalist dynamics,” *Ciencia Política* 21 (2016): 125-159.

② Terry Lynn Karl, *The Paradox of Plenty: Oil Booms and Petro-State* (University of California Press, 1997); Alberto Acosta, *La Maldición de la Abundancia* (Quito: Ediciones Abya-Yala, 2009).

③ Alberto Acosta, *La Maldición de la Abundancia*, p. 29.

而1992年、2012年先后举行的里约环境与发展大会以及“里约+20”纪念峰会，是这一发展话语与政策国际影响力的两个标志性高点。基于此，2000年9月签署的《联合国千年宣言》和2015年9月获得批准的《联合国可持续发展目标》，成为在联合国框架下努力推动的可持续发展阶段性目标：前者提出将全球贫困水平在2015年之前降低一半(以1990年的水平为标准)，而后者则要求到2030年以综合方式彻底解决社会、经济和环境三个维度下的发展问题，转向可持续发展道路(其中包括17项具体目标和169项三级指标)。

至少从一种回顾的视角来看，2012年前后和1992年前后讨论可持续发展议题的语境有着明显的不同①。一方面，虽然经过近20年的包括联合国在内的国际社会的努力，全球经济社会与生态可持续性的水平总的来说并没有实质性的改善，尤其体现在广大发展中国家与少数欧美国家之间的贫富差距或可持续性差异在继续扩大而不是缩小，而在欧美发达国家集团内部也出现了渐趋分化甚至极化的现象(比如2008年金融与经济危机之后作为欧盟成员国的希腊)。总之，在相当程度上被泛化的可持续发展话语共识和政策举措，显然并未在导向一个“共同的未来”或“同一个梦想”，相反，现实发展结果的不可持续性和非正义性，已然在侵蚀着可持续发展甚或发展理念本身的合法性，尤其是对于这一进程中的“失落者”(比如所谓的新兴经济体或新中产阶层)来说。另一方面，欧美国家对于可持续(绿色)发展话语与政策的全球掌控力明显减弱。这既是由于欧美发达国家在过去20年中未能实质性兑现当初的政治承诺(比如逐渐将其对外经济援助占GDP的比例提高至1%左右)所带来的“软实力”的下降，也是由于包括中国在内的新兴经济体国家借助新一轮全球化快速实现了经济体量的大幅度扩张或“崛起”。结果是，欧美国家变得既由于传统经济部门的衰微而难以维持对于广大发展中国家的较“慷慨”政策，又由于转型经济的初级阶段性特征而面临着来自新兴经济体国家的巨大竞争压力。由此可以理解，绿色经济或绿色增长虽然在2012年纪念峰会上被列为大会主题，但却远未产生像可持续发展在1992年环境与发展大会上那样的统治性影响。

---

① 郇庆治：《重聚可持续发展的全球共识：纪念里约峰会20周年》，《鄱阳湖学刊》2012年第3期，第5-25页。

"超越发展"理论或学派，总体而言属于可持续(绿色)发展话语与政策的质疑派或否定派。在他们看来，国际社会过去20多年里的可持续发展政策讨论与实践并未能够、也不会取得重大的成效，而近年来被寄予厚望的绿色经济或绿色增长也将会遭遇同样的境遇①。具体而言，他们的理论批评集中于如下两个层面：一是可持续(绿色)发展话语与政策的欧美主导或"私利"性质，二是可持续(绿色)发展话语与政策本身的生态帝国主义或后殖民主义本质。

就前者来说，如果说在20世纪80年代末欧美国家最先倡导的"可持续发展"话语与政策之间的关联性还有些不够清晰或不太直接，毕竟从语词意义上广大发展中国家更迫切希望实现自身的可持续的发展，而且欧美国家也明确表示以自己的资金与技术来支持发展中国家的可持续发展转型——从而实现经济发展与环境保护的"双赢"，那么，2010年前后欧美国家所热情倡议的绿色经济或"绿色新政"话语与政策则明显是一个地域性的理念与战略，即如何通过有组织地追求绿色增长或发展绿色经济来克服深陷其中的金融与经济危机，换言之，欧美国家所理解与界定的"绿色经济"或"绿色发展"，其实是一个自我利益取向的或私利性的理念与战略，而远不是对全球性生态环境危机的整体性认知与应对。当然，这既不意味着这一理念与战略纯粹是一种无奈之举或被动回应，也不意味着它不可能取得任何意义上的结果或成功——比如呈现为一种全球共识性的观念与制度化的政策。对此，乌尔里希·布兰德分析后认为②，这很可能意味着当代资本主义发展的"绿色资本主义"或"生态资本主义"的阶段性趋向，而已然取得一种世界性霸权的"帝国式生活方式"在其中扮演着关键性作用。

就后者来说，可持续(绿色)发展话语与政策尽管采用了时代化的言辞修饰或包装，比如全球性挑战或危机、全球公共治理、可持续发展政策及其管理等等，但现实中无法回避的是广大发展中国家与少数西方发达国家之间的

---

① Ulrich Brand, "Green economy—The next oxymoron: No lessons learned from failures of implementing sustainable development?" *GAIA* 21/1(2012): 28-32.

② Ulrich Brand and Markus Wissen, "Global environmental politics and the imperial mode of living: Articulations of state-capital relations in the multiple crisis," *Globalizations* 9/4 (2012): 547-560; "Crisis and continuity of capitalist society-nature relationship: The imperial mode of living and the limits to environmental governance," *Review of International Political Economy* 20/4 (2013): 687-711.

"鲜明对照"：可持续性(绿色发展水平)高—可持续性(绿色发展水平)低、发达—欠发达、殖民宗主国—(前)殖民地，而无可否认的是，第一组对照关系与第二组、第三组之间有着一种明确的对应性关联，即便未必完全能够由后者来加以阐释。也就是说，对于拉美各国而言，在可持续(绿色)发展话语与政策的语境下，它们所发生的身份改变只是从原来的欠发达和(前)殖民地变成了可持续性(绿色发展水平)低，而它们相对于发达国家或殖民宗主国的从属性或边缘性地位并未有任何变化。而卡米拉·莫雷诺(Camila Moreno)等人所强调的是[①]，包括拉美各国在内的发展中国家的不可持续性(绿色发展水平低)现状和形象身份，正是欧美国家主导的这种霸权性话语与政策的共同性结果，而且，这种生态帝国主义或后殖民主义性质的绿色话语本身，就几乎注定了实践中拉美国家落后或被改变的地位。因而，多少有些滑稽的是，拉美国家同时提供着当今世界资本主义生产的主要自然资源供给和地球生态系统的重要自我更新保障，却拥有一种严重不可持续(绿色发展水平低)的经济、社会与文化。

3. 对拉美左翼进步政府政治与政策的理论回应

相对活跃的(传统)左翼进步政治，是拉美与加勒比地区现代政治的重要表征。在过去的大约一个世纪中，拉美左翼经历了三次执政高潮[②]：第一次是在20世纪初。传统寡头政治统治下的出口经济繁荣，既带来了经济社会现代化的起步，尤其是城市化的扩展，也造就了一些新兴社会力量比如城市工人、贫民和中间阶层，以及在现代化进程中受到冲击的传统阶级(如农民、印第安原住民)，而正是依靠这些社会底层力量的大众性支持，拉美左翼政治运动迎来了第一次执政高潮(尤其是在乌拉圭、秘鲁和阿根廷)。第二次是在20世纪40~60年代。随着二次大战后拉美国家进口替代工业化的发展，民族资产阶级和工人阶级不断发展壮大，并促成了新一轮左翼政党执政的高潮(尤其是在墨西哥、阿根廷、巴西和厄瓜多尔)，而推动工业化与国有化、改善社会福利、扩大政治参与是左翼政府的主要执政举措和目标。第三次是20世纪末至最近。拉美地区出现了反对新自由主义、寻求替代模式旗帜下的左翼执政的

① 卡米拉·莫雷诺：《超越绿色资本主义》，《鄱阳湖学刊》2015年第3期，第61-62页。

② 杨建民：《拉美左翼执政动向及前景》，《中国社会科学报》，2016年11月24日。

高潮。自1999年委内瑞拉的查韦斯执政开始，拉美左翼实现了“群体性崛起”，执掌包括委内瑞拉、智利、巴西、阿根廷、乌拉圭、玻利维亚和厄瓜多尔等8个国家的政府，而委内瑞拉、玻利维亚和厄瓜多尔还明确提出信奉“21世纪的社会主义”，反对新自由主义、反对美国主导的经济全球化，力推宪制政治改革、促进拉美(安第斯)地区一体化。2015年11月，阿根廷左翼执政党在大选中落败，而巴西、委内瑞拉、玻利维亚、厄瓜多尔等左翼执政国家的政府随后也面临不同程度的挑战。

应该说，21世纪初的新一轮拉美左翼进步政府与政治，在相当程度上可以理解为对20世纪70年代末以来欧美国家尤其是美国主导的(新)自由主义经济与政治(以所谓的“华盛顿共识”为核心性教条)及其拉美地区性版本的反击和回拨——一种并不完全陌生的周期性境况。因而，对于这些左翼进步政府来说，经济国有化与大力发展民族工业、实质性改善社会福利保障(“为穷人谋福利”)、反对美国霸权及其主导的全球化，构成了其最主要的政治与政策信条。

当然，这也决非只是一种“历史的再现”。一方面，拉美“21世纪的社会主义”政治与政策的付诸实施，其实是离不开它已经深嵌其中的全球工业化链条或进程的，甚至可以说，正是迅速推进的全球化进程为其提供了得以提出与实践的历史性前提——拉美大多数国家持续这一时期的中高速经济增长就是明证，而问题只在于，如何将这种源自全球化链条或进程的经济繁荣机遇转化成为一个更加民族主义的或自我成长性的现代化进程。另一方面，不难想象的是，由于拉美地区在全球工业生产链条或进程中的初始端或低端地位(“既幸运又不幸”)，左翼进步政府几乎无法避免地面临着自然资源的大规模开发将会带来的生态环境破坏和传统社区衰败难题，而这在靠近亚马孙森林周围的自然生态与原住民保护区则更具挑战性①。

对于前者，“超越发展”理论或学派可以说寄予一种谨慎乐观的希望，其主要理由在于，不是全球化参与中更加强硬的民族主义立场，也不是多少有

① Carolina Viola Reyes, “Territories and structural changes in peri-urban habitats: Coca Codo Sinclair, Chinese investment and the transformation of the energy matrix in Ecuador,” prepared for “The workshop and conference on Chinese-Latin American relations” (Quito: 7-12 May 2017).

些奢侈的社会福利保障举措，而是围绕着经济生态化重构、多元化民族国家创建和更广泛政治参与的综合性社会生态转型尝试[①]，有可能共同创造这样一种前所未有的根本性变革的机遇，而这意味着，拉美左翼政府与政治——尤其是转型国家——可以扮演一个积极的推动性角色。但对于后者，它则持一种明确的批评性态度。在它看来，左翼进步政府并未能够废弃或改变社会自然关系上的"资源榨取主义"本质，或者说不过是一种"新资源榨取主义"，因而依然没有摆脱用自然资源出口换取暂时性经济增长或社会福利的老路[②]。

(二)理论分析进路与政治主张

可以说，正是上述三重维度下的综合性考量构成了"超越发展"理论或学派的理论分析进路与政治主张。概言之，它们包括如下三个核心性层面或观点。

其一，拉美困境或宿命的症结，在于现行的(现代化)发展模式与理念本身，在于当代资本主义世界体系下的社会关系和社会自然关系构型。一方面，正如阿图罗·埃斯科瓦尔(Arturo Escobar)所指出的[③]，包括拉美地区在内的广大发展中国家认为理所当然的或被灌输接受的(现代化)发展模式与观念，其实是严重地域化或特定性的。欧美少数国家基于工业化与城市化的现代发展，以及作为其最主要表征的物质富裕和大众消费主义，既不是一个自古如此的普适性文明与社会价值理想，也显然不具备人类社会与地球生态系统承载意义上的无条件可复制性。就此而言，发展中国家的现代化发展"需要"或"期望"，甚至是发展中国家这一概念的界定本身，就是欧美少数工业化国家实现与维持其现代发展霸权地位的一种"策略"。也就是说，一旦成为一种历史事实，(现代化)发展已经是一个等级制的进程或观念：发展主体尤其是民族国家之间并不是一种平等的关系，而发展中国家的发展需要或路径手段都是既

---

① Edgardo Lander, "Complementary and conflicting transformation projects in heterogeneous societies," in Miriam Lang and Dunia Mokrani (eds.), *Beyond Development: Alternative Visions from Latin America*, pp. 105-115.

② Alberto Acosta, "Extractivism and neoextractivism: Two sides of the same curse," in Miriam Lang and Dunia Mokrani (eds.), *Beyond Development: Alternative Visions from Latin America*, pp. 61-86.

③ Arturo Escobar, "The making and unmaking of the third world through development," in *Encountering Development: The Making and Unmaking of the Third World* (Princeton, N. J.: Princeton University Press, 2011): 85-93.

定的或难以自主取舍的。

另一方面，就像乌尔里希·布兰德所系统分析的[①]，以欧美为中心区域的现代化发展从一开始就采取了资本主义的社会形式，而且，经过数个世纪的不断演进，它已经成为一个高度全球化的世界资本主义体系。就其本质或最终结果而言，资本主义的社会形式无论是在国内还是国际层面上，都意味着或指向一种社会非公正和生态不可持续的经济政治或现代化发展。但这并不是说，资本主义社会或世界体系下将会一直呈现为直接的、剧烈的冲突。因为，现代资本主义从来都是同时包含着社会关系和社会自然关系两个层面的，而无论是在这两个层面之间还是它们在国内和国际维度上的时空展现之间，现实的资本主义社会或世界体系都有着一定程度的回旋与调节余地。正是在上述意义上，布兰德认为，尽管已经危机重重，欧美国家主导的世界资本主义体系仍是大致完整的，甚至是霸权性的，而近年来兴起的绿色资本主义或生态资本主义话语与政策就是这种霸权性的时代体现。

因此，“超越发展”理论或学派的基本看法是，在传统的发展视野与模式、资本主义的全球化体系之下，拉美地区不可能实现一种自主自愿的或社会公正与生态可持续的发展。比如，在卡罗琳娜·雷斯(Carolina Reyes)看来[②]，2005—2015年厄瓜多尔所经历的以石油工业为核心的经济繁荣——占出口贸易总额的比例在2003—2013年从42%提高到57%，以及由此产生的伴随着左翼进步政府上台执政而带来的结构性变革机遇，归根结底应该在全球资本积累和扩张形式的时代特征上——尤其是向世界资本主义体系最边缘地区的不断扩展[③]——来理解。的确，这一时期石油和其他商品价格的趋高，不仅带来了促进社会与政治稳定所需的财政资源，而且也在一定程度上有助于强化国

---

① Ulrich Brand, “Green economy and green capitalism: Some theoretical considerations,” *Journal für Entwicklungspolitik* 28/3 (2012): 118-137; Ulrich Brand and Markus Wissen, “Strategies of a green economy, contours of a green capitalism,” in Kees van der Pijl (ed.), *The International Political Economy of Production* (Cheltenham: Edward Elgar, 2015): 508-523.

② Carolina Viola Reyes, “Territories and structural changes in peri-urban habitats: Coca Codo Sinclair, Chinese investment and the transformation of the energy matrix in Ecuador.”

③ Stephen Bunker, “Modes of extraction, unequal exchange and the progressive underdevelopment of an extreme periphery: The Brazilian Amazon, 1600—1800,” *The American Journal of Sociology* 89/5 (1984): 1017-1064.

家在资源开采管理与公共事务管理中的作用。但是，政府所致力于的无论是大型资源开采项目还是大型基建工程项目，其直接目的都是促进该国有关地区的“日益现代化”，以便保证其作为国际市场原材料供应商的地位或竞争力，也即确保出口能源与原材料顺利到达国际生产的中心。也就是说，左翼政府或民族国家的新作用，并不意味着包括厄瓜多尔在内的这一地区在全球资本主义地缘政治谱系中嵌入方式的改变。换言之，“生活在资本主义生产方式下的地缘政治后果”①，仍在决定着这一边缘地区的经济政策。其长期性后果则是，包括厄瓜多尔在内的拉美地区(全球南方国家)的自然资源开采，不仅是在出口生产力提高的潜能，还有由此导致的自然资源本身的耗竭，但却不得不承受资源进口国消费方式的环境外部性。

其二，拉美的选择或未来，在于“发展替代”(alternatives to development)，而不是目前的各种形式的“替代性发展”(development alternatives)，包括不同版本的可持续(绿色)发展。对传统(现代化)发展路径、模式甚或理念的否定，在逻辑上不仅意味着一种激进的或全新的发展理念，也就是所谓的“后发展”(post-development)概念，也必然会指向对资本主义制度与体系的实质性克服或取代。但迄今为止，“超越发展”理论或学派更多阐发与强调的似乎是前者，而不是后者，尽管这些学者大都承认拉美左翼进步政府治下的现代化发展是“资本主义的现代化”或“仁慈的资本主义”。

对于“发展替代”和“后发展”概念的意涵，爱德华多·古迪纳斯(Eduardo Gudynas)做了如下阐释②：“发展替代”根本不同于“替代性发展”，后者指矫正、修复或完善当前发展的不同政策选择，而它的概念基础——比如无限增长或侵占自然资源——是既定的或不容置疑的，讨论的焦点集中于推进这一进程的最佳方法，相比之下，前者的目的是构建一个全新的概念框架，而这种概念框架不是基于过去的意识形态基础之上的，换言之，它意味着探索与我们一直认为的发展明显不同的社会、经济与政治秩序。“后发展”，尽管与

---

① David Harvey, *The Urbanization of Capital* (Baltimore: John Hopkins University press, 1985), p. 128.

② Eduardo Gudynas, “Debates on development and its alternatives in Latin America: A brief heterodox guide,” in Miriam Lang and Dunia Mokrani (eds.), *Beyond Development: Alternative Visions from Latin America*: 15-39.

欧洲学者最先主张的“去增长”(de-growth)概念或学派有些接近[①]，但也更多是在批评传统发展及其意识形态基础(自由主义、保守主义以及社会主义)的意义上使用的。依此而言，“后发展”并不意味着反对或主张停止任何意义上的经济活动或经济增长，而只是说，所有经济活动或增长必须建立在与从前截然不同的政治意识形态基础之上，而这对于包括拉美在内的广大发展中国家来说是极其重要的。

因此，“发展替代”和“后发展”是“超越发展”理论或学派的核心性概念，也是在很大程度上可以互换使用的概念。当然，作为一种系统性未来社会规划或更加整体性理论的代称，“发展替代”不仅拥有更为丰富的思想来源或理论基础，而且有着一系列颇具特色的构成性政治(政策)主张。对于前者，古迪纳斯概括指出[②]，除了拉美本土学者比如20世纪70年代墨西哥的伊万·伊利奇(Ivan Illichs)的“共生”思想，还包括：一是激进环保主义的立场，比如超强可持续性、生物中心论和深生态学等学派的基本观点——它们都不接受新古典学派所宣扬的无限增长，而是捍卫自然的内在价值；二是女性主义的文献，尤其是那些挑战当代社会中的父权秩序并批评现行发展策略再生产与巩固它的不对称性和等级性的著述；三是着眼于消费模式与生活方式变革的经济去物质化建议，比如“去增长”运动和环境正义运动的相关文献；四是原住民的某些观点和宇宙观，尤其是关于“好生活”或“生活得好”的价值理念。可以看出，“发展替代”或“后发展”从思想来源上说更接近于一种后现代主义的经济社会发展或生态社会文化理论，即立足于对作为当代发展之意识形态基础的“现代性方案”或“现代性”本身的实质性否定，而部分由于这个原因，“超越发展”理论或学派的大多数学者似乎更偏爱“好生活”或“生活得好”的一般性表述[③]——认为其更适合作为一个分享传统发展意识形态批评和各种替代

---

① Giacomo D' Alisa, Federico Demaria and Giorgos Kallis, *De-growth: A Vocabulary for a New Era* (London: Routledge, 2014).

② Eduardo Gudynas, "Debates on development and its alternatives in Latin America: A brief heterodox guide," in Miriam Lang and Dunia Mokrani (eds.), *Beyond Development: Alternative Visions from Latin America*: 34.

③ Ashish Kothari, Federico Demaria and Alberto Acosta, "*Buen Vivir*, degrowth and ecological *swaraj*: Alternatives to sustainable development and the green economy," *Development* 57/3-4(2014): 362-375.

性方案探索的“政治平台”。

对于后者，可以大概将其概括为废父权制、去殖民化与创建多元民族国家的“宪制”性政治改革，着力于“好生活”目标或生活质量改善的社会与生态可持续的“后增长”经济，通过主动而自主的区域一体化来逐渐摆脱当今世界双重剥夺性的经济政治全球化①。需要强调的是，这三个层面上的政治与政策主张是互相关联的，并构成了一个整体性的社会生态转型目标与要求：没有政治重建的经济重建是无法想象的，同样，没有国际维度上的实质性改变国内维度上的革命性变革也难以奏效。比如，对于“好生活”理念或视野下的发展，劳尔·普拉达详细阐释说②：发展不再是单一性的或普适性的，而是多元化的——它是综合性的，能够应用于并非均质化的情境，并能够整合社会的、政治的、经济的和文化的方面；发展不再仅是数量意义上的目标，而是一个质的过程，必须同时考虑一个共同体的物质资料享受和主观方面的、精神方面的、智力方面的实现程度，而非功利的考量与意义成为服务的优先事项——集体性的享受、不同文化间对话的能力、文化认同(作为理解什么是“共同的”的基本元素)；财富的积累和工业化不再是一个值得期望的未来目标，而是旨在实现社区间和社区与自然间和谐共存的手段；对个体的关注让位于共存、互动和文化间对话，人类彼此间共存成为首要目标，幸福不是依赖于剥夺他人，更不依赖于对原住民的文化排斥。而要实现上述变革，普拉达指出，不仅需要创建一个拥有全新职能与能力的转型国家，而且需要构建一种全新的多元经济模式。

其三，拉美变革的实践路径，在于渐进摆脱新(旧)“榨取主义”，并逐步转向明智的、必需性的榨取主义，或“后榨取主义”。毋庸讳言，深嵌其中的多重(结构)性危机以及由此决定的变革目标的激进特征，都决定了“超越发展”对于拉美地区来说只能是一种系统性或全局性的改变。可以说，这是“超

---

① Raúl Prada, “*Buen Vivir* as a model for state and economy,” in Miriam Lang and Dunia Mokrani (eds.), *Beyond Development: Alternative Visions from Latin America*, pp. 145-158; Elisa Vega, “Decolonisation and dismantling patriarchy in order to ‘live well’,” in Miriam Lang and Dunia Mokrani (eds.), *Beyond Development: Alternative Visions from Latin America*, pp. 159-163.

② Raúl Prada, “*Buen Vivir* as a model for state and economy,” in Miriam Lang and Dunia Mokrani (eds.), *Beyond Development: Alternative Visions from Latin America*, pp. 148-149

越发展"理论或学派的共同性看法。其中，乌尔里希·布兰德强调了这一过程长期而复杂的社会生态转型性质，以及其中国家可能扮演的角色①。他认为，至少从欧洲的经验来看，无论是传统意义上的民族国家还是正在走向国际化的当代国家，都体现了一种特定构型的社会关系和社会自然关系，而不仅仅是狭义上的权力关系。而这意味着，包括拉美地区在内的"超越发展"实践努力，需要同时致力于深刻改变国内和国际层面上的文化的与社会经济的关系、生产与生活模式、社会话语与权力关系或力量关系，需要同时在国内和国际层面上寻找真正替代性的公共政策。

而对于阿尔贝托·阿科斯塔和爱德华多·古迪纳斯等人来说，尽快走出依然主宰着包括左翼进步政府在内的拉美政治的"（资源）榨取主义"，应该成为拉美各国发展重构或社会生态转型的"主战场"。阿尔贝托·阿科斯塔认为②，将丰厚的自然资源禀赋转变成为创造美好生活的基础，关键在于选择一条摆脱资源诅咒、远离跨国公司权力绑架的不同道路，而其中最为棘手的问题之一，就是设计并实施通向后榨取主义经济的战略。在他看来，尽管拉美在一段时间内还不得不维持一些采掘业活动，但走出榨取主义经济的关键性路径选择，是有计划地实现榨取主义的削减。而这一预示着社会、经济、文化和生态深刻转型的战略能否最终取得成功，在于它们是否具有一致性以及它们能够获得多少社会支持。

在这方面，更为系统的论证来自爱德华多·古迪纳斯③。在他看来，一方面，目前主导拉美地区的是一种"掠夺式的榨取主义"，各种采掘类活动规模大、力度强，所带来的社会与环境影响是巨大的，而且是被严重外部化的，正是各个国家的社会来承担这些企业所造成的消极后果。与此同时，这些企业只是依赖于全球化而发展起来的飞地经济，对于当地经济发展或工作岗位创造并没有多大贡献。因此，转向一种后榨取主义是十分必要的或迫切的，

① Ulrich Brand, "The role of the state and public policies in processes of transformation," in Miriam Lang and Dunia Mokrani (eds.), *Beyond Development: Alternative Visions from Latin America*, pp. 105-115.

② Alberto Acosta, "Extractivism and neoextractivism: Two sides of the same curse," in Miriam Lang and Dunia Mokrani (eds.), *Beyond Development: Alternative Visions from Latin America*, pp. 80-82.

③ Eduardo Gudynas, "Transition to post-extractivism: Directions, options, areas of action," in Miriam Lang and Dunia Mokrani (eds.), *Beyond Development: Alternative Visions from Latin America*, pp. 165-188.

而不再是要不要这样做的问题。另一方面，尽管向一种后榨取主义转变的急迫性，这种转变的实施仍面临着诸多难题。在许多国家中，后榨取主义理念本身常常会遭到政府及大量社会部门的拒斥，而在另外一些国家中，市民社会内部就存在着是否应采取后榨取主义的争论。此外，“发展替代”方案往往是由各不相同的社会主体所提出的，而且无论是对于目标实现的具体措施还是可行性验证方法的思考，都是十分有限的。而在如何落实高效、具体及可行的转型措施方面，也存在着不少难题和限制。

基于此，古迪纳斯提出了一个分为“两步走”的渐进革新战略。其一，尽快先将“掠夺式榨取主义”改变为“温和的(明智的)榨取主义”。后者可以理解为，在严格高效的社会管控体系下，每个公民都能做到遵守本国社会、环境方面的法律，从而实现外部成本内部化；其中，人们运用最适当的技术，以合理的手段修复或遗弃采掘业站点，采取合理的缓和措施与社会补偿战略。“温和的榨取主义”既不是最佳选择，也不是最后目标，但它将有助于应对当下或短期内所面临的诸多严峻问题。其二，然后再进一步转向“不可或缺的(必需性的)榨取主义”，其中只允许那些为了满足国家和地区真实需求而存在的采掘业继续运营。因而，按照古迪纳斯的设想，向后榨取主义转变并非要求关停所有的采掘产业，而是要对那些真正需要产业之外的其他产业进行大幅度缩减。而所谓真正需要的产业，是指那些符合社会和环境规范，又与国家和地区的经济链有直接联系的产业。依此，全球出口取向会减小到最低程度，而这些产品的贸易目前主要集中在大陆市场。

正是在这样的目标或标准之下，古迪纳斯详尽讨论了可能的政策行动领域：环境与经济举措、重构自然资源贸易、转型经济、市场和资本、政策规制与国家、生活质量和社会政策、自治的区域主义与全球化的选择性脱钩、去物质化与艰苦朴素，等等。比如，在他看来，这种“自治的区域主义”强调的是区域自治的特征或追求，而不是进一步融入全球经济，认为区域联系的主要目标之一是收回被全球化贸易所吞噬的自主性，即改变其全球化市场中的从属性地位，因为正是全球化市场决定着拉美的生产与贸易策略。

三、社会生态转型、超越发展与社会主义生态文明

乌尔里希・布兰德围绕着"绿色经济""绿色资本主义"和"社会生态转型"等核心概念的分析，构成了一个较为完整的批判性政治生态学理论。之所以是"批判性的"，不只是因为它对于当代资本主义制度的一种批评性政治立场，还因为它明显展现出的对法兰克福学派及其批判理论传统的继承。换言之，作为一名长期受教于法兰克福大学的青年学者，布兰德深得法兰克福学派的批判理论的精髓，即着力于对当代资本主义社会与文化的批判性分析或阐释。也正因为如此，他反复强调，包括"社会生态转型"在内的核心概念更多是一种分析性而不是规范性概念。尤其是，他对于安东尼奥・葛兰西的理论更是青睐有加，比如"霸权""规制""被动革命"理论[①]等。可以说，布兰德的"帝国式生活方式"与葛兰西的"霸权"理论、布兰德对绿色资本主义的分析与葛兰西的"规制"和"被动革命"理论，都有着非常密切的关联或承继关系。就此而言，在笔者看来，我们也许可以将布兰德认定为一名激进的批判理论家或新葛兰西主义者。

而作为一种政治生态学，布兰德的理论分析大致属于笔者所指称的"绿色左翼"政治理论的范畴[②]。政治生态学是一个表明生态环境问题的政治学分析视角的概念，或者说"生态学"与"政治学"的交叉结合，在大多数情况下可以大致等同于"生态政治学"或"环境政治社会理论"，但又不存在明显的"左右"政治色彩。比如，安德烈・高兹(André Gorz)差不多最早对这一概念的使用[③]，就是在这一意义上，尽管他本人是一个明确的生态社会主义者。一方面，布兰德的理论分析并不仅限于狭义上的政治生态学或环境政治学视野，而更多是政治生态学、政治经济学和批判理论的综合运用。比如，作为他整个理论体系中枢的"帝国式生活方式"概念，就同时具有政治、经济和社会文化层面上的意涵；另一方面，这种分析接近于、但却很难归纳为一种生态马

① Antonio Gramsci, *Selections from the Prison Notebooks* (London: International Publishers, 1971).

② 郇庆治：《21世纪以来的西方绿色左翼政治理论》，《马克思主义与现实》2011年第3期，第127-139页。

③ André Gorz, *Ecology as Politics* (London: Pluto, 1980).

克思主义或生态社会主义派别。布兰德不仅多次肯定了马克思恩格斯思想和生态马克思主义的重要启发价值，而且特别强调了唯物史观在他的“社会生态转型”理论构建中的方法论意义①。但是，他并未明确承认是一个生态马克思主义者或生态社会主义者。相反，他更强调用“霸权”概念和“帝国式生活方式”概念，来丰富和超越生态马克思主义的已有分析②。

在笔者看来，一方面，布兰德基于“绿色资本主义”“帝国式生活方式”和“社会生态转型”等核心概念的政治生态学分析，有助于我们深刻认识当今欧美国家所引领的“绿色”潮流的经济政治本质，认识正处于政治与力量重组过程中的新左翼或“绿色左翼”的时代特征。换句话说，随着资本主义的发展已然进入一个“绿色资本主义”“气候资本主义”或“低碳资本主义”的新阶段，国际社会反对或替代资本主义的理论与实践，也需要一种向“转型左翼”或“绿色左翼”的时代转变。另一方面，这一更多是产生于欧美背景和语境的“绿色左翼”话语体系，在当代中国理应有着一种新型的阐释与表达，而这其中的关键性概念也许就是社会主义生态文明。概括地说，我国的社会主义生态文明建设，意味着社会主义(社会公正)政治与生态学(可持续性)考量的一种有机结合，并指向对资本主义制度形态及其意识形态与价值观念的历史性替代。

当然，布兰德迄今为止的理论分析，也还存在着一些尚需完善之处。比如，对当代资本主义发展阶段性层面的关注或强调，多少淡化了对资本主义内在矛盾及其冲突层面的分析力度，结果是，“绿色左翼”所追求的“社会生态转型”，要么是将很难成为真正激进的绿色变革(针对统治型社会关系与社会自然关系)，要么是在转型目标与动力机制之间存在着严重的矛盾或张力。而当我们把观察视野从欧美国家转向全球层面时会更清楚地发现，维持或不触动现存资本主义体系和国际经济政治秩序前提下的社会生态转型，将只具有

---

① Ulrich Brand, “How to get out of the multiple crisis? Towards a critical theory of social-ecological transformation,” *Environmental Values* 25/5 (2016): 503-525.

② 布兰德对此的基本看法是，马克思对于生态、女性和大众主义等议题的分析是相对较弱的，而包括泰德·本顿、詹姆斯·奥康纳、约翰·福斯特等在内的生态马克思主义者，对当代资本主义的分析存在着诸多片面之处，比如现代国家的作用及其调适能力。参见乌尔里希·布兰德：《生态马克思主义及其超越：对霸权性资本主义社会自然关系的批判》，《南京工业大学学报(社科版)》2016年第1期，第40-47页。

十分有限的想象和实践空间。换言之，“绿色资本主义”及其全球化的扩展，以及“社会生态转型”作为一种抗衡性运动的成长，其复杂程度恐怕要远远超出当今世界格局或欧美局域下的想象。再比如，作为一个完整的理论，核心分析性概念和规范性概念是同等重要和不可或缺的，如果“社会生态转型”是与“绿色资本主义”相对应的概念，那么，其规范性或“未来化”意蕴就需要做进一步阐明，否则，引入“生态社会主义”等替代性概念就是必需的。

颇为类似的是，“超越发展”作为一个理论学派，也是依然处在发展或构建过程之中的。具体地说，它更多地呈现为一种新的发展思维方式或意识形态，即“后发展”(相对于传统意义上的现代化发展及其各种替代形式)或“后发展主义”(相对于自由主义的新发展主义和左翼进步政府的新发展主义)，而很难说已经是关于拉美社会未来的理想方案及其过渡战略。对此，爱德华多·古迪纳斯指出[①]，对于“发展替代”的准确意涵，迄今为止并没有一个完整、明确的答案，因为它是一项正在进行中的工作，我们还很难预知其包含的所有因素，相应地，我们需要不断做出调整完善，既要从成功和失败中吸取经验教训，也要从不同主体的联系和反馈中汲取营养。而玛里斯特拉·斯万帕则强调[②]，去殖民化、反父权制、多民族国家、多元文化主义和“好生活”等基本概念，构成了21世纪新拉美思想构建的核心，但玻利维亚和厄瓜多尔等国实践所表明的是，对于促进这些一般性原则和思路的多维战略与行动仍需要大量的“理论化”工作。在他看来，这既包括如何思考对当今庞大榨取经济体量转型所需的较大规模回应，尤其是一个强有力国家的适当公共政策，也包括深入分析来自地方和区域层面上的成功经验，还包括如何培育与传播一种转型的理念，从生活方式和生活质量方面构想一个“期望的地平线”。

尽管如此，在笔者看来，围绕着“发展替代”而不是“替代性发展”概念，

---

① Eduardo Gudynas, “Transition to post-extractivism: Directions, options, areas of action,” in Miriam Lang and Dunia Mokrani (eds.), *Beyond Development: Alternative Visions from Latin America*, p. 170.

② Maristella Svampa, “Resource extractivism and alternatives: Latin American perspectives on development,” in Miriam Lang and Dunia Mokrani (eds.), *Beyond Development: Alternative Visions from Latin America*, pp. 135-139.

“超越发展”理论或学派构成了一种新的“红绿”政治哲学[①]，明确主张拉美进步政治应该致力于实现一种更为公正和谐的社会关系和社会自然关系，尤其是在国际或全球层面上。就此而言，它是对现(当)代资本主义发展(全球化)及其“浅绿”版本的一种“红绿”批评，以及关于拉美经济政治的“红绿”转型的未来愿景。

具体而言，这种政治哲学的“红绿”特征体现在，一方面，它明确肯定自然生态的独特价值及其权利，并激烈批评各种形式的现代化发展以及可持续发展举措，尤其是大型经济、技术工程(比如水坝、矿产与油气开采、基建)项目，从而展示了强烈的生态激进主义或“深绿”色彩；但另一方面，它也对左翼进步政府所坚持的资本主义(经济)现代化政策、对当代资本主义秩序及其双重剥夺性质提出了严厉批评，认为资本主义的制度体系框架及其统治逻辑是拉美实现向后榨取主义(发展)转型的体制性障碍，因而具有一定程度的“浅红”或“泛红”性质。

由此就可以理解，“超越发展”理论或学派对于它所特别关注的安第斯地区的左翼进步政府的结构性改革或社会生态转型实践，其实是一种“既兴奋、又惋惜”的复杂立场与心态[②]。在他们看来，对自然生态权利的宪制性认可与保护、国家对自然资源开采和物质财富分配的更多掌控，都可以解释为拉美各国逐渐摆脱严重剥夺性的世界资本主义生产与贸易体系并逐渐提升其经济政治自主性的良好开端或必要步骤，然而，现实经济政策中依然无法摆脱的对自然资源采掘的高度依赖和对资本主义生产中心国家的过度依附，又使得上述这些努力的“体系突围”价值大打折扣或严重缩水。

相应地，我们也就可以明确如下两个问题。其一，“超越发展”理论或学派算不上是典型的生态马克思主义或生态社会主义派别，而更像是一种“深绿浅红”政治哲学或愿景。对此，阿根廷马克思主义学者阿蒂略·波隆(Atilio

① 郇庆治：《21世纪以来的西方绿色左翼政治理论》，《马克思主义与现实》2011年第3期，第127-139页。

② Miriam Lang, “The crisis of civilisation and challenges for the left,” in Miriam Lang and Dunia Mokrani (eds.), *Beyond Development: Alternative Visions from Latin America*, pp. 5-8.

A. Boron）提出的批评是值得关注的[1]。在他看来，21世纪的“好生活”理念必须是与社会主义变革相联系的，因为只有一种“社会主义好生活”才能够帮助我们从资本逻辑的陷阱中摆脱出来，换言之，不仅“好生活”理念必须接受一个社会主义的身份，社会主义本身在经历了20世纪的痛苦经历之后也需要从整体上重新思考这个规划，并寻求一种新的身份；依此而言，“超越发展”理论或“新榨取主义批评家”所构建的渐进转型规划或路线图，完全回避了反资本主义革命这一真正的替代性选择，相应地，其观点可以归纳为一种有吸引力的话语，但却缺乏社会变革的实际能力。

其二，“超越发展”作为一种“红绿”变革战略或“转型政治”，还存在着诸多基础性的难题。比如，如何赢得普通民众对于“发展替代”理念及其变革实践的大众性政治认同，尤其是来自城市/中心地区（比如基多、拉巴斯和加拉加斯）民众的认同与支持；如何将色彩斑斓的大众性政治抗争转化成为一种建设性的转型力量，尤其是（后）现代民族国家的构建性力量[2]；又如何使这一地区从（资源）榨取主义的渐进退出或撤离成为一个有组织、有秩序的过程（类似萨拉·萨卡关于这一主题的讨论[3]）？因而，对于这一理论流派的现实政治影响，我们还需要做更长时间的观察。

综上所述，社会生态转型理论、超越发展理论，对当代中国的社会主义生态文明理论与实践的探索既提供了一个重要的观察视野和国际语境，也提出了一系列颇具挑战性的自主创新要求或期望。应该说，对于社会主义生态文明概念的准确意蕴，国内学术界已经展开了渐趋深入的阐释。生态文明概念的提出本身，就已经包含了我们希望将新型现代化（工业化与城镇化）、生态环境问题解决和传统生态智慧与实践复活等方面要素实现历史性综合的意蕴或志向——“十八大”报告关于“五位一体”目标和路径的概括正是这样一种

---

① 阿蒂略·波隆：《好生活与拉丁美洲左翼的困境》，《国外社会科学》2017年第2期，第20-31页。

② “无条件的抗议”似乎是拉美左翼运动中弥漫着的一种更加主流性的政治抗争文化。笔者应邀参加的2017年5月11日在基多举行的一个“绿色左翼”学术会议的主题就是“新的依赖、旧的抗争”，一位大学教授会前所做预备报告的中心内容就是厄瓜多尔左翼政府第一个执政任期内一事无成，而会议组织者也反复强调，抗议是公民不容置疑的最优先权利或事项。

③ 萨拉·萨卡：《生态社会主义还是生态资本主义》，张淑兰译，山东大学出版社，2008年版，第286-340页。

认知与思路的权威性表述。也就是说，无论是就我国面临的生态环境问题的严重性与复杂程度而言，还是就我们所拥有的生态文化资源与思维传统来说，生态文明及其建设都将是一种综合性或立体性的“绿色化”。但也毋庸讳言，对于社会主义生态文明的社会主义性质及其制度化体现，国内学术界迄今为止的讨论仍是不够充分的，甚至多少有些有意无意地无视或回避。许多学者坚持认为，社会主义当代中国的生态文明及其建设将天然是社会主义的。而在笔者看来，事情并非如此简单。欧美国家“绿色资本主义”的现实性出现与扩展——正如布兰德教授所揭示的，对于我国的生态文明建设将很可能长期是一把“双刃剑”，比如，国内学者中对于欧美国家生态环境治理成效、模式与理念笃信不疑的并不在少数(而这正是“先污染、后治理”理念难以根除的重要现实性成因)。更为重要的是，社会主义价值观和制度构想的生态学意涵，需要我们当今马克思主义者结合中国的生态文明建设实践去不断地阐发，并反过来进一步规约促进实践。因而，笔者认为，如果说欧美“绿色左翼”学者更多致力于“绿色资本主义”话语与实践批判基础上的“社会生态转型”或“超越发展”努力——这当然是应当充分肯定的，那么，当今中国的生态马克思主义者则应着力于社会主义生态文明理念的理论阐发与实践推动。只有那样，我们才能不仅可以更好地融入国际新左翼或“绿色左翼”的理论话语与政治战略，而且可以为一个社会公正与生态可持续的全球未来贡献中国的智慧与力量。

（作者单位：北京大学马克思主义学院）

第六章
社会生态转型理论：一种术语学解析

李雪姣

内容提要：作为一种对传统现代化理论的批判性思潮，“社会生态转型”理论近年来在全球生态环境治理领域中受到广泛关注，而国内学界讨论较多的是乌尔里希·布兰德建立在“批判性政治生态学”基础上所提出的激进“社会生态转型”理论。对“社会生态转型”这一伞形概念的术语学解析，不仅可以帮助我们在更准确地理解其构成性词汇含义的基础上把握其整体性意涵，还可以更为清楚地了解它作为一种绿色左翼理论的现实挑战潜能。布兰德的“批判性政治生态学”或德奥版本的激进“社会生态转型”理论有着值得充分肯定的一般性理论贡献，但它只是一个产生于特定区域的或呈现为特定形态的激进“社会生态转型”理论，而远不是全部。

关键词：社会生态转型，术语学解析，结构性转型困境，联合动力难题，环境政治近年来，作为一种对传统现代化理论的批判性思潮，“社会生态转型”理论在全球生态环境治理领域中受到广泛关注，而国内学界讨论较多的是乌尔里希·布兰德(Ulrich Brand)建立在“批判性政治生态学”基础上所提出的激进社会生态转型理论，其中对欧美国家中兴起的“绿色经济”“绿色增长”“绿色资本主义”等话语与政策做了系统性的“绿色左翼”批评。在此，笔者将采用一种术语学研究的方法，借助于“何为‘转型’”“什么性质的‘转型’”和“转向何处”的逻辑阐释框架，对“社会生态转型”作为一个伞形概念所包含着的“转型”“社会”和“生态”三个构成要素进行解剖分析，以期有助于深化对这一概念以及基于它构建起来的理论图谱的理解与探讨。

一、“社会生态转型”概念及其术语学解析

(一)何为“转型”?

“社会生态转型”的英文是 social ecological transformation 或 social and ecological transformation。可以看出，这其中的第一个关键性构成词语是“转型”。而要正确理解这一范畴，笔者认为，首先要将其与“过渡”(transition)、“改良”(reform)和“革命”(revolution)等概念加以比较对照。就此而言，“转型”包含着如下两个层面的意涵。

1. 一种有机的综合变革过程

尽管英文词汇 transformation 和 transition 都有“转型”之意，但是，后者更多指发生变化的变迁状态，或从一种状态转变到另一种状态的过渡现象，而前者更多指在某个事件或多个事件相互作用过程中，从相对不理想状况到较为积极状况的整体性转变过程。卡尔·波兰尼(Karl Polanyi)最早将“转型”(transformation)这一术语界定为资本主义社会中所发生的“经济和社会之间的脱钩”[①]，但并未涉及经济与社会之外的其他元素。近年来，以罗莎·卢森堡基金会为代表提出了“第二次大转型”(second great transformation)概念，并认为这将是一个全面的、综合的巨大变化过程，也就涵盖了经济与社会之外的

① Karl Polanyi, *The Great Transformation: Politische und ökonomische Ursprünge von Gesellschaften und Wirtschaftssysteme* (Frankfurt am Main: Suhrkamp, 1995), p. 260.

更多元素[①]。而且，在许多情况下，人们并不对 transition 和 transformation 做出明确的区分。而在政治学意义上对两者进行明确区分的，是乌尔里希·布兰德。在他看来，transition 更多表达的是“过渡”或“关键节点”，也就是政治制度或发展阶段意义上的变迁，而 transformation 则多指“重建”或“转变”，也就是一种政治体制向另一种新型政治体制的整体性转变。后来，佩尔·奥尔森(Per Olsson)等人对两者进行进一步区分，把 transition 视为实现 transformation 的实施手段、策略或过渡形式，甚至是 transformation 整个过程不可或缺的组成部分[②]，并强调了其中各个部分之间的相互联系对于整体性转型的意义，也就是理论本身的有机性。

应该说，对转型范畴的这种动态性和有机性的理解，对于社会生态转型理论的构建产生了一定影响。就其理论取向而言，一方面，“转型”是一个不断变革、生成和创造的过程，也就是基于当下的替代性方案和创新实践，在积极构造自身的同时影响未来转型；另一方面，“转型”又不是单个变革主体孤立完成的，而是多个变革主客体相互构成、相互影响和相互促进的。因而，“社会生态转型”理论体现的是对遮蔽现实世界现代性的过度抽象的演绎方法和机械思维的否定，代表着认识论上从机械论到有机论的回归。

而在现实取向上，一方面，它强调转型的历时性，即每一领域中的转变都不是突发的，更不会在短期内完成，而是会基于现有替代性转型方案及创新案例借助近、中、长期计划逐步构造自身并发展未来，这就调和了渐进性改革与突发性重大革命之间的矛盾，并将两者融入整个转型实践中去。另一方面，它也强调转型的综合性和有机性，即整体转型的实施是通过分散在各个不同领域中的行动及其相互作用来实现的。尤其是，它要求转型中的环境治理政策应该将人为环境变化、社会脆弱性和其他环境难题以及背后蕴含的人类社会、经济、制度、法律、文化、技术等方面纳入整个转型框架之中，从而做到系统内外各层面的协同治理。因而，卡尔·波兰尼所意指的“大转

---

① Liliane Danson-Dahmen and Philip Degenhardt, *Social-ecological Transformation: Perspective from Asia and Europe* (Hanoi: Rosa-Luxemburg-Stiftung, 2018), pp. 89-99.

② Per Olsson, Victor Galaz and Wiebren Boonstra, "Sustainability transformations: A resilience perspective," *Ecology and Society* 19/1(2014), http://dx.doi.org/10.5751/ES-06799-190401.

型”是“转向工业资本主义”，而在布兰德眼中，“第二次大转型”是指超越工业资本主义包括绿色资本主义，最终走向在社会生产生活关系和社会权力关系方面都更加公正、合生态的社会状态。

2. 一种相对激进的结构性变革

至少对于波兰尼和布兰德等而言，“社会生态转型”理论是一种较为激进的结构性变革理论，而这就涉及对于同样具有转变意涵的“改良”(reform)和“革命”(revolution)范畴的理解。关于“革命”，马克思在《〈政治经济学批判〉序言》中指出，“社会的物质生产力发展到一定阶段，便同他们一直在其中活动的现存生产关系或财产关系发生矛盾。于是这些关系便由生产力的发展形式变成生产力发展的桎梏。那时社会革命的时代就到来了”[①]。在这里，马克思明确指出，落后的生产关系是变革的原因，改变社会生产关系是变革的目的。因此，经济基础的变革是社会革命的根本标志。而关于“改良”与“革命”之间的区分，罗莎·卢森堡在《社会改良还是社会革命?》中指出，马克思的判断标准是推翻原有制度还是维护这种制度。“社会民主党认为，为了社会改良、为了在仍然是现存制度基础上改善劳动人民的生活状况、为了实现各种民主设施而进行的日常实际斗争，宁可说是引导无产阶级斗争，力求达到最终目的即掌握政权和废除雇佣制度的唯一道路。”[②]也可以看出，“革命”在于推翻现存社会制度，而“改良”则是旨在完善和巩固现存社会制度。

与“革命”和“改良”都有所不同的是，“转型”要求通过对现存社会的经济结构、政治结构与文化结构及生态治理结构的整体否定，走向一种社会公正、政治民主、文化进步和生态可持续的替代性愿景。希拉里·巴姆布雷克(Hilary Bambrick)和斯蒂法诺·孟卡达(Stefano Moncada)认为，“转型”是因为既存系统的社会结构难以按照原来的规则、习惯继续运转，而必须以一种新的形态来代替旧的形态或模型[③]。约翰娜·纳劳(JohannaNalau)和约翰·汉德默

① 《马克思恩格斯文集》(第二卷)，人民出版社，2009年版，第82-83页。

② 《卢森堡文选》(上卷)，人民出版社，1984年版，第70页。

③ Hilary Bambrick and Stefano Moncada, “From social reform to social transformation: Human ecological systems and adaptation to a more hostile climate,” in J. Dixon, A. Capon and C. Butler (eds.), *Health of People, Places and Planet: Reflections Based on Tony McMichael's Four Decades of Contribution to Epidemiological Understanding* (Australia: ANU Press, 2015): 353-364.

(John Handmer)则认为，“转型”是“对当前的价值和习惯做法提出质疑与挑战，并试图改变那些用以支撑当前决策和路径选择合理性的核心观点的根本转变”①。可以发现，“转型”要求对既存“社会结构”或“模式”进行变革，这里的“社会结构”可能是政治的、经济的、社会的、文化的或其他形态的，但却没有明确指出要从根本上推翻现存制度，而代之以新制度形式。因而，它在激进程度上要弱于“革命”。而与“改良”相比，它要求重构既存的社会关系和社会的自然关系，要比在现有社会制度基础上的局部修补更为激进些。布兰德肯定了巴姆布雷克和纳劳等关于“转型”概念的阐释，并进一步区分了它与安东尼奥·葛兰西的“被动革命”理论的区别。在他看来，以精英阶层为主导力量发起的自上而下的转型所强化的是既存利益团体所掌控的权力构架，而不可能是从属民众的权益。因而，更为有效的转型动力应该来自社会自主组织，以解放之维对现存主导权力结构进行彻底批判和替代。很显然，这里强调丰富了“转型”的解放政治维度，但依旧没有触及社会生产条件和生产关系的本质性变革。

当然，我们也不能依此就将“转型”简单归约为一种介于“改良”与“革命”之间的中间道路，而忽视了它在具体实践中对激进革命与渐进改良的辩证融合。事实上，在人类社会发展长河中，既存在缓和的局部性结构变革，也发生过剧烈的社会形态更替，而且它们在一定条件下可以互相转化。可以说，“社会生态转型”理论所遵循的就是这一认知思路。它既主张较为激进的社会结构、形态及运行模式的变革，也要求在新的社会生产关系和生产方式呈现出来之前切实促进现实生活中的具体转型实践。二者看似存在矛盾，但在现实中却是合乎逻辑的。“转型”存在于某一个社会形态自身发展的全过程之中，“革命”则是该社会衰亡前的剧烈行动，而“改良”与“革命”之间的转换过程是一方向着自身的对立面变换的过程。这种理解适用于阐释整个人类社会变革的过程。对此，萨拉·帕克(Sarah Park)等指出，“人类在应对危机时，往往在组织管理上十分僵硬，主要采取局部改善的措施，而缺乏从根本上提出解

① Johanna Nalau and John Handmer, “When is transformation a viable policy alternative?” *Environmental Science & Politics* 54/7(2005): 349-356.

决方案的经验和能力。除非遇到极大的变故，人们才会进行大刀阔斧的改革"[①]。也就是说，在整个系统崩溃之前，更多人会首先选择局部的、非根本性的修补，只有系统在其当前的结构中难以继续维持时，根本性的转型才会被提上议事日程。而凯伦·奥布莱恩（Karen O' Brien）则认为，"直到系统发生整体崩溃之前，对整个社会体制进行一种全新的结构性转变应是一种审慎的选择"[②]。萨弗蓉·奥尼尔（Saffron O' Neill）和约翰·汉德默认为，"转型"是十分必要的，"而其核心是要挑战经过验证已经固定下来的规范及行为，并查明'不可接受的风险'，以减少先前系统中社会结构间的关系失衡及运作效率的低效及不公正"[③]。这些阐述都表明，"社会生态转型"理论既是一种基于当下社会转型实践的、易于让人们接受的现实变革路径，又是一种试图超越当下社会生产生活关系和社会权力关系、促使社会走向更适宜人类生活未来的相对激进转型过程。

（二）什么质性的"转型"？

"社会生态转型"所关涉的第二个构成性词汇，是作为"转型"前缀的"社会"和"生态"范畴，以及它们二者之间的逻辑联结。对此，笔者借用郇庆治教授对广义"绿色思潮与运动"的"三分法"[④]，并分别从"社会"和"生态"两个层面对"社会生态转型"这一复合概念的意涵加以解析。具体地说，笔者将其细化为如下三个问题："社会生态转型"与"绿色改良"（生态资本主义）之间的关系、"社会生态转型"与"激进绿色转型"（生态激进主义或深生态学）之间的关系，以及"社会"（社会公正）与"生态"（生态可持续性）相并列的理据。

---

① Sarah Park, et al, "Informing adaptation responses to climate change through theories of transformation," *Global Environment Change* 22/1(2012): 115-126.

② Karen O' Brien, "Global environmental change II: From adaptation to deliberate transformation," *Progress in Human Geography* 36/5(2012): 667-676.

③ Saffron O' Neill and John Handmer, "Responding to bushfire risk: The need for transformative adaptation," *Environmental Research Letters* 7/1(2012): 14-18.

④ 郇庆治教授曾在多篇文章中指出，可以将20世纪60、70年代以来首先在欧美国家兴起、如今已扩展到世界范围的广义的"绿色思潮与运动"按照它们对于社会经济变革或绿色转型的激进程度，大致划分为三大部分：以生态中心主义哲学价值观为核心的"深绿"阵营、以经济技术手段渐进革新为核心的"浅绿"阵营和以资本主义经济政治制度替代为核心的"红绿"阵营。

1. 一种内嵌着社会公正的“红色”变革

概言之，“社会生态转型”是一种内嵌着社会公正的“红色”变革理论。它严厉批判当代资本主义社会条件下的生态环境困境或危机，认为资本积累的逻辑必然会造成一种双重意义上的非正义关系，即社会剥夺性和自然破坏性。对于前者，在它看来，资本主义积累过程中的非正义，最先体现为分配领域中的不平等。无论在发达工业国家内部的资本与劳工阶层之间，还是在全球范围内北方工业化国家与南方发展中国家之间，迅速增加的物质财富总量以更加不平等与非正义的方式或“资本的积累逻辑”加以分配，使得整个世界呈现为日益明显的两极化分裂①。然而，任何社会中的分配问题都不过是依附性假象②，这种假象依附于背后的生产过程。生产和分配看似并无关联，实则分配是“生产工具的分配”和“社会成员在各类生产之间的分配”，“分配包含在生产过程本身之中”。所以，资本主义的非正义在本质上是包括分配在内的生产非正义。表面上平等的资本主义雇佣劳动制度所掩盖的，其实是以不平等的生产条件和生产关系为基础的资本主义制度非正义。

就后者而言，它认为，这首先体现为资本主义中心区域和外围国家之间的时空异质性的“生态帝国主义”甚或“生态殖民主义”关系。对此，萨米尔·阿明(Samir Amin)将殖民地在世界资本积累进程中所扮演的不同角色和地位划分为三个阶段③：在重商主义时期，外围国家为中心区域提供财富(奴隶)，这些财富后来转化为资本；而当资本重心从商业转移到工业后，外围国家就被中心区域贬低为劳动力价值及资本构成要素价值(原材料)；在第三个时期，外围国家成为中心区域的商品输出地及污染接收地。可见，在中心区域占据支配地位的国际等级秩序中，外围国家受到中心区域的剥削和控制，并依附于中心区域。外围国家负责为中心区域的资本主义生产需要及周期性规律无限地提供自然资源和劳动力，并为其提供污染物(企业)转移的接收场所。

其二，这还体现为外围国家对中心区域依附关系中所呈现出的霸权性“帝国式生活方式”，而这也构成了布兰德“批判性政治生态学”理论的重要组成部

① 托马斯·皮凯蒂：《21世纪资本论》，巴曙松等译，中信出版社，2014年版，第387-442页。

② 白刚：《作为“正义论”的〈资本论〉》，《文史哲》2014年第6期，第143-151/164-165页。

③ 参见安德烈·冈德·弗兰克：《依附性积累与不发达》，高戈译，译林出版社，1999年版。

分。他认为，全球一体化体系之下中心区域相对于外围国家的劳动力再生产成本降低和“社会制度”及“日常生活微观结构”再生产，表明了“资本主义自然关系的持续性”和“危机的叠合”[①]。一方面，资本主义生产方式的扩张会直接影响到资本主义市场扩大和工人的生活方式，使人们构建起“更多积累”和“更多消费”的“普遍共识”。另一方面，帝国式生产生活方式加剧了人们对化石燃料的依赖，在对非可再生资源掠夺过程中显示出中心区域对外围国家的“生态帝国主义”侵略本质。此外，“帝国式生活方式”借助人们根深蒂固的日常生活习惯、国家与公司战略、生态危机与国际关系对人们生活行为的侵蚀，反过来又成为维护资本主义生产方式与社会制度的工具，成为人们从当下不可持续生活状态通向未来“好生活”的阻障。

其三，“生态帝国主义”的局部绿化假象所导向的是一种“预占式的投资或霸权行为”[②]。作为中心区域“生态帝国主义”政治以及内部绿化的成果，“绿色经济”战略确实产生了一定的效果，特别是生态现代化、绿色国家、环境公民和环境全球管治等议题领域的理论与实践。然而，这种具有高度技术壁垒特征的“绿色经济”，一方面，建立在中心区域对外围国家的资源、空间、劳动力和自然环境的掠夺基础之上，另一方面，也是在以一种稳定且持久的自然金融化形式对自然进行“预占式投资”，而这种投资反过来会进一步稳固或维护资本主义生产关系下的“帝国式生活方式”。不难发现，“生态帝国主义”不仅是少数发达资本主义国家延续其国际等级化优势以及拓展其排斥性霸权的表现，更是国际社会创建一个公平、民主与有效的全球气候治理体制的障碍。对此，布兰德指出，在资本主义条件下，自然并不是纯客观的(生物物质特性)存在，而被社会地(经济地、技术地和政治地)构成和占有，是当权者的资本主义的、帝国主义的和父权制的占用[③]。因而，他打破了自然与社会之间的二分法，在融合政治生态学、政治经济学和批判理论的基础上，提出了对

---

① Ulrich Brand and Markus Wissen, “Global environmental politics and the imperial mode of living: Articulations of state-capital relations in the multiple crisis,” *Globalizations* 9/4(2012): 547-560.

② 郇庆治:《“碳政治”的生态帝国主义逻辑批判及其超越》,《中国社会科学》2016年第3期,第24-41页。

③ Ulrich Brand, “How to get out of the multiple crisis? Contours of a critical theory of social-ecological transformation,” *Environmental Values* 25/5(2016): 503-525.

当代资本主义或生态资本主义的经济社会结构批判。

2. 一种内嵌着生态可持续性的“绿色”愿景

同时，“社会生态转型”还是一种内嵌着生态可持续性考量的替代性愿景。它十分强调社会关系、社会的自然关系及其变革的重要性，因而在价值观基础与变革路径上明显不同于“生态无政府主义”或“生态自治主义”(“深生态学”)质性的“绿色激进转型”。在价值观层面上，“绿色激进转型”论者以生态中心主义为自然价值观基础，认为是资本主义的现代性及其危机(社会文化意识)造成了当前的生态环境困境。因而，他们着力反对物质主义和消费主义对人类生活的入侵与霸权，反对主导物质性价值观基础的“人类中心主义”对包括人类在内的整个生物系统的侵蚀与剥夺，并拒斥其共同的哲学认知基础——“绝对主观主义认识路线”和“过度抽象的研究方法”，认为它导致人类观念世界与现实世界的脱钩从而出现了“错置具体性谬误”[①]。相比之下，“社会生态转型”理论采取了一种更加实用的态度，依据不同国家的发展状况来决定其伦理价值立场。在一些国家比如法国、意大利和拉美，它明确反对现代工业化所造成的生态破坏、资本集中化和社会分配不公，主张恢复自然本身的内在价值，在战略政策上则主张“去增长”“超越发展”等等；而在另一些国家比如德、奥、中国等，它又呈现为相对不那么激进的“社会生态转型”理论(狭义上)和社会主义生态文明理论与战略(两者都坚持“弱生态中心主义”)，同时承认自然生态的独特价值和人的主体价值，因而更加重视社会层面上对物质生产劳动(包括自然生态劳动)及其产品的高效管理和公平分配。

而在未来替代性愿景上，“社会生态转型”与“绿色激进转型”理论都主张追求为了大多数人利益的“好生活”愿景，都倾向于“使人们能够运用自身的理智，选择符合人之本性及其发展的目标”[②]。所不同的是，“绿色激进转型”所倡导的未来，在于彻底批判技术理性与“良善追求”之间的内在张力，从而消

① 小约翰·柯布、赫尔曼·戴利：《21世纪生态经济学》，王俊、韩冬筠译，社会科学文献出版社，2015年版，第234-257页。

② 苏长和：《理性主义、建构主义与世界政治研究》，《国际政治研究》2006年第2期，第50-61页。

除现代性带来的两大隐忧——“自然的终结”和“传统的终结”[①]。因而，它激烈批评对物质主义价值观的迷恋和现代工业生产与生活方式，主张在价值观上实现对整个生物系统自为价值和实用价值的全方位感知与尊重，在政治构想上建立一种以生态原则和地方自治为基础的(基于人类合作本性)、超越现代民族国家的(社会分散性和小规模的)、人与自然和谐相处的后现代社会或生态乌托邦[②]。当然，这种刻意淡化生态环境问题的社会制度成因的尝试，使其在认知与实践上都陷入了片面或极端的形而上学困境。事实上，一个国家社会制度的基础是现实生活的生产与再生产，它“产生、创造着政治和文化”，其社会生产方式和交换方式不可避免地影响着可持续性的理念、制度、政策甚至个体意识。因而，不考虑经济结构的转型而致力于寻求价值观念转变，无异于缘木求鱼。相形之下，“社会生态转型”理论认为，“好生活”实现的关键在社会基础结构的转型，即消除资本主义的社会关系和社会的自然关系。也就是说，现实生活中的“转型”必须以变革社会生产关系和交换关系为基础，并扩展至经济社会文化各个领域中的伞形结构。因而，未来“好生活”不是来源于乌托邦的彼岸世界，而是来自现实主义的考量与切实改变。就此而言，它既是后现代主义对现代性的思想投射，也是现代化对后现代性的唯物主义修正，所以要比“绿色激进转型”更具现实性。

3. 一种“红绿”结合的社会变革理论与实践

从上述关于“社会”和“生态”两个侧面的分析中，可以发现，“社会生态转型”是一种指向社会公正和生态可持续性的绿色左翼或“红绿”理论与实践。这是因为，在由变革激进程度和绿色意识形态构成的环境政治谱系中，“社会生态转型”理论及其实践，既不属于“浅绿”阵营，也不属于“深绿”阵营，而是一种“红”“绿”结合的环境政治模式。正如前文指出的，“浅绿”运动更多强调基于不断进步的科学技术、完善的市场经济框架和渐趋绿化的政府行动等生态现代化手段来实现资本主义体制之内的绿色变革，“深绿”运动更侧重于一种以生态中心主义哲学价值观为核心的新型生态价值观构建和生态公民培

---

① 安东尼·吉登斯：《超越左与右——激进政治的未来》，李惠斌译，社会科学文献出版社，2009年版，第138页。

② 郇庆治：《绿色乌托邦：生态自治主义述评》，《政治学研究》1997年第4期，第80-88页。

养，而“红绿”运动则更看重对(生态)资本主义的剥夺性、反生态经济社会制度的根本性替代，主张社会关系和社会的自然关系构型意义上的本质性改变[①]。总体而言，较为激进的“社会生态转型”理论，都主张一种从根本上对非正义的、不可持续的资本主义社会体制本身进行深刻变革与重塑，也就是实施“大转型”，因而包含着对当代资本主义社会的从主要理念模式到经济社会文化体制、再到一般认知范式与政策话语的综合性变革。因而，“社会生态转型”理论及其实践无疑应属于绿色左翼政治或“红绿”的范畴。

具体而言，在社会层面上，“社会生态转型”的“红绿”质性，主要体现在它力主通过经济、政治、社会、文化、道德等诸多领域的综合性变革而创造一种优于以往的整体性社会状态。换句话说，它严厉批判当代资本主义世界体系之下不公平的社会关系和社会的自然关系构型，拒斥生态资本主义性质的以牺牲其他国家或地区的经济、生态和民主权益为代价的生态非正义行为，努力推动一种社会公正的和合乎生态的生产生活方式，即经济生产是为了满足人类基本需求、政治环境更加民主团结、人与自然关系更加生态和谐的新社会。因而，尽管它并没有明确坚持社会主义或生态社会主义的未来，但在未来变革方向上明显指向对既存政治、经济和文化制度的根本性转型。在生态层面上，“社会生态转型”的“红绿”质性，突出体现在通过社会整体性结构的变革逐步实现人与人、人与自然、社会与自然的和谐共生、良性互动，同时达到人类的自我实现和人与自然的和谐共生的理想状态。也就是说，借助于人与自然关系、社会与自然关系的合理调适，使人类社会的生存环境转向一种更加和谐可持续的宜居状态。需特别强调的是，“社会”和“生态”在“社会生态转型”理论与实践那里，是一个“一体两面”的整体，它们不仅相互促进、相互影响，而且在现实生活中会同时展现为对方。也就是说，生态良好、自然资源可持续利用的社会生态环境，是人类社会的生产、交换与分配关系实现并长久保持公正的重要前提，而社会关系尤其是生产、生活关系的公平公正，又会成为自然生态环境得以理性使用与充分保护治理的重要进路。

总之，“社会生态转型”理论显然应属于绿色左翼或“红绿”阵营中的一部分，而且，它明显具有一种超越特定地理区域或空间的普遍性特征。换言之，

---

① 郇庆治(主编)：《环境政治学：理论与实践》，山东大学出版社，2007年版，第1-2页。

广义上的激进的“社会生态转型”理论并不局限于德奥版本的、以乌尔里希·布兰德等为代表的典型性理论形态，而是还可以涵盖诸如法意西、北欧、北美、拉美以及亚洲等在内的遍布全球范围的一系列激进“绿色转型”思潮(包括理论、运动与组织)——比如除了布兰德范式下的“批判性政治生态学”理论、法意西版本的“去增长”理论、拉美版本的“超越发展”理论之外，还应包含其他一些符合该理论旨趣的绿色左翼理论(尽管目前尚未以此命名)，尤其是已经在明确使用“转型”概念的生态马克思主义或生态社会主义理论、建设性后现代社会理论和社会主义生态文明理论。依此而言，“社会生态转型”理论已经成为当代国际绿色左翼理论中的一个重要组成部分。

(三)转向何处？“好生活”的有机构建

“社会生态转型”概念所关涉的第三个词源学问题，是如何理解作为其基准概念“转型”的内容实指，即转型的对象、目标与路径。

1. 转型的对象：主体与客体

乌尔里希·布兰德指出，“社会生态转型”理论所指称的变革主体，不仅包含了绿色左翼政府、政党与社会组织，还包含了那些具有绿色变革意愿、超越阶级利益的社会团体与激进人士；而它所指称的变革对象或客体，除了广义的生态环境及其构成元素(比如山川、河流、人工环境)，还包括了社会经济性元素(比如人口演进趋势、生产全球化、贸易和金融市场、资源密集型生产和生活方式)。这样一种转型主体和客体的多元性与复杂性，同时承认了生态环境保护治理与社会生态系统内部关系的多维性和复杂性。“当我们仅仅关注生态危机和环境政策时，将很难得到分析其社会危机和政策时可以获得的资本主义发展律令、生产和消费产业形势以及某些‘现代’主体的特定理解。”①也就是说，生态环境治理政策的制定实施，应该把人工环境变化、社会脆弱性和其他生态环境难题的结构、系统、行为因素，以及所有这些背后蕴含着的人类社会、经济、制度、法律、文化、技术等因素，有机整合到一个

① 乌尔里希·布兰德：《生态马克思主义及其超越：对霸权性资本主义社会自然关系的批判》，《南京工业大学学报(社科版)》2016年第1期，第40-47页。

统一的"社会的自然关系"框架之下①，从而实现统一系统内部各层面的协同治理和多层治理。可以想见，这一目标的实现不仅需要一个不断健全的民主社会，还依赖于更加畅通的多学科和跨学科交流。

在众多转型主体中，受到最多关注的是绿色国家、全球绿色左翼联盟与生态公民。比如，罗宾·艾克斯利(Robyn Eckersley)更多强调了"绿色国家"在绿色变革中的积极作用②。她认为，传统国家缺乏生态意识、更加重视国际经济竞争和本国经济发展，而绿色国家却意味着更为强烈与主动的生态责任担当，不仅能够对本国的绿色变革发挥推动作用，而且会对跨国的和全球的绿色变革担负责任。而在乌尔里希·布兰德看来，尽管国家及其所属机构在绿色转型中十分重要，但当国家转型动力不足时就要更多依靠社会自发变革力量，尤其是构建起一个真正能够在全球层面上团结起来的绿色左翼联盟。他认为，全球绿色左翼联盟并不是对于国家角色的补充，而是要在超国家层面上构建一个具有导向深远改革潜能的转型平台。而对于公民个体行为与态度对可持续发展的影响，安德鲁·多布森(Andrew Dobson)给予了更高程度的重视。他认为，公民个体生态价值态度及其培育，对于可持续性目标的实现至少像其他举措一样重要。因而，在全社会培育大量基于非经济刺激动机而采取绿色行动的生态公民，有助于推动绿色的变革发生③。

2. 转型的目标："好生活"愿景

"社会生态转型"理论致力于转向一种实现大多数人解放及生态可持续性的"好生活"愿景。在它看来，只从短期环境治理成效来看，核心资本主义国家所采取的行动与战略确实在取得一定效果，但这种以"生态帝国主义"和"帝国式生活方式"为转型逻辑的"绿色资本主义"，最终导向的将是维护和促进不可持续的、非正义的生产生活方式。因为，它是一种具有高度区域选择性和排他性的绿化，其法条和规则也都是按照核心资本主义国家的发展阶段或理念所制定的。而"社会生态转型"理论所依循的转型逻辑是，在"好生活"

---

① Egon Becker, '*Soziale ökologie: Konturen und konzepte einer neuen wissenschaft*', *in Gunda Matschonat and Alexander Gerber (eds.)*, *Wissenschaftstheoretische Perspektiven für die Umweltwissenschaften* (Weikersheim: Margraf Publishers, 2012), p. 26.

② 罗宾·艾克斯利:《绿色国家：重思民主和主权》，郇庆治译，山东大学出版社，2012年版。

③ 安德鲁·多布森:《绿色政治思想》，郇庆治译，山东大学出版社，2015年版。

(*Buen Vivir*)理念引领下[①]，构建一种超越生产主义与消费主义的、实现多重意义解放的、有吸引力的新生活。

然而，对于“好生活”的具体图景，答案却是多元的。赫尔曼·戴利(Herman Daily)认为，作为一种道路应该是超越资本主义的，生活在其中的人们应该摒弃以占有为目的的个人中心主义生活方式，突破消费主义的禁锢并寻求一种质朴生活，努力挖掘生活的多重价值[②]。在理查德·史密斯(Richard Smith)看来，我们应该转向一种基于人类需求、生态环境需求的非资本主义经济体系、社会体系与价值体系，“我们需要一种切实可行的后资本主义生态经济，一种依靠人民、为了人民，而且生产是为了需要而不是为了利润的经济”[③]。乌尔里希·布兰德并没有描述未来替代愿景的具体样态，而是指出了它所包含的一些必要元素，比如“自主权和自决权、平等和正义、各种工作和生产消费方式的不同实现形式”[④]，在经济上要有为了大多数人利益的生产消费方式，在政治上要民主地塑造社会关系和社会的自然关系，在文化上要构建超越特殊利益集团的价值观。

依此可见，尽管“社会生态转型”理论的变革手段多样、实践路径也不尽相同，但却有着大致相同的解放目标。概括地说，在经济关系上，它要求创建一种超越当前处于主导地位的市场机制模式、雇佣劳动形式等在内的非资本主义经济体系；在社会关系上，它更加强调大多数人的福祉、商品的使用价值以及自然的生态再生产，“合作代替竞争、平等的价值取向及其实践、更多经济规划、生产使用价值占主导地位”[⑤]；在政治权力关系上，它主张承认不同阶层人们的独立身份[⑥]，要求对社会与国际劳动分工进行重组。而这些目

---

① “*Buen Vivir*”是拉丁语，在不同的语境里有不同的意涵，在此表示“美好生活”。

② 赫尔曼·戴利：《可持续发展：定义、原则和政策》，《国外社会科学》2002年第6期，第44-49页。

③ 理查德·史密斯：《超越增长，还是超越资本主义?》，《国外理论动态》2015年第4期，第96-106页。

④ 乌尔里希·布兰德：《超越绿色资本主义——社会生态转型理论和全球绿色左翼德视点》，《探索》2016年第1期，第47-54页。

⑤ Hans Thie and Rotes Grün, *Pioniere und Prinzipien einer? kologischen Gesellschaft* (Hamburg: VSA, 2013).

⑥ 西奥多·阿多诺认为，“自由社会的基础是不因不同而畏惧”(to be different without fear)，这在一定程度上就承认了人们的公民权。

标则意味着，将人们从被剥削的特定劳动关系、将自然从被压榨的特定掠夺关系中释放出来，超越统治与被统治、个体与整体、人类中心主义与生态中心主义的二元对立范式，从而实现人与自然自内而外的生命解放。就此而言，“社会生态转型”理论在制度体系及其转型层面，至少应是拒斥资本主义和“生态资本主义”的，如果算不上激进的社会主义、生态主义或激进“生态社会主义”的话。

3. 转型的路径：有层次、分阶段的有机转型

就转型路径而言，“社会生态转型”理论倡导一种有层次、分阶段的有机转型。具体来说，它既是一种建立在人的最基本权利得以实现基础上的可持续发展战略，也是一个同社会实践密切结合的、分阶段实施的替代性变革路径。因而，要想对“社会生态转型”概念有更好的理解，就要“回答如何将那些想象中的未来与当前社会现状结合起来”①，即更好地理解其战略的历时性维度。一般而言，人类社会的转型规模结构可以划分为三个层面，宏观层面主要涉及社会形态的本质性、方向性改变；中观层面主要涉及在同一社会形态下，社会生活在政治、经济、社会、文化、道德等领域中所发生的从“传统”到“现代”的整体性、结构性变动；微观层面主要是指人们在社会生产中具体组织关系与社会关系的调整，即“社会局部的人口结构、家庭结构、组织结构、消费结构、阶层结构等的变化”②。作为一种转型规划，“社会生态转型”的短期目标强调，人们应该在行为实践中做到生态消费、绿色出行、循环使用生活资料，在主观意识上通过“学习和工作”不断构建一种可以代表整体利益的“集体意愿”(collective will)，即为了“公益的共同体”(community for the common good)的集体意愿③。在中期目标方面，它主张推动国家、团体或其他社会组织积极践行能源转型、经济转型、技术转型，逐步构建“去发展”范式之下的意识形态，并在此基础上形成“全球绿色左翼联盟”。而它的长远目标则是，在社会整体上形成一种解放性的基于社会公正与生态可持续的“好生

① Hans Thie and Rotes Grün, *Pioniere und Prinzipien einer? kologischen Gesellschaft* (Hamburg: VSA, 2013).

② 李培林：《另一只看不见的手：社会结构转型》，《中国社会科学》1992年第5期，第3-17页。

③ 阿克塞尔·霍耐特：《为承认而斗争》，胡继华译，上海世纪出版社，2005年版，第95页。

活”社会形态。

可见，“社会生态转型”理论既注重中、微观层面上的转型实践，也关注整个社会的经济、社会、政治、文化、道德等各方面的长期性深层次变革。它认为，在新型社会生产关系和社会的自然关系呈现出来之前，人们可以从日常“学习—实践”层面创建新型社会生活方式并提高自己的伦理道德素质，以便为后来的社会结构性变革做准备；绿色经济转型、能源转型、科技转型以及整个社会的“去增长”发展范式的确立，是逐渐构建起“好生活”平台的必要步骤和行动方案；相应地，“好生活”平台又会反过来作为一种价值导向引导中短期目标的实现。这三个层面的转变可以自然地融入整个社会生态系统转型的“短、中、长期阶段发展规划”[①]。因而不难看出，“好生活”图景的构建，不仅是过程性的(近、中、远期规划)，更是有机性的(微观、中观、宏观转型相结合)，最终统一于“社会生态转型”的整体过程。

(四)作为一个伞形概念和分析框架的生成

基于上述术语学解析，我们可以把“社会生态转型”伞形概念的核心意涵概括为如下三个层面。其一，在哲学基础上，它坚持一种弱“人类中心主义”或准“生态中心主义”的自然价值观，主张不同国家和地区应依据自身发展状况而采取或强或弱的绿色态度与立场；其二，在政治意识形态上，它坚持采取相对激进的社会结构性变革，严厉批判当下资本主义的主导性范式(资本主义性质生产和分配、生态帝国主义和帝国式生活方式)，主张走向一种“绿色左翼”的替代选择；其三，在实践指向上，它坚持采取以合乎生态的方式转向低增长甚至去增长，以社会公正的方式合理分配自然资源与物质财富。这其中，前两者的融合意味着一种既“红”又“绿”的革命性变革，同时遵循环境友好和社会公正的政治原则与转型逻辑；而后者又调和了“转型”与“革命”之间的矛盾，希望在具体的转型实践中通过积累量变，为质变的到来提供物质和思想准备，并把社会主义或生态社会主义的元素融入整个转型实践中去(尽管并未明确声称是社会主义)。

---

① 凯文·安德森(Kevin Anderson)教授2019年1月24日在牛津大学气候变化发展中心的演讲中提到，可以将“社会生态转型”理论的规划分为“短、中、长”三个阶段，每个阶段都与其他阶段互相融入并紧密相连。

近年来，“社会生态转型”已经由一个伞形概念或元概念逐渐扩展成为一个理论分析框架和理论谱系，明确包含了对资本主义社会条件下生态环境困境或危机的系统性批判、对其社会关系和社会的自然关系及其组织构型与价值观念基础的变革主张或“替代愿景”、实现这一绿色政治变革的政治议程和战略选择等三个构成性元素。为了便于理解，我们还可以将这三个方面或元素描述为一个更为形象直观的伞状结构示意图①(图 6-1)。“社会生态转型”理论及其实践，不仅同时需要基于对“好生活”理念的时代重塑和对“社会公正”与“生态可持续性”原则的融合坚持，还有赖于在全社会的政治、经济、社会、文化、技术等各个层面的实践推动，从而呈现为一种覆盖范围广、变革力度大、分阶段实施的整体性有机性变化图景。

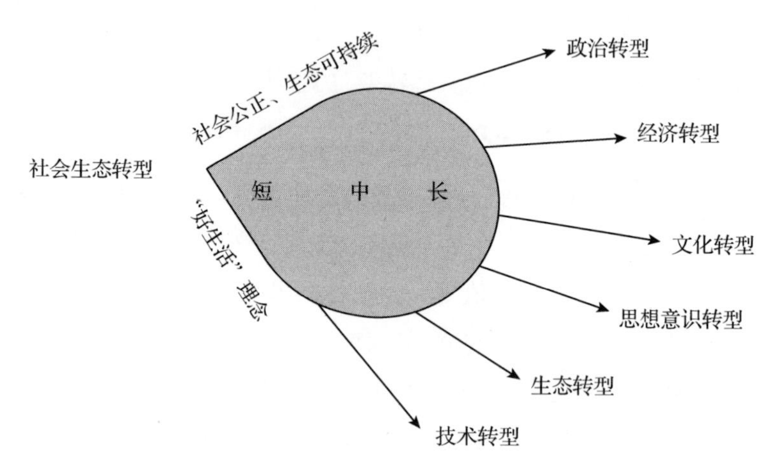

图 6-1 “社会生态转型”理论伞状示意图

二、布兰德“社会生态转型”理论范式的现实困境

如前文所述，“社会生态转型”理论是围绕着对这一伞形概念的一些共识性认知与理解建构起来的，尤其是对于资本主义社会及其全球化的反生态性质的批判和对于基于社会公正与生态可持续性原则的综合性绿色变革的政治追求。但作为一个环境政治学理论和绿色左翼理论学派，它并不限于欧洲大

① 这种伞状结构最早由乌尔里希·布兰德提出，但只是作为一种对“转型”概念的简单介绍，并没有给出详细说明。

陆的德奥地区，也不是仅仅只有狭义的激进“社会生态转型”支派，而是有着更为普遍性的、具体意涵也更为复杂多样的理论形态，比如欧美语境下的“去增长”“超越发展”“生态经济学”等新兴理论主张或战略。但目前来看，环境政治学视域下关于激进“社会生态转型”理论的研究，更多是依托于乌尔里希·布兰德创新性提出的“批判性政治生态学”，在我国学界尤其如此[①]。

乌尔里希·布兰德是激进“社会生态转型”理论的主要构建者，并为该理论的不断拓展和国际传播做出了重要贡献。他最先提出了“社会生态转型”理论的伞状结构阐释，强调当代资本主义世界体系下的不平等社会关系和社会的自然关系构型是造成生态环境困境的根源与问题解决障碍，因而“转型”的关键就在于对当今世界的社会关系和社会的自然关系进行结构性重建。他的环境政治思想主要体现在对“绿色资本主义”“帝国式生活方式”“生态帝国主义”等议题的系统性批判之中，并在内容结构上构成了一种相对完整的“批判性政治生态学”理论[②]。当然，并不能因此就认为，布兰德的理论范式是唯一的激进“社会生态转型”理论形态，更不能简单用德奥版本的“社会生态转型”理论来概括阐释欧洲大陆其他国家或之外地区的“红绿”转型运动。更为重要的是，布兰德版本的“社会生态转型”理论还明显存在着理论目标与现实起点之间的过大差距和一般意义上的动力机制难题。

（一）回避结构性变革：激进目标与渐进变革进路之间的矛盾

可以想见，乌尔里希·布兰德理论范式所遭遇的第一个难题，就是激进转型目标和渐进式变革进路之间的矛盾。正如前文已阐明的，布兰德的“批判性政治生态学”，作为一种激进版本的“社会生态转型”理论，明确主张超越当下资本主义的社会关系和社会的自然关系，民主地利用自然资源和公平地分配社会福利。这意味着，“社会生态转型”不仅需要将人与自然关系从资本主义的双重压迫中解放出来，使得人们能够选择符合自身本性的发展目标与方

---

① 笔者通过中国知网精确搜索主题词“社会生态转型”，共检索到中文版文章 10 篇，其中 8 篇是基于对乌尔里希·布兰德“社会生态转型”理论的评介或相关论述；通过百度学术进行同样搜索，检索到中文文章 6 篇，都是基于乌尔里希·布兰德“社会生态转型”理论的评介或相关论述。

② 对于乌尔里希·布兰德“社会生态转型”理论的概括与评述，参见郇庆治：《布兰德批判性政治生态理论述评》，《国外社会科学》2015 年第 4 期，第 13–21 页；贾雷：《布兰德社会生态转型理论述评》，《中国地质大学学报(社科版)》2016 年第 5 期，第 64–71 页。

式，使得自然不再仅仅以人为价值中心而存在，还需要通过改变现行的社会关系和社会的自然关系，从而带来包括经济、政治、社会、文化、生态等领域在内的整体性全面深刻转型。可以说，这种激进性清楚地体现在他对当代资本主义或“生态资本主义”和“帝国式生活方式”的严肃批判中，因而已经十分自然地接近于走向资本主义生产和分配非正义、不平等国际权力关系与不可持续性生产生活方式的对立面，也就是社会主义或生态社会主义的未来制度框架。然而，布兰德一直没有明确承认自己的生态马克思主义理论取向或生态社会主义未来选择。结果是，这不仅弱化了他的“批判性政治生态学”的阐释力度，而且使得他的“绿色左翼”意义上的未来转型更多停留在理论层面。

之所以会是如此，恐怕同时有着主客观两个方面的原因。就客观方面而言，各类转型主体的确表现出了对于“革命性变革”的犹豫、观望或回避心态与立场。在国内层面上，尽管整个社会架构的不公平、非正义本性和反生态性质，主导性的社会阶级与利益集团仍可以相对稳定地维持其社会政治统治——或者通过已经渗透到社会各个层面与角落的政治、政策与话语霸权，或者借助于不时提出的更多是渐进改良性质的利益调和举措，从而在根本上制约着任何真正革命性变革意义上的社会政治想象；在国际层面上，长期存在的不平等国际经济政治秩序不仅使得外围国家一直扮演着资本主义核心区域的“劳动力供应地”“商品倾销地”“自然资源获取地”和“废弃物吸纳地”等依附性角色，而且这种等级化架构还在多重意义上消解着核心区域和外围国家民众的革命性变革能力、愿望和意识。尤其是对于广大发展中国家来说，“没有国际维度上的实质性改变国内维度上的革命性变革也难以奏效”①。因而，“好生活”的理想追求与社会现实中的各种僵硬而强大结构性障碍之间的巨大反差，的确是一个实实在在的问题。

就主观方面来说，作为一个更偏向于理论层面的绿色左翼学者，乌尔里希·布兰德清楚地意识到了许多目前尚未达成理论共识的问题，比如如何理解实践中的转型观念、如何评估转型的成效，以及转型在危机风险管理、政策和实践中的作用等。但也确实存在的是，他有意无意地回避了理论上必须

① 《超越发展：拉丁美洲的替代性视角》，郇庆治、孙巍等编译，中国环境出版集团，2018 年版，xii。

面对的结构性转型问题，而是过分关注于当权者与普通大众如何形成一种超越特定阶级的“共同价值”。他假定了“渐进式变革”具有“导向深远变革的潜能”①，而这一假定的前提是有一种“好生活”信念的引导作用。然而，这一逻辑自洽的表述，却无法真正解决现实中很可能存在的激进的“社会生态转型”理想追求与狭隘的“生态现代化”政策举措之间、“好生活”的未来乌托邦与和平渐进的改良主义进路之间的对立甚或冲突。也就是说，激进的“社会生态转型”和“好生活”理念，几乎必然意味着现存世界的革命化，但他却在很大程度上回避了对于如何从整体上改变现存世界的深入探讨。

（二）动力机制难题：全球绿色左翼联合行动困境

乌尔里希·布兰德理论范式所遭遇的第二个挑战是全球绿色左翼联合行动困境。如前文所述，布兰德正确地认识到，一种真正有效的激进“社会生态转型”必须是在全球层面上发生，而基于团结和合作的“全球绿色左翼联盟”将会扮演举足轻重的角色。在他看来，作为转型进程中不同倡议的发起者和推动者，这一联盟应该为了解放事业而克服自己狭隘的“经济—社团主义”，“致力于改变政治和经济制度，推动文化制度朝着解放性的方向发展”，逐渐改变和削弱剥夺性的社会生产生活方式及其背后的权力关系和意识形态。这其中的具体切入点是，既要加强不同国家之间以及相关主体的转型目标的一致性，又要通过“学习和工作”培育新一代生态公民②。

布兰德之所以强调全球绿色左翼联盟的重要性，是由于他看到了当前主权国家在转型中令人失望的表现。在他看来，国家作为一种物质性的社会制度，确实可以通过官僚制、法律、金融、话语体系和议程确定等方式来处置某些社会问题。但在资本主义社会条件下，国家转型的目的是维系和稳定当下的社会生产方式及其成果的私人占有，并通过社会分工、阶级关系确定、资本主义关系再生产以及对社会力量平衡和社会价值取向的控制，进一步服务于资本主义制度本身，而这种社会权力关系构型就决定了，它的规制框架

① 乌尔里希·布兰德：《作为一种新批判性教条的“转型”》，《国外理论动态》2016年第11期，第88-93页。

② 维克多·沃里斯：《交互性的粘合剂：阶级的政治优先性》，《国外理论动态》，2018年第2期，第59-69页。

并不具有主动自我反思的能力。应该说，布兰德正确地认识到了当前主导性权力关系对于任何转型框架及其执行结果的严重束缚，但也许就因此高估了资本主义世界经济体系下建立全球左翼联合行动的可能性。

一方面，随着全球化进程的不断扩展与深入，全球层面上进行抗议主体联合行动的意愿和机制正在不断弱化。资本的流动性将工人的衣食住行牢牢地捆绑在"帝国式生产和生活方式"框架之下，大大增加了某一地区劳工被"全球劳工套利"的风险[①]。全球资本特别是人力资本的无障碍流动大幅度扩大了工人后备军队伍，而低成本的可替代性极大地削弱了个体工人的权利，也严重拉低了个体"超越资本和纯粹雇佣劳动的新型生产关系和雇佣制度"的意愿和可能性[②]。另一方面，被绑缚在工业化锯齿下的潜在变革主体或阶层间的界限变得越来越模糊，而各阶层内部的目标一致性也在不断地被削弱。比如，后福特主义既促进了职业多元化，也增加了不同利益主体就同一件事形成利益共同体的难度；而福利收紧政策强行在原属于同一阶级的人们之间进行产品差异分配，弱化了劳工达成共同利益诉求的信心。不仅如此，普通大众绿色意识觉醒与情感上对"帝国式生活方式"及其意识形态依赖之间的冲突，也会导致人们对"社会生态转型"目标有着不同的期望。结果是，在最有可能实现联合行动的领域——传统左翼政治与绿色运动相结合，也在遇到更多的现实困难和阻力。

三、简要评论

综上所述，对"社会生态转型"这一伞形概念的术语学解析，不仅可以帮助我们在更准确地理解其构成性词汇含义的基础上把握其整体性意涵，还可以更为清楚地了解它作为一种绿色左翼理论的现实挑战潜能。乌尔里希·布兰德理论范式下的激进"社会生态转型"或"批判性政治生态学"，有助于我们更好地认识当代欧美国家绿色转型或"绿色新政"的政治经济本质，特别是随

---

① 资本借助越来越强的流动性，可以使工人变得更听话，因为他们会时刻担心自己的工作被外包到那些工资和其他生产成本都更低的国家与地区。这在金融领域被称为"全球劳工套利"。

② 弗雷德·马格多夫、约翰·贝拉米·福斯特：《美国工人阶级的困境》，《当代世界与社会主义》2015年第3期，第112-118页。

着资本主义社会进入一个可称之为“绿色资本主义”的新阶段之后，国际绿色左翼应该如何通过转向一种新型的“转型左翼”来更积极发挥抗衡资本主义制度及其文化价值的作用。

然而，布兰德的理论范式及其主要观点的局限性也是显而易见的，尤其是明显存在着理论目标与现实进路之间的内在张力和转型主体虚弱无力意义上的一般动力机制难题。一个最大的问题是，他的理论分析结论和现实政治指向之间，似乎存在着一种明显的“裂缝”，而正是这一“裂缝”使得其很难成为或促进内外一致意义上的“社会生态转型”理论与实践。一方面，作为一种新时代的社会批判理论，布兰德在理论向度上有着十分明显的激进社会政治主张，因而与“左翼”政治传统和意识形态有着较强的刚性联系；但另一方面，作为一种新政治战略规划，他在实践向度上又力主摒弃明确的“左右”政治区分，希望走一种渐进式的转型之路，从而使得许多方面很难与日益主流化的“生态资本主义”政治与政策(特别是生态现代化)区分开来。时至今日，他仍然不接受对资本主义社会的政治经济学与政治生态学批判，将会不可避免地导向一种生态的社会主义的未来①。

那么，我们应如何对待以乌尔里希·布兰德为代表的激进“社会生态转型”理论呢？笔者认为，一个适当的方法是将其视为更为宽阔的“社会生态转型”理论视野或图谱的一部分。然后，我们就可以明确，布兰德的“批判性政治生态学”或德奥版本的激进“社会生态转型理论”确实有着值得充分肯定的一般性理论贡献。一方面，无论是“好生活”理念的深刻反思与重构，还是对于社会公正与生态可持续性原则的坚持，都是对于当代资本主义包括各种形式的绿色资本主义或生态资本主义进行严肃分析所必然得出的正确结论，也是任何一种激进或进步的“社会生态转型”理论所必须恪守的政治选择。另一方面，至少就核心欧盟国家特别是德奥地区的现实情况来看，建立在政治与经济、科技、管理较为充分结合基础上的“生态现代化”战略与实践确实带来了一些积极的效果，而这进一步凸显了资本主义社会条件下依然存在着的社会与生态环境治理继续取得进展的现实空间。

① 乌尔里希·布兰德、马尔库斯·威森：《资本主义自然的限度：帝国式生活方式的理论阐释及其超越》，郇庆治等译，中国环境出版社，2019年版。

当然，也正因为如此，它只是一个产生于特定区域的或呈现为特定形态的激进"社会生态转型"理论，而远不是全部。比如，即便在欧美国家范围内，我们也应注意到，近年来法国、意大利、西班牙等国家中主张消除资本主义社会中过度生产和过度消费的意识形态与社会实践，已经发展出了一套体系相对完整的"去增长"理论[1]，致力于通过发展绿色科技和引入新的绿色经济核算方式从而转型成为一种低碳、可持续的社会形态；拉美国家则基于自身的经济社会条件，主张"超越发展"，以便最终走上一条"发展替代"而不是"替代性发展"的新型道路[2]。作为"绿色左翼"理论与实践重镇的英国，不仅出现了老一辈的诸如戴维·佩珀(David Pepper)、特德·本顿(Ted Benton)等生态马克思主义或生态社会主义的代表人物，还出现了诸如乔纳森·休斯(Jonathan Hughes)、安德鲁·多布森(Andrew Dobson)及乔治·孟比亚(George Monbiot)等新生代代表人物，而在实践层面上，英国不仅具有十分丰富的政府生态环境治理经验，还是第一个拥有绿党和最早形成环境社会运动的国家。最后但必须提及的是，我国近年来迅速兴起的社会主义生态文明理论与实践研究，也可以置于本文所阐释的广义的"社会生态转型"伞形概念与话语体系之下，而且会因为中国特色社会主义的独特背景与语境而实质性拓展我们的既有认知和理解。

（作者单位：北京航空航天大学马克思主义学院）

---

① 赛德：《经济"去增长"、生态可持续和社会公平》，《国外理论动态》2013年第6期，第96-101页。

② 马里斯特拉·斯万帕：《资源榨取主义及其替代性选择：拉美的发展观》，《南京工业大学学报(社科版)》2017年第1期，第61-72页。

第七章
德国绿色左翼政党话语中的绿色转型

王聪聪

内容提要：德国绿党的“绿色政治”深刻改变着国家各个层面上的政党竞争格局，社会民主党、左翼党都在不同程度上走向了“绿化”，尽管它们对“绿色转型”的理论阐释和关注程度并不相同，生态可持续性只是绿党的核心性政治关切。绿党“绿色转型”主张的要旨是通过生态现代化实现经济的社会生态转型，从而保护所有生命的自然基础；社会民主党希望主要通过“可持续发展”和“有质量的增长”来实现经济的绿化；左翼党则强调通过“社会—生态重建”来同时实现社会正义和环境保护。在德国左翼政治图谱下，三个政党“绿色转型”的共同点是对绿色议题中社会正义维度的更多关注。而与绿党的“绿色新政”、社会民主党的“有质量的增长”相比，左翼党的“社会生态转型”理论或战略有着更加完整意义上的政治意识形态意蕴。

关键词：绿色转型，绿色左翼，绿党，社会民主党，左翼党近些年来，“转型”再次成为国际学术界、智库、国际组织所关注的热门术语，比如达沃斯世界经济论坛 2012 年的主题就是“大转型：塑造新的模式”、联合国开发计划署所提出的“绿色技术大转型”，以及由欧洲绿党倡议的“绿色新政”等，而欧洲学术界也围绕“社会大转型”就能源和自然资源议题展开了激烈争论。“绿色经济”“绿色转型”“绿色新政”和“绿色增长”等，被看作是解决生态环境保护和经济增长“两难悖论”，实现经济、生态与社会共赢的最优方案。这些绿色转型话语，不仅在学术界、政府中被热烈讨论，甚至成为许多政党的政治共识。可以说，除了欧洲绿党对“绿色新政”的持续关注与推动外，几乎所有左翼政党都实现了某种程度的“绿化”，而“绿色转型”也日渐成为欧洲左翼政党关于未来社会激进政治愿景的标志性口号①。在绿色议题政治化的进程中，相近的意识形态立场使得左翼政党对绿色政治的回应更加积极，但严格说来，绿党、社民党和左翼党对“绿色转型”话语的建构和阐释有着各自的特点与偏重。因而，我们应如何理解欧洲绿色左翼政党的“绿色转型”话语的相似性和异质性，它们又在多大程度上形塑着左翼政党的政治和政策实践，本文将以联邦德国为例，通过对三个左翼政党即绿党、社会民主党和左翼党的“绿色左翼政治”的解读，对上述问题做出初步分析。

一、德国绿党的“绿色新政”

1. “新政治”政党

德国绿党虽然不是第一个获得全国议会代表席位，也不是第一个进入联邦政府执政的西欧绿党，但它无疑是欧洲最为成功的绿党之一。作为“绿色政治”的代言人，绿党以生态学为基础构建起了区别于其他既存政党的政治意识形态和价值观，提出了一系列旨在实现社会绿色变革的系统政治主张，希望超越传统“左右政治”。创建之初，德国绿党提出了绿色政治的四大原则：生态可持续性、基层民主、社会正义与非暴力。2002 年修订的《柏林纲领》将生态可持续性、基层自决、社会平等和有活力的民主，确定为新时期德国绿党

① 郇庆治：《欧洲左翼政党谱系视角下的“绿色转型”》，《国外社会科学》2018 年第 6 期，第 42-50 页。

的核心价值观。“绿色政治”是欧洲绿党最显著的形象标签和主要诉求，作为其核心的绿色政治意识形态反思与质疑工业社会的进步观念。在生态运动出现之前，主流政治和经济政策往往无视“增长的极限”，信奉“增长即进步”的理念。正如19世纪和20世纪的社会主义运动对工业资本主义的撬动一样，绿色和生态运动将生产与生活方式的绿色革新纳入政治议程，而绿党则把保护生活的自然基础变成人们日常辩论的话题。在德国绿党看来，工人运动成功地为市场机制确立了一个社会规制框架，而绿党的使命则是为全球经济确立一个生态规制的框架，通过在国家层面和国际层面上建立有约束力的生态目标，将可持续性原则作为大众生活方式和社会经济制度的基石①。

德国绿党《柏林纲领》列举了面向2020年的12个议题领域或项目，其中包括绿色能源政策、生态交通、农业政策、社会保障、市场经济、女性政策和欧洲政策等。该纲领指出，对生活自然基础的保护是德国绿党的核心政治关切，“作为一个生态政党，我们的目标是保护被工业化过度开采和资源过度利用所威胁的生活的自然基础”②。因而，德国绿党的重要目标是建立合乎生态和社会原则的市场经济，即一种生态现代化的经济体系，使现代经济政策向可持续、生态适宜和社会公正的经济体系转型。在绿党看来，生态学为现代市场经济开辟了重要的增长领域和就业机会，但政府需要为市场机制设定清晰的生态框架。在此基础上，德国绿党呼吁实施生态税改革，在税制体系中增加对自然生态和环境的考量。2018年4月，德国绿党启动了以“新时代、新答案”为主题的基本纲领讨论，而这一活动持续到2020年11月。这次辩论的主题包括六大领域③：生态学的新问题(人工环境中的人)，经济和社会政策中的新问题(作为资本的人，还是资本服务于人)，数字化时代的新问题(人和机器，还是作为机器的人)，科学、社会和生物伦理学的新问题(人与生命)，欧洲、外交、安全、发展和人权政策中的新问题(混乱世界中的人)，多

---

① Alliance 90/The Greens, *The Future is Green: Party Program and Principles for Alliance 90/The Greens* (Berlin: 15-17 March 2002).

② Alliance 90/The Greens, *The Future is Green: Party Program and Principles for Alliance 90/The Greens* (Berlin: 15-17 March 2002).

③ https://www.gruene.de/ueber-uns/2018/alle-informationen-zum-programmprozess.html(accessed on July 28, 2018).

元社会中的新问题(人与人)。2020年通过的新纲领，则把《柏林纲领》的第一句话——“我们政策的核心是人的尊严和自由”修改为“绿色政治将使个人生活，更确切地说所有人的生活，变得更加美好”。

2. 现实主义政治转向与“绿色新政”

随着党内激进生态分子或“基要主义者”在1991年的离开，德国绿党逐渐远离其生态激进主义的政治定位，从一个反体制政党转变成为一个左翼改革政党，也就是成为既存政治体制的一部分。德国绿党希冀通过实施长期性的改革战略来实现其政治目标和政治愿景，但以左翼进步主义来强化“正前方”理念则意味着绿党对原初政治议程的偏离①。在德国绿党看来，如果没有当初“激进的、不同的”政治理念，也就不可能取得今天的如此成就，“改变我们角色定位的最重要的原因，来自过去20多年议会外斗争的成就或结果。我们最初作为局外人提出的话题，如今已成为社会关注的焦点。尽管没有被完全贯彻落实，生态责任已被看作是任何面向未来政策的基石”②。

绿党的“去激进化”和向“新绿色实用主义”的政治转向，为“红绿”联盟和其他形式的政治联盟奠定了重要基础。从1980年代起，绿党作为较小伙伴参与联邦州和地方政府已成为政治常态。1998年，德国绿党第一次实现了进入联邦政府执政的目标，与社会民主党联合执政。绿党执政的主要政策目标和议题包括德国“双重国籍”法改革、分阶段消除核能、引入生态税等。事实上，在“红绿”联盟中的弱势执政党地位和较为狭窄的政治空间，使得绿党很难落实其绿色政策倡议。“绿党不仅受制于从一个政治弱势地位进行联盟谈判和管治，还受到德国宪法中错综复杂的监督和平衡制度的限制。”③联邦政府中的绿党在一些关键性政治议题上的妥协，也使得它遭遇了前所未有的身份认同危机。许多批评者提出质疑，比如执政后的绿党是否还拥有“绿色初心”，绿党是否已成为一个机会主义政党？2005年大选之后，绿党在德国政坛依然拥有

① Ingolfur Blühdorn, “‘New Green’ Pragmatism in Germany - Green politics beyond the social democratic embrace?” *Government and Opposition* 39/4(2004): 564-568.

② Alliance 90/The Greens, *The Future is Green: Party Program and Principles for Alliance 90/The Greens* (Berlin: 15-17 March 2002).

③ 费迪南·穆勒—罗密尔、托马斯·博古特克(主编):《欧洲执政绿党》，郇庆治译，山东大学出版社，2012年版，第107页。

较为稳定的选举支持，在2013年和2017年举行的联邦议会选举中，分别获得了8.4%和8.9%的选票。尤其是，2016年柏林市选举之后，绿党与社民党、左翼党组建了“红红绿”联盟政府。在同年的巴登—符腾堡州选举中，绿党获得了30.3%的选票，成为巴符州议会第一大党，并最终与基督教民主联盟党组阁，“黑绿联盟”在联邦州层面上再次成为现实。总体而言，德国绿党向现实主义战略的转向和执政经历，并没有彻底动摇其绿色身份认同和政治性质，反对核能、环境和生态议题依然是绿党最核心的政治关切。但近些年来，除了生态环境保护外，德国绿党已在趋向一个议题广泛的涵盖政治、经济、文化、社会等方面的左翼政治变革议程。

面对全球金融危机和欧洲债务危机，欧洲绿党在2009年的欧洲议会选举中制定了题为“欧洲绿色新政”的选举纲领，希望通过欧洲版本的“绿色新政”（Green New Deal）来塑造一个负责任、稳定和可持续发展的未来[①]。欧洲绿党将“绿色新政”战略视为对欧洲占主导地位的新自由主义方案的真正替代，致力于建立一个在经济、社会和环境可持续性基础上保证其公民享有良好的生活质量的团结一致的欧洲，一个为其公民而不仅仅是狭隘的工业利益服务的真正民主的欧洲，一个为绿色未来而行动的欧洲。此后，欧洲绿党在诸多政策文件和纲领中阐述了以“绿色新政”为核心内容的欧洲愿景规划，比如2011年欧洲议会绿党党团的研究报告《资助绿色新政：创建一种金融体制》、2014年欧洲议会选举纲领《改变欧洲、选择绿党》和2019年的欧洲议会选举纲领等。

欧洲债务危机之后，德国绿党也将“绿色新政”为主要内容的“绿色转型”作为其核心倡议。在2013年举行的德国联邦大选中，绿党强调，“我们是时候推进绿色变革了”。绿党希望建立一个更多地关注人而非市场的经济体，一个惠及所有人而非少数人的经济体，一个以可再生能源代替石油、煤炭、核能和天然气的经济体。“我们的经济应该为所有人创造繁荣”“如果增长是以环境破坏和不公正为代价的，它只能让我们在底线上变得更穷”[②]。在此基础上，

---

① The European Green Party, *A Green New Deal for Europe: Manifesto for the European Election Campaign* 2009 (Brussels: EGP, 2009).

② Bündnis 90/Die Grünen, *Zeit Für Den Grünen Wandel: Bundestagswahlprogramm* 2013 (Berlin: Bündnis 90/Die Grünen, 2013).

绿党呼吁建立一个包含社会和生态维度的衡量财富与生活质量的新指标体系。与此同时，德国绿党还致力于通过能源转型推动“绿色变革”，呼吁德国必须尽快关闭最后9座核电站并关闭燃煤电厂，从而向世界展示一个成功的工业化国家如何实现气候友好型的能源转型。“到2030年，我们希望实现电力领域100%的可再生能源供应；在建筑和供暖领域，我们的目标是到2040年实现100%的可再生能源。”①

在2017年德国联邦大选中，绿党制定了题为《以勇气塑造未来》的选举纲领，呼吁建立一个生态、和平、多元化、国际化和公平的未来。绿党认为，德国的大联合政府正在使国家陷入瘫痪，更为重要的是加速了社会政治领域中右翼势力的崛起。因而，人们需要真正的政治选择，“让我们的国家更加生态化、国际化和公平——这是我们对绿色政府参与的渴望”②。该纲领重申了绿党致力于建立可持续发展的经济，保护生命的自然基础，防止盲目增长而无限制破坏地球，实现所有人和平、安全和美好生活等绿色政治主张，并强调当前时代的迫切任务是经济的社会生态转型。绿党强调指出，工业社会的生态现代化是绿党一贯的政治诉求，它不仅可以防止生态环境的进一步破坏，还能提供新的劳动就业。在绿党看来，生态现代化和绿色政治的实现，需要公民、工程师、政府、企业家等社会不同主体的共同努力。例如，政府可以通过公共部门的现代化以及通过绿色经济政策来设定产品标准、门槛以及二氧化碳减排标准等，为生态现代化建立绿色框架，而创新型企业家和发明家也是绿色变革的先驱，他们的产品和服务可以导向一种新的可持续的经济繁荣模式，并促进所有行业产业的绿化。

整体而言，德国绿党的“绿色转型”方案或“绿色新政”，体现为一种综合性的“绿色化”工程。除了核能退出、自然环境保护、绿色经济、生态农业、气候政策、绿色交通与能源转型等生态关切外，绿党还致力于打造一个社会公正的可持续社会，即一个性别平等、人人都可以自由而安全生活的社会和一个社会保障体系完善的社会。

---

① Alliance 90/The Greens, *The Future is Green*: *Party Program and Principles for Alliance 90/The Greens* (Berlin: 15-17 March 2002).

② Bündnis 90/Die Grünen, *Zukunft Wird Aus Mut Gemacht*: Bundestagswahlprogramm 2017 (Berlin: Bündnis 90/Die Grünen, 2017).

二、德国社会民主党的“绿色转型”

1. 基本纲领的绿化

1980 年代初，由赫尔穆特·施密特(Helmut Schmidt)所代表的德国社会民主党的保守派对“新政治”运动并不重视，过分强调经济政策、核能政策、反恐政策以及新北约部署导弹政策，疏远了具有后物质主义价值倾向的年轻人。在一些学者看来，德国绿党的政治突破在很大程度上源于既存政党对“新政治”需求回应不足，特别是当时执政的社民党/自民党联盟政府对核武器竞赛和环境保护等新议题的无视[①]。从 1982 年开始，社会民主党远离施密特的保守主义，逐渐进军绿党的政策领域。在 1986 年纽伦堡代表大会上，社会民主党确立了反核能的政策主张。但此时该党政策的“绿化”，并没有成功吸引后物质主义的新左翼群体，反而造成了纲领政策的混乱。1987 年大选中，社会民主党的候选人约翰内斯·劳(Johannes Rau)依然呈现为传统的社会民主主义形象，而绿党却因切尔诺贝利和瑞士山德士化工厂事故而显著增加了选票。

经过 5 年的激烈讨论，德国社会民主党在 1989 年柏林代表大会上通过了新的跨世纪的纲领——《柏林纲领》。“纲领的主要思想是要促成一个广泛的改良联盟，它能使新的社会运动，一部分开明的主张技术统治的精英分子和传统的社会民主主义联合起来，创造一个对生态和社会负责的社会。”[②]新党纲提出了经济的“生态现代化”和“有质量的增长”政治术语，主张通过发展清洁技术实现经济发展与生态环境保护的双赢，这一绿色吁求得到了“化学工人工会”的支持，并成为之后该党纲领革新的核心内容之一。该党纲明确指出，对自然环境的损害将加剧社会不平等，因而，生态重建的目标是“废除损害环境的产品、生产和系统，而代之以环境友好型产品和生产方式；加速必要的技

① Thomas Poguntke, *Alternative Politics*: *The German Green Party* (Edinburgh: Edinburgh University Press, 1993).

② 托马斯·迈尔:《社会民主主义的转型—走向 21 世纪的社会民主党》，殷叙彝译，北京大学出版社，2001 年版，第 130 页。

术创新；推动循环经济；污染修复……”①。

从1990年开始，社会民主党真正将自已视为一个进步改革政党，吸纳一系列由绿党所垄断的政治议题②。特别是在“新左翼”政治领袖奥斯卡·拉封丹(Oskar Lafontaine)支持下出台的社会—生态取向的“进步90”(Progress 90)宣言，代表了社会民主党绿化进程的高峰。然而，这一时期社会民主党的纲领政策革新被“两德”统一议题所冲淡。2007年10月，社会民主党在汉堡党代会上通过了新纲领——《汉堡纲领》。该党纲重申了社会民主党自由、正义与团结的基本价值观，并指出，“面对21世纪的挑战，面对全球化和生态危机，我们认为，可持续性是政治、经济行动中唯一核心性的基本原则。可持续原则意味着，从未来的角度思考问题，反对短期行为的优先地位，以及纯粹企业经济逻辑意义上的经济主导性；可持续原则意味着，将社会塑造政治、民主多样性、生态可持续性、社会融合和文化参与的理念作为社会民主主义政策的指导性思想”③。在《汉堡纲领》中，社会民主党的主要绿色政策倡议是“可持续发展”和“有质量的增长”，并强调，“可持续的进步意味着经济活力、社会正义和生态责任的有机结合。这要求有质量的增长以及资源消耗的减少”④。在社会民主党看来，21世纪的社会市场经济是实现“可持续发展”和“有质量的增长”的基本保障。

2. 社会民主党的“绿色转型”

社会民主党自20世纪80年代中后期开始对生态、女性议题的政治回应，特别是纲领政策的“绿化”和对“红绿”联盟政府形式的接受，为与绿党的执政合作奠定了思想基础和组织基础。1985年，在德国黑森州社会民主党与绿党组建了第一个“红绿”联盟政府以后，“红绿”组合模式也相继出现了在其他联

① Sozialdemokratische Partei Deutschland, *Grundsatzprogramm der Sozialdemokratischen Partei Deutschlands* (Berlin: SPD, 1989).

② Ingolfur Blühdorn, “‘New Green’ Pragmatism in Germany-Green politics beyond the social democratic embrace?” *Government and Opposition* 39/4(2004): 564-568.

③ Social Democratic Party, *Hamburg Programme: Principal Guidelines of the Social Democratic Party of Germany* (Hamburg: SPD, 2007).

④ Social Democratic Party, *Hamburg Programme: Principal Guidelines of the Social Democratic Party of Germany* (Hamburg: SPD, 2007).

邦州。1998 年德国联邦大选后，格哈德·施罗德(Gerhard Schröder)领导的社会民主党与绿党组建了历史上第一个“红绿”联盟的联邦政府。在 2002 年大选中，社民党再次赢得胜利，“红绿”联盟政府得以蝉联执政。2003 年，施罗德政府推出《2010 议程》，旨在对社会福利制度进行较大幅度的改革，但这项改革方案遭到了普通民众、工会以及社民党内部左翼力量的强烈抵抗。“红绿”联盟政府的福利改革方案，严重损害公众对其社会主义政党身份的认同，造成了党内政治分裂和传统核心选民的流失。正如莫娜·凯韦尔(Mona Kaewel)等所指出的，社会民主党的政策是对其传统社会正义形象的背离①。

基于对社会民主主义的“社会维度”的新思考和 2009 年大选失利的反思，2013 年春，社会民主党与绿党一起发布了它们 20 多年来最为激进的选举纲领。在“这是我们决定的”竞选口号之下，该纲领的一个显著特征是向传统的社会民主主义政治的回归，将社会议题置于核心位置②，比如劳工与社会政策、社会保障、金融和税收政策等。该纲领的第一部分“抑制金融资本主义—强化经济和中产阶级—实现良好就业”的其中之一目标，就是成功实现德国的能源转型，“能源转型的主要目标是避免不必要的能源消耗，以及各种收入群体都能负担得起的能源供应”③。对此，社会民主党还呼吁，建立一个更好的负责能源转型的政策协调管理机制和治理结构。在社会民主党看来，“环境保护不是奢侈品，而是一个社会公平问题”④。

“社会正义”是社会民主党在 2017 年德国联邦大选竞选动员中的主题词。在社会民主党看来，社会正义是团结和繁荣的首要前提，社会、经济和生态问题并不是孤立存在的，而是相互联系的，环境破坏不仅会损害民众健康，还将会加深社会不平等。社会民主党的“绿色转型”方案，依然聚焦于经济的绿色转型与社会正义的结合，特别是希望通过技术创新来实现环境正义，实现德国的气候政策目标，使德国成为世界上能源效率最高的经济体。在 2017

---

① Mona Kaewel, Rüdiger Schmitt-Beck and Ansgar Wolsing, “The campaign and its dynamics at the 2009 German general election”, *German Politics*, 20/1 (2011), pp. 28-50.

② Jochen Weichold, “Langer Atem Gefragt: Die Linken Parteien in Deutschland Nach der Bundestagswahl 2013,” *Rosa Luxemburg Stiftung*, November 2013.

③ Die Linke, *Das Wir Entscheidet-Das Regierungsprogramm* 2013—2017 (Berlin: Die Linke, 2013).

④ Die Linke, *Das Wir Entscheidet-Das Regierungsprogramm* 2013—2017 (Berlin: Die Linke, 2013).

年的竞选纲领中，社会民主党再次强调了能源转型的三个目标即能源必须环境友好、价格合理、能源供应必须安全与可靠①。此外，社会民主党还指出，能源转型的成功需要各个能源部门的更加密切的联系，而除了电力部门的能源转型外，供热和交通部门的能源转型也应该进一步强化。

三、德国左翼党的“社会生态转型”

1. 基本纲领的绿化

20世纪90年代初，德国民主社会主义党（现左翼党的前身）并没有公开排斥环境与生态议题，而是将这一新议题整合到民主重建后政党的基本纲领和选举纲领之中。1993年、2003年民社党的基本纲领以及2011年左翼党的基本纲领，都包含关于环境与生态问题的专门论述。例如，民社党1993年纲领指出，“生态危机以极快的速度成为世界性难题，它来源于人与自然之间极度扩张的转换、资本主义生产和消费模式的剥削性质和欠发达国家传统生活模式的消亡”②。但在这一纲领中，对环境问题成因的分析和环境政策建议相对较少，仅在全球化问题、社会民主化、社会福利政策革新等主题之下被顺带提及。民社党2003年的基本纲领，继续把生态危机作为批判资本主义的重要方面，“从最大的国际资本所追逐的巨额利润中我们可以看到，‘北方’的发展和繁荣是以‘南方’的生态破坏和社会贫困以及未来几代人的发展为代价的，并造成了人类文明的危机，同时也是产生暴力和战争、社会贫困和全球生态危机的原因”③。

左翼党2011年纲领更加重视环境与生态问题，并把欧洲范围内的“社会生态转型”视为其关键性目标之一。在左翼党看来，全球生态环境问题的根源在于资本主义制度，“资本主义制度通过对人与自然的剥削而导致了全球危机，给人类的文明造成威胁”“可持续的生态化发展与资本主义的增长逻辑不

---

① Die Linke, *Zeit für mehr Gerechtigkeit. Unser Regierungsprogramm für Deutschland* (Berlin: Die Linke, 2017)

② Partei des Demokratischen Sozialismus, *Programm und Statut* (Berlin: PDS, 1993).

③ Partei des Demokratischen Sozialismus, *Programm der Partei des Demokratischen Sozialismus* (Berlin: PDS, 2003).

相容"[1]。该纲领指出，气候环境问题并不是一个孤立的现象，事实上，生态议题同时也是一个经济、社会、文化议题和制度问题。因而，"可持续地克服经济危机以及大众失业、社会危机以及能源与气候危机，需要一种完全不同的经济秩序，不以利润最大化所驱动的经济秩序"[2]。基于此，左翼党呼吁更多地将社会正义、个人价值的拓展与生态治理相结合，从而实现社会—经济的重建，创建一种以社会—生态为取向的经济，而不再是为了增长而增长。左翼党希望，所有的政策领域，特别是经济和金融政策、社会和教育政策、科学研究和技术政策、基础设施和区域政策以及和平政策和交通政策等，都以经济和社会的社会—生态转型为导向。

2. *左翼党的"红绿"政治*

左翼党的多元左翼政治定位，为正统马克思主义者、务实主义者、后现代主义者以及民主社会主义者提供了思想交锋的平台，而其内部的后物质主义派别主要包括"生态论坛"和"B 计划"。成立于 1994 年的"生态论坛"的基本目标，就是让生态思想和生态目标深入到每个左翼党党员的思想和行动之中，并在党的纲领中得以体现[3]。"生态论坛"每季度出版杂志的《蜘蛛》(*Tarantel*)，涉及生态政治学、气候变化、退出核能、生态系统、自然保护以及南北关系等主题。从某种程度上说，"生态论坛"是民社党以及后来左翼党党内的生态思想与目标以及绿色政策的"输送者"。但"生态论坛"的成员以老年人居多，在党内的影响力有限。

"B 计划"是德国左翼党联邦议会党团成员发起的、一个旨在实现社会—生态重建的红色项目[4]。在左翼党联邦议员看来，"A 计划"(Plan A)是资本主义的利润增长机制，其经济增长模式不仅导致生态失灵，而且造成了社会不平等；而另一方面，身着绿色长袍的资本主义，也不可能真正奏效，因为"绿色新政"虽然考虑到了科技与经济的改变，却没有涉及社会关系的改变。"B 计划"的三个核心原则，是生态、民主和社会。它所强调的"所有人平等的权

---

① Die Linke, *Programme of the Die Linke Party* (Erfurt: Die Linke, 2011).

② Die Linke, *Programme of the Die Linke Party* (Erfurt: Die Linke, 2011).

③ "生态论坛", www.oekologische-plattform.de(accessed on July 9, 2018).

④ "B 计划", www.plan-b-mitmachen.de (accessed on July 9, 2021).

利”(保护环境的平等权利与责任)，是关于绿色变革信条的最佳概括。“B 计划”本身是一个小项目，但却致力于通过数百万人的参与来实现生产和消费方式的绿色化，实现绿色电力、生态经济、灾害预防、宜居生活等方面的改变。旨在实现社会生态重建的“B 计划”，是左翼党联邦党团内促进社会生态转型的重要平台，但事实上，在政党内部更受欢迎的倡议是“免费的地方公共交通”方案。在一些联邦州的选举纲领中，免费的地方公共交通成为一个备受关注的议题。而在面向全国的左翼党竞选纲领中，它已经扩展为一个整体性的公共交通方案。

在选举纲领方面，1994 年民主社会主义党的选举纲领除了包含传统的社会主义议题，比如针对失业的解决方案以及东部的特殊关切外，还涵盖了一系列绿色、和平主义和女性主义的议题，例如批评“经济概念的泛滥，损坏自然和文化”。许多评论家发现了左翼党与之前绿党激进的和平主义、环境主义主张之间的相似性，甚至控告左翼党侵犯了社民党和绿党的“版权”①。1998 年德国联邦大选前，民社党发表了《罗斯托克宣言》。这份呼吁实施“东部示范项目”(Pilot Project East)的文件指出，致力于开发落后地区的社会和生态改革方案，既符合东部地区，也符合西部人民的利益，因为东西部地区人民都受到了新自由主义政策的威胁②。

2005 年以后，左翼党更加强调“社会—生态的重建”，以凸显其环境政策的特色。左翼党认为，环境问题同时也是一个社会问题，只有将环境正义与社会正义相结合，才能真正实现绿色发展。在这个意义上，左翼党反对绿党与其他政党的“绿色资本主义”，认为其政策并不能真正解决环境问题。在左翼党看来，一个以社会正义为取向的绿色转型，应该拥有不同于以前主流政治的发展方向。迄今为止，人们延迟了化石能源经济的结构性转型，并没有为最终走向可持续经济提供必要的投资。比如，德国基督教民主联盟和社会民主党在能源转型中阻碍煤炭的退出，阻碍绿色电力扩展。与此同时，像“莱茵集团”(RWE)和“云祺”(LEAG)等能源公司，仍从褐煤发电中每年获得数百

① Hans-Georg Betz and Helga Welsh, “The PDS in the new German party system”, *German Politics* 4/3 (1995): 92-111.

② Franz Oswald, *The Party that Came out of the Cold War: The Party of Democratic Socialism in United Germany* (Westport & Connecticut: Praeger, 2002), pp. 118-119.

万欧元的利润。左翼党主张，在 2035 年以合法的程序停止煤炭使用，并对经济进行社会、生态重建。

左翼党主张将人和自然置于利润之前，强调经济和农业政策必须实现社会与生态的双重目标，反对联邦政府只为企业赚取利润考虑，却造成环境与薪资压力的政策①。在这个意义上，左翼党更关注能源转型的结果公正而不是具体方式，主张在能源转型过程中充分保障中下层民众的权益②。例如，它呼吁在地方的能源转型中强化基层民主，对社会财产的公共控制以及对绿色生产的监管。

四、比较与分析

社会民主党和左翼党纲领政策的"绿化"以及对后物质主义议题的关注，体现了 21 世纪以来左翼政党转型与变革的重要趋势。需要指出的是，虽然社会民主党、左翼党都在不同程度上"复制"了绿党的绿色议题，但这三个左翼政党对"绿色转型"的理论阐释和关注程度并不相同。正如有的学者所指出的，环境政策在所有政党纲领中都具有重要地位，但只有在绿党的纲领中占据主导性地位③。就绿党和左翼党比较而言，前者是"绿色政治"的代表，而后者更多体现为一种"红绿"政治。

作为它的"专属性"领域，生态与环境议题既是绿党的标识性身份象征，也是绿党在历次大选中着重强调的政策关切。从表 7-1 可以看出，德国绿党在 1994、1998 和 2002 年大选竞选纲领中出现次数最多的议题就是"环境保护"，约占纲领内容的 15%左右。虽然在 2005 年以后的三次联邦大选中，德国绿党增加了对左翼政策议题的关注，更多地强调"平等"议题，但"环境保护"依然十分重要，是出现频率第二多的政策议题，约占纲领内容的 10%左

---

① https：//www. die-linke. de/mitmachen/bewegung/ （accessed on July 9，2018）.

② Interview with Dr. Bernde Riexinger （chairman of Die Linke）. Berlin：15 September 2014.

③ Cornelia Hildebrandt and Jochen Weichold，*Bundestagswahl* 2013：*Wahlprogramme Der Parteien Im Vergleich*（Berlin：Rosa Luxemburg Stiftung，2013）.

右[①]。而1990年代以来的历次联邦大选中，左翼党的竞选纲领都会涉及“环境保护”议题，约占纲领内容的5%左右，特别是在2013年大选纲领中，环境与生态相关的词句出现了多达125次(表7-2)。当然，尽管生态环境议题在左翼党纲领中的地位日益凸显，但依然没有成为左翼党最核心的主张与关切。从表7-3可见，在左翼党竞选纲领中出现频率最高的议题术语中，社会平等与公正、工人阶级权利是该党强调最多的，而这也基本上符合该党对社会公正代表者的身份定位。

表7-1 1994—2013年德国绿党竞选纲领中出现频次最高的议题术语

年份	1994	1998	2002	2005	2009	2013
议题术语	环境保护	环境保护	环境保护	平等	平等	平等
出现次数	129	28	148	197	434	614
所占比例	18.9%	14.0%	14.0%	10.5%	12.1%	11.3%

资料来源：Manifesto Project Database[②]

表7-2 1990—2013年德国左翼党竞选纲领中“环境保护”议题术语的出现频率

年份	1990	1994	1998	2002	2005	2009	2013
出现次数	30	14	26	13	36	92	125
所占比例(%)	8.4	4.8	5.9	3.1	6.2	5.5	5.1

备注：左翼党，2005以前为民社党

资料来源：Manifesto Project Database[③]

表7-3 1994—2013年德国左翼党竞选纲领中出现频次最高的议题术语

年份	1994	1998	2002	2005	2009	2013
议题	非经济人口群体	民主	欧洲共同体	平等	平等	平等
出现次数	45	62	38	68	320	355
所占比例	15.6%	14.0%	9.1%	11.8%	19.2%	14.4%

资料来源：Manifesto Project Database[④]

---

① “生态环境保护”议题在绿党竞选纲领中所占比例如下：2005年为9.1%、2009年为10.7%、2013年为10.5%。

② Andrea Volkens and Pola Lehmann et al.（eds.）, *The Manifesto Data Collection*: *Manifesto Project*（*MRG/CMP/MARPOR*）（Berlin: Wissenschaftszentrum Berlin für Sozialforschung, 2013）.

③ Andrea Volkens and Pola Lehmann et al.（eds.）, *The Manifesto Data Collection*: *Manifesto Project*（*MRG/CMP/MARPOR*）.

④ Andrea Volkens and Pola Lehmann et al.（eds.）, *The Manifesto Data Collection*: *Manifesto Project*（*MRG/CMP/MARPOR*）.

尽管如此，德国这三个左翼政党的“绿色转型”战略的确存在着一定程度的相关性和相似性，比如它们的绿色议题关切中都包含着对社会正义维度的强调。无论是绿党、社会民主党，还是左翼党，都强调气候政策、环境政策和能源政策同时也是社会正义问题。在绿党看来，环境政策不仅关乎代际正义、全球正义，也涉及不同社群间的正义问题，认为比如全球范围内的贫困人口、妇女和儿童更容易受到环境退化的影响。社民党将控制大气污染、水污染，防止噪声污染、健康的食品供应等，看作是提高人们生活质量的一部分，并强调所有人都应该获得负担得起的能源。左翼党还将社会正义、生态经济与可持续的生活方式联系在一起，反对因能源转型而带来的居民生活成本的提高。在能源转型问题上，三个左翼政党都赞同大力发展可再生能源，退出核能。但对于核能退出之后，如何弥补由此造成的电力缺口，三个政党却有着不同看法。社民党认为，发展煤炭与天然气是平衡能源供应所必需的，而左翼党却希望关闭煤炭发电站，并在 2040 年退出煤炭能源。绿党则明确提出，未来能源供应既不能来自核能，也不能来自煤炭或石油，而是应实现百分之百的可再生能源供应[①]。绿党还呼吁，到 2030 年彻底淘汰煤炭。相对而言，在环境政策、气候政策以及能源政策领域，绿党要比其他政党的主张和倡议更加彻底，也更加激进。

学界一般认为，“转型”(transformation)意味着一种较为深刻的变革，涉及政治、经济、社会与文化等诸多方面的系统性改变。而关于“可持续性转型”或“绿色转型”的研究，往往包含着如下三个维度：分析性维度(阐明现实社会的不可持续性)、规范性维度(关于可持续转型的目标和社会条件)、战略性维度(致力于可持续性转型的行动)[②]。在克里斯托夫·戈尔格(Christoph Görg)等看来，目前关于可持续转型研究的一个突出缺陷是，过分强调政治战略层面上的行动规划，却相对忽视了对于目标进路的严肃分析，即严谨的理论分析常常被愿景式和战略性的规划所代替，并导致对可持续性转型的社会

---

① Bündnis 90/Die Grünen, *Zeit Für Den Grünen Wandel-Bundestagswahlprogramm* 2013 (Berlin: 2013).

② 菲利普·德根哈特：《社会生态转型的话语性分类》，《国外理论动态》2019 年第 9 期，第 64-72 页。

性障碍缺乏可靠的阐释①。与绿党的“绿色新政”或“生态现代化”、社会民主党的“绿色工业化”或“有质量的增长”相比，左翼党的“社会生态转型”理论有着更加完整意义上的政治意识形态意蕴。因为，后者既有对生态环境问题根源的批判性分析——强调生态危机根植于资本主义制度本身，又有对未来绿色社会的战略性规划和规范性政治承诺，即以社会公正理念与原则为基础进行综合性、结构性的政治变革。在左翼党看来，绿党和社民党的绿色经济方案过于信赖市场机制和技术进步，并没有质疑资本主义主导性的生产和消费方式，以及生态环境破坏背后复杂的社会的自然关系和统治型的权力关系。它认为，“绿色资本主义”或“生态资本主义”确实是对新自由主义经济危机所做出的政治回应，但它只是一种管理危机的新模式，旨在通过吸纳生态关切而重新恢复资本主义的积累模式和维持资产阶级的统治地位。② 因而，相比之下，左翼党的“社会生态转型”理论有着更显著的对生态环境问题的“政治化”阐释和对转型的主体、转型的逻辑、转型的社会维度的关注。当然，从现实层面来看，左翼党的“绿色转型”呈现出较多的理想主义色彩，“社会生态转型”实践究竟如何超越当前资本主义的利润增长模式和统治型的权力关系，革新性的左翼又如何凝聚和团结起来创造新的繁荣模式和替代性选择，都还需要时间进行检验。

（作者单位：北京大学马克思主义学院）

① Christoph Görg, et al, “Challenges for social-ecological transformations: Contributions from social and political ecology,” *Sustainability* 9/7(2017): 1045-1066.

② Mario Candeias, “Green transformation: Competing strategic projects,” https://www.rosalux.de/en/publication/id/6825/green-transformation/(accessed July 30, 2018).

第八章

社会主义生态文明建设的动力机制阐释：以执政党领导作用为中心

黄爱宝

内容提要：作为社会主义生态文明建设规律的重要呈现，其建设动力机制是一个由众多维度和层面的动力要素内部矛盾运动及其相互作用的系统性组合。具体而言，生态需要动力、生态经济动力、生态政治动力、生态文化动力、生态社会动力和全球生态命运共同体构建动力及其组合，构成了我国社会主义生态文明建设动力机制的基本维度或主要层面，而贯穿其中并发挥统领性作用的则是作为唯一执政党的中国共产党领导作用之中枢或核心地位，并且是当代中国生态文明建设动力机制的最显著特征。

关键词：动力机制，社会主义生态文明建设，执政党，领导作用，环境政治如果说作为人类社会发展规律的重要内容，发展动力机制是一个由结构性动力(如自然生态条件、经济、政治、文化、社会)、主体动力(如政府部门、执政党、民众)、行为动力(如制度构建、政策决策及其改革创新)、物质与精神动力、内部与外部动力等要素内部矛盾运动及其相互作用的系统性组合，那么，作为社会主义生态文明建设规律的重要呈现，其建设动力机制也是一个由众多维度和层面的动力要素内部矛盾运动及其相互作用的系统性组合。在笔者看来，生态需要动力、生态经济动力、生态政治动力、生态文化动力、生态社会动力和全球生态命运共同体构建动力及其组合，可以作为分析和阐释我国社会主义生态文明建设动力机制的基本维度或主要层面，而贯穿其中并发挥统领性作用的则是作为唯一执政党的中国共产党领导作用之中枢或核心地位，并构成了当代中国生态文明建设动力机制的最显著特征。

一、作为本原性动力的生态需要动力

马克思主义认为，有生命的个人的存在是人类社会历史的第一个前提。[①]人的需要和为满足人的需要而从事的各种生产活动之间的矛盾，是社会发展最初和始终存在的矛盾[②]，而这个矛盾运动是人类社会发展的深层推动力量。就此而言，人的需要所产生出来的力量即需要动力，是人类社会发展的本原性动力。同样，人的生态需要动力即人对优美生态环境的需要力量，是生态文明建设的本原性动力，而社会主义国家的人民群众对优美生态环境的需要动力，则是社会主义生态文明建设的本原性动力；人的生态需要和为满足人的生态需要而从事的各种生态产品生产活动之间的矛盾运动，是生态文明建设的深层推动力量，而社会主义国家的人民群众对优美生态环境的需要和为满足人民群众优美生态环境需要而从事的各种生态产品活动之间的矛盾运动，则是社会主义生态文明建设的深层推动力量。

这主要是因为，“人以其需要的无限性和广泛性区别于一切动物”[③]，而

---

① 《马克思恩格斯选集》(第一卷)，人民出版社，1995年版，第67页。

② 杨信礼：《社会发展动力机制的结构、功能与运行过程》，《中共中央党校学报》2002年第4期，第28-33页。

③ 《马克思恩格斯全集》(第四十九卷)，人民出版社，1982年版，第130页。

人只能依靠自然生活，自然界是人的无机的身体。人对自然生态环境的需要，应当既是人类生存、也是人类发展的需要；人对优质自然生态环境产品的需求，也是人的无限性和广泛性需要中的题中应有之义和重要内容。长期以来，我们对人类社会发展动力以及社会基本矛盾中的自然生态环境因素关注不够，在传统的生产力概念理解中也缺少“生态产品”及其生产的内容。而“社会发展的严峻现实表明，要保持社会发展的可持续性，必须在社会发展动力学说中给自然环境对人类发展的决定性作用以足够的理解”①。为此，笔者也提出，“应将作为人类社会发展基本动力的社会基本矛盾拓展为自然、经济、政治、文化等众多领域之间的关系内容，也应将生产力概念进一步拓展和区分为反映人类社会保护自然生态环境能力的生态生产力和反映人类社会改造自然界能力的经济生产力”②。

当然，“需要作为社会发展的本原性动因，只是提供了社会发展的可能性，但尚未表现为社会发展的现实动力”③。在本质上，无论是人的基本需要还是人的生态需要，仍然是一种主观愿望，其需要动力也是一种主观性力量或精神动力。若要把人们对优美生态环境的需要动力变为一种物质性力量和现实动力，一是要通过有效组织人民群众开展优质生态产品的生产和供给活动，尤其是解决人民群众对优美生态环境的需要与优质生态产品的生产及其供给之间矛盾的领导组织问题；二是要通过有效推动生态产品生产融入经济、政治、文化和社会建设的各方面和全过程，尤其是解决把人的生态需要同人的各种物质需要和精神需要等有机融合起来，把人民群众对优美生态环境的需要动力同生态经济建设、生态政治建设、生态文化建设、生态社会建设以及全球生态文明建设各领域和全过程中的各种物质需要动力和精神需要动力结合起来的领导组织问题。而在中国社会主义生态文明建设中，这种领导力量就是作为执政党的中国共产党。

---

① 邹诗鹏：《传统社会发展动力学说的解释性难题及其反思》，《教学与研究》2003 年第 5 期，第 40-46 页。

② 黄爱宝：《当代中国生态政治发展的动力资源》，《南京林业大学学报(人文社科版)》2012 年第 3 期，第 39-48 页。

③ 杨信礼：《社会发展动力机制的结构、功能与运行过程》，《中共中央党校学报》2002 年第 4 期，第 28-33 页。

中国共产党执政的初心和使命是全心全意为人民服务，其中就包括不断满足人民群众的优美生态环境需要。1973年，我国政府出台的第一个明确提及“环境保护”概念的文件《关于保护和改善环境的若干规定(试行草案)》就指出，环境保护要“造福人民”[①]，强调环境保护的根本目标是增进人民的福祉，满足人民的需要。1995年，中国共产党引入“可持续发展”话语，在“九五”规划建议中明确提出“可持续发展战略”，其要义也是“要以对人民、对子孙后代高度负责的精神，保护资源和生态环境”[②]，也是努力满足当代人及后代人对优美生态环境的需要。党的十七大报告正式提出“生态文明”概念，其最初萌生是科学发展观，而科学发展观的本质与核心就是“以人为本”。2011年，胡锦涛同志在中央人口资源环境工作座谈会上指出，用科学发展观来指导人口资源环境工作，要牢固树立以人为本的观念。因为“保护自然就是保护人类，建设自然就是造福人类”[③]，社会主义生态文明建设理应服务于人民群众的生态环境需要。党的十九大报告更是强调坚持以人民为中心的思想，并明确地提出，我们“既要创造更多物质财富和精神财富以满足人民日益增长的美好生活需要，也要提供更多优质生态产品以满足人民日益增长的优美生态环境需要”[④]。2018年5月18日，习近平同志在全国生态环境保护大会上再次严肃地指出，“生态环境是关系党的使命宗旨的重大政治问题”[⑤]。

党的十九大报告指出，中国共产党领导是中国特色社会主义最本质的特征，是中国特色社会主义制度的最大优势。与只能通过议会影响立法从而作用于政府治理的西方国家执政党不同，在当代中国，“党政军民学，东西南北中，党是领导一切的”[⑥]。当然，党的领导主要是政治领导、组织领导和思想

---

① 《关于保护和改善环境的若干规定(试行草案)》，《工业用水与废水》1974年第2期，第38-41页。

② 中共中央文献研究室(编)：《十五大以来重要文献选编》(上)，中央文献出版社，2011年版，第694页。

③ 中共中央文献研究室(编)：《十六大以来重要文献选编》(上)，中央文献出版社，2005年版，第853页。

④ 习近平：《决胜全面建成小康社会，夺取新时代中国特色社会主义伟大胜利》，人民出版社，2017年版，第50页。

⑤ 习近平：《推动我国生态文明建设迈上新台阶》，《求是》2019年第3期，第4-19页。

⑥ 习近平：《决胜全面建成小康社会，夺取新时代中国特色社会主义伟大胜利》，人民出版社，2017年版，第20页。

领导，主要方式是总揽全局和协调各方。而从中国特色社会主义事业的总体布局来说，经济建设、政治建设、文化建设、社会建设和生态文明建设，都要坚持和加强中国共产党领导，这也是由历史和人民选择的，是由党的性质所决定的，是由我国宪法明文规定的。因而，只有坚持和加强中国共产党的领导，才能既有效地组织人民生产和提供优质生态产品，满足人民对优质生态环境的需要；也才能有效地将生态文明建设融入经济建设、政治建设、文化建设和社会建设各方面和全过程，才能真正地将生态需要动力同其他各种物质需要动力和精神需要动力有机结合起来，优化和完善社会主义生态文明建设的动力机制。

二、作为基础性动力的生态经济动力

经典历史唯物主义理论强调，经济生产动力是人类社会发展的最终决定性力量，经济意义上的生产力和生产关系之间的矛盾是人类社会最基本的矛盾。但是，如果我们承认生态文明建设相对于经济建设具有自身独立性，自然生态环境保护领域相对于经济领域具有自身独立性，生态产品生产相对于传统经济生产具有自身独立性，那么就应该承认，生态产品生产和传统经济生产之间的矛盾，是一种比狭义上的生态文明建设和传统经济建设更为基础性的矛盾关系，往往体现为生态经济建设中“生态”与“经济”之间的矛盾，也就是生态环境保护治理与经济发展之间的矛盾，或者说“绿水青山”和“金山银山”之间的矛盾。因而，所谓生态经济动力，就是指生态经济发展所产生的更广泛范围意义上的推动力量，就是生态经济建设过程中“生态”与“经济”之间的矛盾运动所产生的推动力量，就是追求实现自然生态环境系统和经济系统相统一相协调所产生的推动力量。它既表现为生态经济化对于经济建设的推动作用，即将生态优势转变为经济优势，也更多表现为经济生态化发展对于生态文明建设的促进作用，而后者对于社会主义生态文明建设的现实推进意义更为重大。

具体来说，生态经济动力的作用发挥，既取决于生态经济发展本身的外溢引领力量，也依赖于推动生态经济系统内部各种要素之间的相互耦合，以及生态经济动力与生态政治动力、生态文化动力、生态社会动力等元素之间的彼此协同的领导力量，而作为唯一执政党的中国共产党就是这种当仁不让的领导力量。作为执政党，中国共产党不仅在生态经济发展中发挥着促动作用，其领导作用还主要体现在对于生态经济系统内部诸要素以及生态经济动力同生态政治动力、生态文化动力、生态社会动力等元素的统筹协调之中。比如，党的十九大报告不仅特别强调了生态科技发展与拓宽市场机制之间的相辅相成，即需要"构建市场导向的绿色技术创新体系"[①]；还明确提出"建立健全绿色低碳循环发展的经济体系""倡导简约适度、绿色低碳的生活方式，反对奢侈浪费和不合理消费，开展创建节约型机关、绿色家庭、绿色学校、绿色社区和绿色出行等行动"[②]，以及构建政府为主导、企业为主体、社会组织和公众共同参与的环境治理体系，不断改革完善生态环境监管体系，等等。

作为一个马克思主义政党，发展经济是中国共产党执政兴国的第一要务。但在当今世界自然资源日渐紧缺和生态环境问题变得日益严峻的形势下，生态经济或绿色经济、低碳经济、循环经济已成为当代经济发展与竞争的主流性趋势，因而，大力发展生态经济和推动绿色发展也已成为今日中国共产党人执政兴国的第一要务。正是这样一种科学认知与政治敏感，即生态环境保护治理对于经济发展的重要性或生态文明建设对于经济建设的重要性，2005年，习近平同志到浙江省安吉县天荒坪镇考察时首次阐述了"绿水青山就是金山银山"的著名论断；2013年，习近平同志在十八届中央政治局第六次集体学习时又指出，"要正确处理好经济发展同生态环境保护的关系，牢固树立保护生态环境就是保护生产力、改善生态环境就是发展生产力的理念"[③]。与此同时，正是因为认识到发展生态经济在生态文明建设中的基础性作用，中国共产党逐渐积极提倡和推动我国生态经济和绿色发展。党的十三大报告就提到"靠消耗大量资源来发展经济，是没有出路的"，必须"加强生态环境的保护，

---

① 习近平：《决胜全面建成小康社会，夺取新时代中国特色社会主义伟大胜利》，人民出版社，2017年版，第51页。

② 习近平：《决胜全面建成小康社会，夺取新时代中国特色社会主义伟大胜利》，人民出版社，2017年版，第51页。

③ 习近平：《坚持节约资源和保护环境基本国策 努力走向社会主义生态文明新时代》，《人民日报》2013年5月25日。

把经济效益、社会效益和环境效益很好地结合起来"[①]。1996年，江泽民同志在第四次全国环境保护会议上也指出，经济的发展，必须与人口、环境、资源统筹考虑。党的十六届五中全会则提出，要加快建设资源节约型、环境友好型社会，大力发展循环经济。党的十七大报告首次指出，建设生态文明，基本形成节约能源资源和保护生态环境的产业结构、增长方式、消费模式。而党的十八大报告则明确提出，把生态文明建设融入经济建设各方面和全过程，着力推进绿色发展、循环发展、低碳发展，形成节约资源和保护环境的空间格局、产业结构、生产方式、生活方式。党的十九大报告进一步要求，切实推进绿色发展，建立健全绿色低碳循环发展的经济体系等。基于这些新理念新认识，近年来长江经济带和黄河流域的生态保护、绿色发展和高质量发展国家战略已经全面启动。因而可以说，自党的十八大以来，"绿色经济发展、循环经济发展和低碳经济发展，它们三者紧密联系在一起，共同深化了可持续发展模式，也有利于人们早日实现对优美生态环境的追求"[②]。

一方面，生态科技（或绿色科技）发展是生态经济动力的关键所在。现代科技属于利用和开发自然的经济力量范畴，科技是第一经济生产力，而生态科技则是第一生态经济生产力。中国共产党高度重视生态科技发展在经济发展中的促进推动作用。早在1983年，邓小平同志在与胡耀邦等人谈话时就强调，"解决农村能源，保护生态环境等等，都要靠科学"[③]。他在同年召开的第二次全国环境保护会议上进一步提出，要加强环境保护的科学研究，把环境保护建立在科技进步的基础上[④]。江泽民同志也在多次讲话中强调了科技在生态环境建设中的重要作用。比如，1995年，他在全国科技大会上的讲话中就指出，"要十分重视解决环境保护、资源合理开发利用、减灾防灾、人口控制、人民健康等社会发展领域的科技问题，为改善生态环境、提高人民的生

---

① 中共中央文献研究室（编）：《十三大以来重要文献选编》，人民出版社，1991年版，第24页。

② 纪明、刘国涛：《新中国70年生态文明建设：实践经验与未来进路》，《重庆工商大学学报（社科版）》2020年第1期，第94-101页。

③ 中共中央文献研究室（编）：《邓小平年谱（1975—1997）》（下册），中央文献出版社，2004年版，第882页。

④ "第二次全国环境保护会议"，生态环境部网：www.mee.gov.cn（2018年7月13日）。

活质量和健康水平做出贡献，促进经济和社会的持续协调发展”①。习近平同志也高度重视绿色科技对于经济社会发展的重要作用。比如，他在2016年曾专门指出，要“依靠科技创新破解绿色发展难题，形成人与自然和谐发展新格局”②。

另一方面，环保市场(或绿色市场)拓展是生态经济动力的重要体现。环保市场的本质是生态经济发展中的生产关系调整，而环保市场经济体制创新构成了社会主义生态文明建设的重要驱动。改革开放40多年来，中国共产党逐渐认识到并高度重视环保市场在生态经济发展中的促进作用。比如，党的十八大报告指出，“深化资源性产品价格和税费改革，建立反映市场供求和资源稀缺程度、体现生态价值和代际补偿的资源有偿使用制度和生态补偿制度。积极开展节能量、碳排放权、排污权、水权交易试点”③。2015年，中共中央、国务院印发的《生态文明体制改革总体方案》则明确提出，“健全环境治理和生态保护市场体系”④，其具体内容包括培育环境治理和生态保护市场主体、推行用能权和碳排放权交易制度、推行排污权交易制度、推行水权交易制度、建立绿色金融体系、建立统一的绿色产品体系等改革任务。2017年，党的十九大报告再次强调，“构建市场导向的绿色技术创新体系，发展绿色金融”以及“建立市场化、多元化生态补偿机制”⑤。2019年，党的十九届四中全会通过的《决定》则进一步强调，“推进自然资源统一确权登记法治化、规范化、标准化、信息化，健全自然资源产权制度，落实资源有偿使用制度”⑥等环保市场制度。此外，自党的十八大以来，中共中央已经先后审议通过了《关于健全生态保护补偿机制的意见》《关于构建绿色金融体系的指导意见》《自然资源统

---

① “江泽民同志在全国科技大会上的讲话”(1995年5月26日)，http：//www.safea.gov.cn/ztzl/qgkjdh/qgkjdhbjzl/qgkjdhbjkjdh/bjzl-dh-9501.htm(2020年12月20)。

② 习近平：《为建设世界科技强国而奋斗》，《人民日报》2016年6月1日。

③ 胡锦涛：《坚定不移沿着中国特色社会主义道路前进，为全面建成小康社会而奋斗》，人民出版社，2012年版，第41页。

④ 《中共中央国务院印发〈生态文明体制改革总体方案〉》，《经济日报》2015年9月22日。

⑤ 习近平：《决胜全面建成小康社会，夺取新时代中国特色社会主义伟大胜利》，人民出版社，2017年版，第51-52页。

⑥ 《中共中央关于坚持和完善中国特色社会主义制度、推进国家治理体系和治理能力现代化若干重大问题的决定》，载《中国共产党第十九届中央委员会第四次全体会议文件汇编》，人民出版社，2019年版，第53页。

一确权登记办法（试行）》和《生态环境损害赔偿制度改革方案》等具体性环保市场制度文件。

三、作为主导性动力的生态政治动力

生态政治或环境政治的本质，是政治与自然生态系统及其要素之间的关系。在笔者看来，生态政治的基本矛盾，可以理解为“自然生态保护与政治发展需要之间的矛盾，是自然资源存量和生态环境容量的有限性和政治系统对于自然资源环境需求的过度性之间的矛盾，是自然生态化与政治非生态化之间的矛盾”①。因而，狭义的生态政治动力，也就是政治系统及其构成要素的生态化趋向和行为所产生的推动力量，是政治系统与自然生态环境系统之间矛盾运动所产生的动力，是追求实现政治系统与自然生态环境系统相平衡相统一过程所产生的动力。它既体现在自然生态环境保护或生态政治化对于政治稳定和政治发展所产生的推动作用，也表现为政治系统变革与创新对于自然生态环境保护产生的反作用，或者说政治生态化建设对于生态文明建设的推动作用，因而是社会主义生态文明建设的主导性动力。

生态政治系统的动力机制及其作用发挥，既取决于各种政治主体、制度、行为等要素的独立形成及其彼此结合，从而构成执政党、政府、企业、社会组织和公众个人等多元主体之间的协商合作治理格局，也依赖于生态政治系统与生态经济系统、生态社会系统、生态文化系统和生态国际合作体制之间的协调协同。毫无疑问，作为执政党的中国共产党是这一生态政治系统的核心领导力量，通过自觉构建总揽全局、协调各方的党的生态文明领导体系，引导各种生态文明建设主体的成长成熟与积极发挥作用，并确保生态文明建设过程中的各种力量和经济社会文化各个领域中的生态文明建设协调一致。具体来说，中国共产党的这种核心领导作用可以概括为如下四个方面。

一是生态文明及其建设的社会主义性质的根本保障。对于社会主义生态文明建设而言，“社会主义”这一前缀关系到生态文明及其建设的政治方向，

① 黄爱宝：《当代中国生态政治发展的动力资源》，《南京林业大学学报（人文社科版）》2012年第3期，第39-48页。

因而坚持社会主义政治宗旨的中国共产党领导，既是生态文明及其建设的根本政治保障，也是生态文明建设实践的主要推动力量。马克思主义生态理论认为，只有社会主义才能真正克服经济合理性和生态合理性之间的根本冲突，才能真正推进和实现生态公正与社会公正，也才能真正建设和实现名副其实的生态文明；相比之下，资本主义制度是生态危机的真正根源，资本主义本质与生态文明具有不兼容性，资本主义的剩余价值规律决定了它不可能真正长久和广泛地建设生态文明。因而，主动建设社会主义生态文明，既是科学社会主义理论的重大发展，也是当代中国共产党庄严的生态政治宣示。早在20世纪70年代初，周恩来总理就高瞻远瞩地指出，资本主义国家有环境污染问题，社会主义中国同样也有，并认为，如果社会主义国家不把环境保护的优越性表现出来，就不算什么社会主义国家①。进入21世纪以来，党的十七大报告将建设生态文明作为全面建设小康社会的主要目标之一，作为中国特色社会主义现代化事业的有机组成部分，而党的十八大报告和十九大报告则明确提出，要"努力走向社会主义生态文明新时代"和"牢固树立社会主义生态文明观"②，其中的关键信息就是社会主义政治的根本保障意义。

二是各级政府及其生态环境保护治理的核心领导力量。从中国特色社会主义国家治理体系来说，"人大、政府、政协、监委、法院、检察院、军队、各民主党派和无党派人士，各企事业单位，工会、共青团、妇联等群团组织，都要坚持中国共产党领导"③。因而，党的领导也包括党对政府生态环境保护治理的领导。而且，政党能否以及在多大程度上作用于政府，并对政府权力的行使进行掌控和监督，是其执政状况的重要标志。作为唯一的执政党，中国共产党的执政更需要强调对政府生态环境保护治理的领导和掌控，或者说，党的生态执政更需要体现为对政府生态环境治理权力的监督以及对政府生态环境责任的追究。事实也是如此。当前我国生态文明建设动力机制的最突出

---

① 刘东：《周恩来关于环境保护的论述与实践》，《北京党史研究》1996年第3期，第28-30页。

② 胡锦涛：《坚定不移沿着中国特色社会主义道路前进，为全面建成小康社会而奋斗》，人民出版社，2012年版，第41页；习近平：《决胜全面建成小康社会，夺取新时代中国特色社会主义伟大胜利》，人民出版社，2017年版，第52页。

③ 中共中央宣传部：《习近平新时代中国特色社会主义思想学习纲要》，学习出版社，2019年版，第70页。

特点之一，就是中国共产党及其领导下的政府治理，即作为执政党的中国共产党的政治绿化，对于我国的"生态国家"建设以及生态文明的推进，具有全方位的作用影响①。

三是生态民主政治建设的核心领导力量。生态政治民主的核心就是要保证广大人民群众的当家作主地位，扩大公众有序生态政治参与，使人民群众能够在生态环境公共利益维护、生态环境公共政策制定、生态环境管理权力监督上发挥广泛而积极的作用。目前，在中国共产党领导下，我国生态政治民主建设已取得了很大进展。比如，我国《环境保护法》以及《大气污染防治法》和《水污染防治法》等生态环境单行法都明确规定，县级以上人民政府应当每年就其相关生态环境责任问题向本级人民代表大会或人民代表大会常务委员会报告，并依法接受监督。各级人大也在实践中逐渐采用通过听取报告、专题调研、执法检查、集中视察、代表约见、专题询问等方式，监督政府的生态环境治理责任。与此同时，我国《环境保护法》还明确规定，公民、法人和其他组织发现地方各级人民政府、县级以上人民政府环境保护主管部门和其他负有环境保护监督管理职责的部门不依法履行职责的，有权向其上级机关或监察机关举报。其中，对污染环境、破坏生态，损害社会公共利益的行为，符合特定条件的社会组织可以向人民法院提起诉讼②。

四是健全生态文明制度体系的核心领导力量。中国共产党逐渐形成的政治共识是，必须用制度来保护生态环境，必须用最严格的制度和最严密的法治来保障生态文明建设。早在 1978 年，邓小平同志就在中央工作会议闭幕式上指出，应该集中力量制定森林法、草原法、环境保护法等③。同年，我国首次将环境保护政策写入宪法。1979 年，五届全国人大常委会第六次会议原则通过了《中华人民共和国森林法(试行)》，同年还颁布了《中华人民共和国环境保护法(试行)》。进入新时代以来，党的十八大报告明确提出，"保护生态

① 郇庆治：《"社会主义生态文明"：一种更激进的绿色选择?》载《重建现代文明的根基：生态社会主义研究》，北京大学出版社，2010 年版，第 268 页。

② 《中华人民共和国环境保护法》，《人民日报》2014 年 7 月 25 日。

③ 《邓小平文选》(第二卷)，人民出版社，1994 年版，第 148 页。

环境必须依靠制度”[①]；党的十八届三中全会再次强调，“建设生态文明，必须建立系统完整的生态文明制度体系，用制度保护生态环境”[②]；党的十八届四中全会审议通过的《关于全面推进依法治国若干重大问题的决定》又指出，要“用严格的法律制度保护生态环境，加快建立有效约束开发行为和促进绿色发展、循环发展、低碳发展的生态文明法律制度，强化生产者环境保护的法律责任，大幅度提高违法成本。建立健全自然资源产权法律制度，完善国土空间开发保护方面的法律制度，制定完善生态补偿和土壤、水、大气污染防治及海洋生态环境保护等法律法规，促进生态文明建设”[③]。2015 年，中共中央、国务院印发的《生态文明体制改革总体方案》确定的生态文明体制改革目标是，“到 2020 年，构建起由自然资源资产产权制度、国土空间开发保护制度、空间规划体系、资源总量管理和全面节约制度、资源有偿使用和生态补偿制度、环境治理体系、环境治理和生态保护市场体系、生态文明绩效评价考核和责任追究制度等八项制度构成的产权清晰、多元参与、激励约束并重、系统完整的生态文明制度体系”[④]。2018 年，习近平同志在全国生态环境保护大会上明确指出，“用最严格制度最严密法治保护生态环境，加快制度创新，强化制度执行，让制度成为刚性的约束和不可触碰的高压线”[⑤]。党的十九届四中全会专门就“坚持和完善生态文明制度体系”，提出了“实行最严格的生态环境保护制度”“全面建立资源高效利用制度”“健全生态保护和修复制度”“严明生态环境保护责任制度”等四个方面的制度建设具体要求[⑥]。

---

① 胡锦涛：《坚定不移沿着中国特色社会主义道路前进，为全面建成小康社会而奋斗》，人民出版社，2012 年版，第 41 页。

② 《中共中央关于全面深化改革若干重大问题的决定》，人民出版社，2013 年版，第 52 页。

③ 《中共中央关于全面推进依法治国若干重大问题的决定》，《人民日报》2014 年 10 月 29 日。

④ 《中共中央国务院印发〈生态文明体制改革总体方案〉》，《经济日报》2015 年 9 月 22 日。

⑤ 习近平：《推动我国生态文明建设迈上新台阶》，《求是》2019 年第 3 期，第 4-19 页。

⑥ 《中共中央关于坚持和完善中国特色社会主义制度、推进国家治理体系和治理能力现代化若干重大问题的决定》，载《中国共产党第十九届中央委员会第四次全体会议文件汇编》，人民出版社，2019 年版，第 52-55 页。

四、作为核心性动力的生态文化动力

生态文化概念存在着广义和狭义之分。笔者这里所指的生态文化，是“一种狭义的生态文化，是指以生态知识为基础，以生态价值观即人与自然和谐的价值理念为目标的社会意识或人类精神”①。它包括生态哲学、生态伦理学、生态美学、生态文学、生态政治学、生态法学、生态经济学、生态管理学、生态学、环境科学等众多学科中的科技知识与观念。生态文化建设中的矛盾关系，集中体现为自然生态环境保护系统和精神文化系统之间的矛盾，也就是生态文明建设与精神文化建设之间的矛盾。生态文化建设的基本目标，则是实现自然生态环境保护治理的文化进步与精神文化建设的生态化。因而，所谓生态文化动力是指生态文化建设过程中所产生的推动力量，是生态文化建设中的“生态”与“文化”层面之间矛盾运动所产生的动力，是追求实现自然生态环境保护治理与精神文化相统一相契合所产生的动力。生态文化动力虽然也可以理解为自然生态环境保护治理实践即生态创新对精神文化建设的促动作用，但鉴于观念是行为的先导、知识是行为的指针、价值是制度的灵魂，作为一种软实力，生态文化动力主要体现为生态文化革新即文化生态化对生态文明行为和制度的巨大推动作用，并且是社会主义生态文明建设的核心性动力。

生态文化动力对社会主义生态文明建设的现实推动，不仅有赖于生态文化自身的创新与繁荣，有赖于其系统内部丰富多样的哲学观念与科学知识之间的相互作用和相互融合，也就是完整系统的生态文化知识体系建设包括作为一个独立学科的“生态文明学”的构建，还依赖于生态文化动力与生态经济动力、生态政治动力、生态社会动力等之间的协调协同和相互促动，从而将生态文化作为一种无形力量渗透作用于生态经济、生态政治和生态社会建设过程之中。而中国共产党作为唯一执政党，不仅是生态文化建设的主要倡导者，也是协同生态文化动力与其他方面动力的主要协调者。比如，中国共产

① 黄爱宝：《生态型政府构建的背景动因》，《南京工业大学学报(社科版)》2008 年第 2 期，第 75-80 页。

党领导制定的《中国生态文化发展纲要(2016—2020年)》就曾提到，要将生态文化的思想精髓贯穿于国家经济社会发展战略、规划布局、制度建设、宣传教育、科技创新等生态文明建设全过程，特别是要将生态文化融入全民宣传教育，将生态文化理念融入法治建设，将绿色发展理念融入科技研发应用之中去[①]。具体而言，中国共产党的这种核心性领导作用包括如下三个方面意涵。

一是系统性生态哲学观的大力倡导者。完整意义上的生态哲学，包括生态世界观、生态方法论、生态价值观、生态伦理观和生态人生观等，因而是社会主义生态文明建设的内在灵魂和核心驱动。胡锦涛同志在2003年首次提出的科学发展观、2006年首次提出的资源节约型和环境友好型社会概念，就明确包含了“统筹人与自然和谐发展”的生态哲学理念。党的十九大报告强调“我们要建设的现代化是人与自然和谐共生的现代化”和“人与自然是生命共同体”理念，所反映的就是一种生态哲学的自然观和生命观，而对于“我们要牢固树立社会主义生态文明观”的号召[②]，则是集中宣示了当代中国共产党人的生态政治价值观。习近平同志早在2003年就提出了“生态兴则文明兴、生态衰则文明衰”这一特色鲜明的生态文明哲学观[③]，而十年后他在中共中央《关于全面深化改革若干重大问题的决定》的说明中所做的具体阐述，即“山水林田湖是一个生命共同体，人的命脉在田，田的命脉在水，水的命脉在山，山的命脉在土，土的命脉在树”[④]，则更加形象生动地阐发了生态哲学的生命观和系统论。此外，他多次提到的“像保护眼睛一样保护生态环境，像对待生命一样对待生态环境”[⑤]，明显体现了一种尊重自然、敬畏自然的生态伦理观，

---

① 《国家林业局关于印发〈中国生态文化发展纲要(2016—2020年)〉的通知》，国家林业和草原局网：www.forestry.gov.cn.(2016年4月11日)

② 习近平：《决胜全面建成小康社会，夺取新时代中国特色社会主义伟大胜利》，人民出版社，2017年版，第50页、第52页。

③ 习近平：《生态兴则文明兴：推进生态建设 打造“绿色浙江”》，《求是》2003年第13期，第42-44页。

④ 中共中央文献研究室(编)：《十八大以来重要文献选编》(上)，中央文献出版社，2014年版，第507页。

⑤ 《习近平谈治国理政》(第二卷)，外文出版社，2017年版，第395页。

而他在不同场合中指出的“环境就是民生，青山就是美丽，蓝天也是幸福”[①]，则更为直接地表达了一种生态价值观、生态审美观和生态人生观。

二是生态环境科学知识的积极传播者。广义的生态环境科学知识，包括生态环境自然科学、社会科学与工程技术知识，以及生态环境历史与国情知识、生态环境法律政策知识、生态环境经济和消费知识等，因而在社会主义生态文明建设中发挥着重要的支撑与支持作用。2002年，江泽民同志在中央人口资源环境工作座谈会上指出，要“加强人口资源环境方面的法制宣传教育，普及有关法律知识，使企事业单位和广大群众自觉守法”[②]。2005年，胡锦涛同志在中央人口资源环境工作座谈会上强调，必须“加强基本国情、基本国策和有关法律法规的宣传教育，增强全社会的人口意识、资源意识、节约意识、环保意识”[③]。同年，温家宝同志在节约型社会建设会议上也强调，要进行资源国情教育，要宣传资源节约的方针政策、法律法规和标准标识，要宣传节约资源的先进技术等[④]。也是在同年，国务院出台了《关于加快发展循环经济的若干意见》，强调着眼于促进循环经济发展，“要组织开展相关管理和技术人员的知识培训，增强意识，掌握相关知识和技能”[⑤]。2011年，环境保护部、中央宣传部、中央文明办、教育部、共青团中央、全国妇联等六部门联合编制的《全国环境宣传教育行动纲要》(2011—2015)又提出，要“广泛、深入、扎实地开展环境法制宣传教育，提高公众预防环境风险意识，鼓励公众依法参与环境公共事务，维护环境权益；提高企业守法意识，自觉履行社会责任”[⑥]。

三是优质生态文化产品提供和生态文化动力提升的核心保障者。不断提

① 习近平：《在省部级主要领导干部学习贯彻党的十八届五中全会精神专题研讨班上的讲话》，人民出版社，2016年版，第19页。

② 《江泽民文选》(第一卷)，人民出版社，2006年版，第468页。

③ 中共中央文献研究室编：《十六大以来重要文献选编》(中)，中央文献出版社，2006，第826页。

④ 温家宝：《高度重视，加强领导，加快建设节约型社会》，新华网：www. xinhuanet. com(2005年7月3日)。

⑤ 《国务院关于加快发展循环经济的若干意见》，《中华人民共和国国务院公报》2005年第23期，第10-14页。

⑥ 《全国环境宣传教育行动纲要》(2011—2015)，《环境教育》2011年第6期，第20-23页。

升生态文化话语的社会政治地位、深化对于生态文化的哲学和科学研究、加强全社会生态思想道德建设，倡导培育生态科技文化、生态法治文化、生态行政文化、绿色经营文化、绿色消费文化、绿色生活文化等，大力发展生态文化产业、打造生态文化社区、培育生态文化市场、提供生态文化公共服务、完善生态文化管理体系、构建生态文化传播体系，积极推动中国生态文化走向世界、鼓励引进国外优秀生态文化等，都属于当代中国生态文化建设的重要任务。2015 年，中共中央政治局审议通过的《关于加快推进生态文明建设的意见》提出，“必须弘扬生态文明主流价值观，把生态文明纳入社会主义核心价值体系”①。党的十八大报告提出，要将生态文明建设纳入中国特色社会主义“五位一体”总体布局之中，逐步实现“建设美丽中国”目标，而党的十八届五中全会所提出的包括“绿色发展”在内的新发展理念则表明，“中国共产党已将生态文化的价值理念作为建设我国意识形态工程以及争夺意识形态话语权的战略选择和活动场域”②。2015 年，中共中央、国务院先后印发的《关于加快推进生态文明建设的意见》和《生态文明体制改革总体方案》，则首次提出了“坚持把培育生态文化作为重要支撑”③。2016 年，国家林业局发布的《中国生态文化发展纲要(2016—2020 年)》也明确强调，“生态文化是生态文明主流价值观的核心理念和生态文明建设的重要支撑”④。

五、作为根本性动力的生态社会动力

生态社会概念也可以从广义或狭义上来理解。笔者这里所指的生态社会，也是一种狭义上的界定，即把生态文明建设融入不同于经济建设、政治建设、文化建设的社会建设之中的结果——融入以保障、改善民生为重点和以促进

---

① 《中共中央国务院关于加快推进生态文明建设的意见》，《人民日报》2015 年 4 月 25 日。

② 魏建克、胡荣涛：《生态文化视域下中国共产党意识形态话语建构》，《学习论坛》2018 年第 12 期，第 37-43 页。

③ 《中共中央国务院关于加快推进生态文明建设的意见》，《人民日报》2015 年 4 月 25 日；《中共中央国务院印发〈生态文明体制改革总体方案〉》，《经济日报》2015 年 9 月 22 日。

④ 《国家林业局关于印发〈中国生态文化发展纲要(2016—2020 年)〉的通知》，国家林业和草原局网：www. forestry. gov. cn(2016 年 4 月 11 日)。

社会公平正义为目标的教育、就业、医疗、住房、养老以及社会管理等各项社会事业建设之中，因而是指不断实现生态文明建设社会化和社会建设生态化的社会，或人与自然和谐共生同人与人、人与社会和谐相处互为中介和相互统一的社会。生态社会建设的矛盾关系，是指生态环境保护治理系统与狭义上的社会建设系统之间的矛盾，也就是生态文明建设与社会建设领域之间的矛盾。因而，所谓生态社会动力，就是生态社会不断构建与发展过程所产生的推动力量，是生态文明建设和社会建设之间矛盾运动所产生的动力，是追求生态文明建设与社会建设相融合、自然生态和谐与社会和谐相统一所产生的动力。它既表现为生态环境保护治理扩展提升即生态社会化对社会建设的促进作用，也表现为社会建设深入即社会各个层面生态化对生态文明建设的推动作用，因而是社会主义生态文明建设的根本性动力。

生态社会动力的作用发挥，既需要在社会建设系统的内部，将生态文明思维与实践融入教育、就业、医疗、住房以及社会管理的各个方面，形成和发展各类生态或绿色的社会事业如绿色教育、绿色就业、绿色住房、绿色医疗、绿色养老等，也需要把生态社会建设与生态经济、生态政治、生态文化建设等有机结合起来，将生态社区、生态城市、生态农村、生态社会组织、绿色学校、绿色家庭等的建设同生态企业、生态科技、生态政党、生态政府、生态法治、生态媒体等的建设有机结合起来。但无论是生态社会系统内部的协调一致，还是它与生态文明建设其他动力要素的协同共振，从而形成促进社会主义生态文明建设的社会动力机制的完善和优化，作为唯一执政党的中国共产党都担负着责无旁贷的职责。对此，我们可以从如下四个方面来理解。

第一，生态社会建设的重点是保障和改善生态民生或环境民生，而中国共产党最大的政治就是民生政治，相应地，生态民生也是当代中国共产党人的最大政治。生态环境问题与人们的呼吸、吃喝等基本生存和日常生活需要紧密相关，是对于人民群众来说最直接、最现实的利益问题，而优美生态环境是关系人民群众日益增长的美好生活需要的重要内容，甚至可以说生态环境本身就是民生，所以理应是当下中国民生保障与社会建设的优先领域。江泽民同志曾说过，“环境问题直接关系到人民群众的正常生活和身心健康。如果环境保护不好，人民群众的生活条件就会受到影响，甚至会造成一些疾病流传"①。胡锦涛同志也指出,"我国是社会主义国家,国家的发展不能以牺牲生态环境为代价,更不能以牺牲人的生命为代价"②。习近平同志则多次直接强调,"环境就是民生"。比如,他在2018年全国生态环境保护大会上就明确指出,"发展经济是为了民生,保护生态环境同样也是为了民生……要坚持生态惠民、生态利民、生态为民,重点解决损害群众健康的突出环境问题,不断满足人民日益增长的优美生态环境需要"③。

第二,生态社会建设的基本目标,是同时实现社会与生态的公正。在生态社会建设中,只有坚持和追求生态公平正义目标,才能真正激发和调动人们广泛参与建设生态文明的积极性,更有效地提高生态文明建设的整体效率。而中国共产党以追求社会公正为自己的终极使命,因而也历来重视和强调生态公正建设和维护。比如,1996年,江泽民同志在第四次全国环境保护工作会议上指出,"经济的发展,必须与人口、环境、资源统筹考虑,不仅要安排好当前的发展,还要为子孙后代着想,为未来的发展创造更好的条件,决不能走浪费资源、先污染后治理的路子,更不能吃祖宗饭、断子孙路"④。2017年,习近平同志在十八届中央政治局第四十一次集体学习时也强调,"资源开发利用既要支撑当代人过上幸福生活,也要为子孙后代留下生存根基"⑤。此外,对于代内生态公正问题,习近平同志曾针对生态补偿制度建设指出,必须要"用计划、立法、市场等手段来解决下游地区对上游地区、开发地区对保护地区、受益地区对受损地区、末端产业对于源头产业的利益补偿"⑥。

第三,发展教育事业是社会建设的重要内容,因而将生态文明教育纳入国民教育和培训体系之中、办好生态文明宣传教育,也是生态社会建设的特殊重要任务。其中,坚持和加强中国共产党对生态文明教育的领导,既是全社会牢固树立社会主义生态文明观的坚强保障,也是生态需要动力、生态经济动力、生态政治动力、生态文化动力得以生成与增强的根本条件。2005年,

---

① 《江泽民文选》(第一卷),人民出版社,2006年版,第535页。
② 《胡锦涛在中共中央政治局第三十次集体学习时的讲话》,《人民日报》2006年3月29日。
③ 习近平:《推动我国生态文明建设迈上新台阶》,《求是》2019年第3期,第12页。
④ 《江泽民文选》(第一卷),人民出版社,2006年版,第464页。
⑤ 《习近平谈治国理政》(第二卷),外文出版社,2017年版,第396页。
⑥ 习近平:《干在实处 走在前列》,中共中央党校出版社,2014年版,第194页。

胡锦涛同志在中央人口资源环境工作座谈会上明确提出，要“在全社会大力推进生态文明教育”，而同年国务院发布的《关于加快发展循环经济的若干意见》还具体指出，“要将树立资源节约和环境保护意识的相关内容纳入教材，在中小学中开展国情教育、节约资源和保护环境的教育”[①]。2011 年，环境保护部、中央宣传部、中央文明办、教育部、共青团中央、全国妇联等六部门联合编制的《全国环境宣传教育行动纲要》(2011—2015)明确提出要求，“建设环境宣传教育理论研究工程。积极探索新时期环境宣传教育规律，构建具有鲜明环境保护特色的宣传教育理论体系”[②]。2012 年党的十八大报告再次强调，“加强生态文明宣传教育，增强全民节约意识、环保意识、生态意识，形成合理消费的社会风尚，营造爱护生态环境的良好风气”[③]。2020 年，中共中央办公厅、国务院办公厅印发的《关于构建现代环境治理体系的指导意见》更是鲜明地指出，要把环境保护纳入国民教育体系和党政领导干部培训体系[④]。

第四，生态社会治理创新是社会治理创新和生态治理创新的相互融合与有机统一，其根本目标则是推进环境社会治理体系和治理能力现代化，也就是推进实现全社会或全民共同参与的生态环境保护治理或生态文明建设。很显然，中国共产党的领导是推进国家治理体系和治理能力现代化的根本保证，也是推动生态社会治理创新的核心力量。早在 1973 年《关于保护和改善环境的若干规定(试行草案)》中就已指出，环境保护要“依靠群众，大家动手”[⑤]。2017 年，习近平同志在十八届中央政治局就推动形成绿色发展方式和生活方式进行的第四十一次集体学习时的讲话时也强调，“生态文明建设同每个人息息相关，每个人都应该做践行者、推动者。要加强生态文明宣传教育，强化公民环境意识，推动形成节约适度、绿色低碳、文明健康的生活方式和消费

---

① 《国务院关于加快发展循环经济的若干意见》，《中华人民共和国国务院公报》2005 年第 23 期，第 10-14 页。

② 《全国环境宣传教育行动纲要》(2011—2015)，《环境教育》2011 年第 6 期，第 20-23 页。

③ 胡锦涛：《坚定不移沿着中国特色社会主义道路前进，为全面建成小康社会而奋斗》，人民出版社，2012 年版，第 41 页。

④ 《关于构建现代环境治理体系的指导意见》，《中华人民共和国国务院公报》2020 年第 8 期，第 11-14 页。

⑤ 《关于保护和改善环境的若干规定(试行草案)》，《工业用水与废水》1974 年第 2 期，第 38-41 页。

模式，形成全社会共同参与的良好风尚”①。党的十九大报告既强调“加强社会治理制度建设，完善党委领导、政府负责、社会协同、公众参与、法治保障的社会治理体制”，同时也指出要“坚持全民共治、源头防治，持续实施大气污染防治行动，打赢蓝天保卫战”“构建政府为主导、企业为主体、社会组织和公众共同参与的环境治理体系”②。2020年，中共中央办公厅、国务院办公厅印发的《关于构建现代环境治理体系的指导意见》则更明确提出，要建立健全领导责任体系、企业责任体系、全民行动体系、监管体系、市场体系、信用体系、法律政策体系，落实各类主体责任，提高市场主体和公众参与的积极性，形成导向清晰、决策科学、执行有力、激励有效、多元参与、良性互动的环境治理体系③。

六、作为重要外部驱动的人类生态命运共同体构建动力

“人类生态命运共同体”是“人类命运共同体”的题中应有之义，是“人类命运共同体”在全球生态环境治理与合作中的具体样态。“人类生态命运共同体”不仅是基于我国生态文明及其建设实践的当代中国理念、中国话语和中国智慧，还是反映与顺应当今世界生态环境治理合作及其创新需要的时代趋势和先进理念。因为，宇宙中只有一个地球，地球是全人类赖以生存的唯一家园。面对以全球气候变化与温室效应、生物多样性减少、垃圾跨国转移与扩散等为代表的全球生态环境问题挑战，任何一个国家和地区都不可能独善其身，而只能是一荣俱荣、一损俱损的相互依赖关系。相应地，构建人类生态命运共同体，是国际社会实现可持续发展的唯一正确选择。人类生态命运共同体及其构建的矛盾关系，主要表现为全球生态文明建设中国家与国家、地区与地区等之间的矛盾，是全球范围内国家与国家、地区与地区等之间的生态化发展与非生态化发展之间的矛盾。因而，所谓人类生态命运共同体构建

① 《习近平谈治国理政》(第三卷)，外文出版社，2017年版，第396页。

② 习近平：《决胜全面建成小康社会，夺取新时代中国特色社会主义伟大胜利》，人民出版社，2017年版，第49页、第51页。

③ 《关于构建现代环境治理体系的指导意见》，《中华人民共和国国务院公报》2020年第8期，第11-14页。

动力，就是在全球生态环境治理合作过程中人类命运共同体倡导和构建所产生的推动力量，是全球生态文明建设中国家与国家、地区与地区等之间矛盾运动所产生的动力，是各种促进生态文明力量与不利于生态文明力量之间矛盾运动所产生的动力，并导致全球各个国家和地区以及作为整体的生态化发展。而相对于上述内部性动力而言，人类生态命运共同体构建动力是社会主义生态文明建设的重要外部驱动。

人类生态命运共同体构建动力及其作用发挥，不仅需要世界各国和地区秉承共建美好地球家园理念，坚持公平分担生态环境治理责任原则，建立各种全球性生态文明建设规则和机制，形成一种正向积极的国际生态促动，还需要将人类生态命运共同体建设融入人类经济命运共同体、人类政治命运共同体、人类文化命运共同体、人类社会命运共同体建设的各方面和全过程，通过全球性的生态经济共进、生态政治互信、生态文化共识、生态社会协同建设，逐渐形成人类生态经济命运共同体动力、人类生态政治命运共同体动力、人类生态文化命运共同体动力和人类生态社会命运共同体动力，最终汇成推动全球性生态文明建设的整体合力和强大动力。可以说，构建人类生态命运共同体是当代中国共产党人的国际生态政治宣言。因为，作为唯一执政党的中国共产党，始终以“为人民谋幸福、为民族谋复兴、为世界谋大同”作为自己的初心和使命，而人类生态命运共同体倡导构建及其动力作用发挥就是“为世界谋大同”的生动体现。对此，我们可以从如下三个方面来理解。

第一，人类生态价值共同体是构建人类生态命运共同体的思想条件。这既体现为对全球范围内人与自然是生命共同体观念的价值认同，也体现为对全球范围内人与人、人与社会是人类命运共同体理念的价值认同，还表现为对生态文化、全球普适性文化和人类共同体文化有机统一的价值认同。它标志着全球性人类生态文明意识的普遍觉醒与广泛提升，也意味着对当代全球性资本主义文化的深刻反思与批判。在中国共产党领导下，我国社会主义生态文明建设一直高度重视和倡导人类生态价值共同体理念。1992 年，联合国在里约热内卢召开的环境与发展大会，通过了以可持续发展为核心理念的《环境与发展宣言》《21 世纪议程》等文件之后，中国迅即编制了世界上第一个国别性的《中国 21 世纪人口、资源、环境与发展白皮书》，并把“可持续发展”理念纳入其中[①]。党的十七大报告首次提出中国特色“生态文明建设”的思想与战略之后，2013 年，联合国环境规划署第 27 次理事会通过了写入来自中国的生态文明理念的草案；2016 年，联合国环境规划署又发布了题为《绿水青山就是金山银山：中国生态文明战略与行动》的报告。《中国生态文化发展纲要（2016—2020 年）》明确要求，要延展“一带一路”生态文化合作交流，要加强与沿线国家深入开展生态文化交流与合作的顶层设计和战略合作，精心打造以“海上丝绸之路”为主题的生态文化交流品牌。党的十九大报告不仅明确提出了“人与自然是生命共同体”理念，还在其倡导的人类命运共同体理念框架中，更加具体地阐述了建设“清洁美丽的世界”以及“坚持环境友好，合作应对气候变化，保护好人类赖以生存的地球家园”等人类生态命运共同体基本意涵，凸显了人类生态价值共同体的思想内容[②]。

第二，人类生态利益共同体是构建人类生态命运共同体的物质条件。这意味着，要在相互尊重、平等协商的基础上，坚持开放包容、共赢共享、公平公正、同舟共济的合作原则，在全球范围内的国家与国家、地区与地区间实现不同的生态利益之间以及生态利益与非生态利益之间的互惠、平衡与和谐。这当然也就意味着，要反对资本逻辑支配下的各种对其他国家和地区进行自然资源环境掠夺破坏的生态帝国主义和生态殖民主义行为，反对全球生态环境资源不公正使用秩序下的各种非对称发展模式，不断扩大越来越多的共同生态利益，不断构建越来越广泛的生态利益共同体。对此，中国共产党及其领导的政府一直有着明确的立场和切实的行动。党的十八大报告指出，“倡导人类命运共同体意识，在追求本国利益时兼顾他国合理关切，在谋求本国发展中促进各国共同发展，建立更加平等均衡的新型全球发展伙伴关系，同舟共济，权责共担，增进人类共同利益”[③]。2013 年，习近平同志在博鳌亚洲论坛年会开幕式上强调，“世界各国联系紧密、利益交融，要互通有无、优

① 《中国 21 世纪议程——中国 21 世纪人口、资源、环境与发展白皮书》，中国环境科学出版社，1994 年版，第 4 页。

② 习近平：《决胜全面建成小康社会，夺取新时代中国特色社会主义伟大胜利》，人民出版社，2017 年版，第 59 页。

③ 胡锦涛：《坚定不移沿着中国特色社会主义道路前进，为全面建成小康社会而奋斗》，人民出版社，2012 年版，第 47 页。

势互补，在追求本国利益时兼顾他国合理关切，在谋求自身发展中促进各国共同发展，不断扩大共同利益汇合点”[①]。2015 年，习近平同志在巴黎气候变化大会上呼吁，《巴黎协定》应该有利于引领绿色发展，既要有效控制大气温室气体浓度上升，又要建立利益导向和激励机制，推动各国走向绿色循环低碳发展，实现经济发展和应对气候变化双赢[②]。2017 年，他在“一带一路”国际合作高峰论坛开幕式演讲中发出倡议，组建“一带一路”绿色发展国际联盟。2019 年，他又在第二届“一带一路”国际合作高峰论坛开幕式上表示，推动共建“一带一路”，要坚持绿色理念，把绿色作为底色，推动绿色基础设施建设、绿色投资、绿色金融，保护好我们赖以生存的共同家园[③]。在战略与政策落实方面，我国环境保护部、外交部、发展改革委、商务部联合发布的《关于推进绿色“一带一路”建设的指导意见》，中国金融学会绿色金融专业委员会与“伦敦金融城绿色金融倡议”共同发布的《“一带一路”绿色投资原则》，中国政府与联合国环境署共同签署的《关于建设绿色“一带一路”的谅解备忘录》等，都是我国推动人类生态利益共同体构建的生动展现。

第三，人类生态责任共同体是构建人类生态命运共同体的政治条件。这意味着，在坚持共同但有区别的责任原则、公平原则、各自能力原则的基础上，每个国家和地区不仅要勇于承担自身的生态环境保护治理责任，还要勇于承担相应的国际生态环境治理合作责任。人类生态命运共同体不能仅仅是人类生态权利共同体或人类生态利益共同体，更应该是人类生态责任共同体或人类生态义务共同体。中国共产党及其领导的政府，一直在倡导与推进全球同心协力共担生态环境责任，同时积极履行人类生态责任共同体构建中的自身责任。早在 1972 年，中国就派代表团参加了在斯德哥尔摩召开的联合国人类环境会议。党的十八大报告明确指出，要“坚持共同但有区别的责任原

---

① 《习近平出席博鳌亚洲论坛 2013 年年会开幕式并发表主旨演讲：共同创造亚洲和世界的美好未来》，《人民日报》2013 年 4 月 8 日。

② 《习近平在气候变化巴黎大会开幕式上的讲话》，《人民日报》2015 年 12 月 1 日。

③ 《习近平出席第二届‘一带一路’国际合作高峰论坛开幕式并发表主旨演讲》，《人民日报》2019 年 4 月 26 日。

则、公平原则、各自能力原则，同国际社会一道积极应对全球气候变化”[①]，而党的十九大报告再次强调，要“积极参与全球环境治理，落实减排承诺”[②]。2015年，习近平同志在巴黎气候变化大会开幕式上又一次强调，“发达国家和发展中国家的历史责任、发展阶段、应对能力都不同，共同但有区别的责任原则不仅没有过时，而且应该得到遵守”[③]。2018年，他在全国生态环境保护大会上再次指出，要同国际社会一道，加快构筑尊崇自然、绿色发展的生态体系，共建清洁美丽的世界；要深度参与全球环境治理，积极引导国际秩序变革方向，形成世界环境保护和可持续发展的解决方案[④]。在实践层面上，1992年，中国成为《联合国气候变化框架公约》的首批缔约国。2012年，中国发布了第一个可持续发展国家报告。2015年，中国出资200亿元专款设立“中国气候变化南南合作基金”，帮助发展中国家应对全球气候变化。同年，习近平同志在巴黎气候变化大会开幕式上庄重承诺，中国将在2030年单位国内生产总值二氧化碳排放比2005年下降60%~65%，非化石能源占一次能源消费比重达到20%左右，森林蓄积量比2005年增加45亿立方米左右[⑤]。近年来，中国为达成和落实《巴黎协定》做出了巨大贡献，在美国宣布退出之后，中国与世界其他国家合作在2018年卡托维茨大会上达成了《巴黎协定》实施细则，2020年则在联合国大会上宣布将在2060年实现“碳中和”。与此同时，促进绿色“一带一路”建设，也成为我国落实应对全球气候变化的《巴黎协定》的重要路径。如今，中国在努力解决自身生态环境问题的同时，已经批准加入了30多项与生态环境保护治理有关的多边公约或议定书，成为全球生态文明建设的重要参与者、贡献者、引领者。

（作者单位：南京工业大学马克思主义学院）

---

① 胡锦涛：《坚定不移沿着中国特色社会主义道路前进，为全面建成小康社会而奋斗》，人民出版社，2012年版，第40–41页。

② 习近平：《决胜全面建成小康社会，夺取新时代中国特色社会主义伟大胜利》，人民出版社，2017年版，第51页。

③ 《习近平在气候变化巴黎大会开幕式上的讲话》，《人民日报》2015年12月1日。

④ 习近平：《推动我国生态文明建设迈上新台阶》，《求是》2019年第3期，第4–19页。

⑤ 《习近平在气候变化巴黎大会开幕式上的讲话》，《人民日报》2015年12月1日。

第九章

社会主义生态文明制度构建及其挑战：以河长制为例

郇昌华

内容提要：生态文明的社会主义本质规定性，对于我国生态文明制度体系及其建设的目标与任务蕴含着许多不容置疑的根本性或前提性要求，而我国社会主义初级阶段的致力于建设人与自然和谐共生的现代化的跨世纪发展宏图，又使得我们必须结合经济社会现代化的不同阶段及其具体特点来考虑生态文明制度体系及其建设的现实推进战略与策略。当前，在全国范围内铺开的“河长制”，一方面，充分体现了党的政治领导和党政同责理念原则对于我国生态环境保护治理或广义的生态文明建设的“第一动力”意义，而且也是对进入新时代以来党政关系格局及其变化的自觉顺应，并大大提升了这一政策议题领域的治理成效，另一方面，决非仅仅意味着水生态环境行政管理体制意义上的单向度改革，而是关涉到从国家到地方不同层级的、多重维度下的治理目标与治理方式的深刻转型或重塑，也正因为如此，它目前看来依然存在着的诸多缺陷或不足，也将会在一种更长的时间跨度下，借助更加综合性的进路加以推进解决。

关键词：社会主义生态文明，制度构建，制度框架，体制机制，河长制以国家生态环境治理体系和治理能力现代化为主体内容的生态文明制度体系构建，既是新时代生态文明建设得以全面推进的制度条件或保障，也是社会主义生态文明建设系统整体中的重要一环，其目标则是逐渐创建一个多元主体参与、权责分明、协调互促的社会主义生态文明制度框架体系①。基于此，本章将在系统梳理社会主义生态文明的制度意涵及其客观要求的基础上，结合我国近年来河长制的制度创新实践，具体分析社会主义生态文明制度构建过程中所遭遇的现实困难与挑战，从而深化推进关于社会主义生态文明及其建设的学理性讨论。

一、社会主义生态文明的制度意涵及其要求

很显然，“生态文明”一词的“社会主义”前缀，凸显或强调了我国生态文明及其建设的社会主义政治属性和制度特征。也就是说，我们可以从社会主义制度的基本特征或本质属性推论出我国生态文明及其建设的一些根本特点或要求。

1. 自然资源的公共所有制

马克思恩格斯明确指出，未来社会与资本主义社会“具有决定意义的差别当然在于，在实行全部生产资料公有制(先是国家的)基础上组织生产”②。因而，包括自然资源在内的生产资料公有制，是所有社会主义社会或国家的标志性特征。就我国而言，《宪法》第九条明确规定：“矿藏、水流、森林、山岭、草原、荒地、滩涂等自然资源，都属于国家所有，即全民所有；由法律规定属于集体所有的森林和山岭、草原、荒地、滩涂除外。”因而，我国在自然资源所有制上坚持的是包括全民所有和集体所有形式的公共所有制。但是，现实中自然资源公有制的制度落实与坚持完善，还离不开建立健全自然资源资产的产权制度与具体管理制度。尤其是在社会主义初级阶段的社会条件下，

① 张振华、朱佳磊：《中国特色社会主义生态文明制度体系的构建：基于若干重要政策报告的文本分析》，《中共宁波市委党校学报》2018年第6期，第15-21页；解振华：《构建中国特色社会主义的生态文明治理体系》，《中国机构改革与管理》2017年第10期，第10-14页。

② 《马克思恩格斯文集》(第十卷)，人民出版社，2009年版，第588页。

由于受到社会生产力发展水平的限制，自然资源的公共管理体制并不是纯粹的公有制，也就难免会存在这样那样的问题。“我国生态环境保护中存在的一些突出问题，一定程度上与体制不健全有关，原因之一是全民所有自然资源资产的所有权人不到位，所有权人权益不落实”[①]。1968 年，美国学者加勒特·哈丁提出了著名的“公地悲剧”假设[②]，认为缺乏产权保护的话将会导致自然资源的滥用，主张采取自然资源的私有化保护。此后，“在解决环境危机的过程中，人们越来越倾向于诉诸环境要素的私有化来破解环境危机”[③]。哈丁的观点当然不足以否定自然资源的社会主义公共所有制本身，但由此所提出的借鉴参照是，社会主义生态文明及其建设也需要“对水流、森林、山岭、草原、荒地、滩涂等自然生态空间进行统一确权登记，形成归属清晰、权责明确、监管有效的自然资源资产产权制度”[④]。

2. 对环境社会正义的关注

学界一般认为，环境正义运动起源于美国，是 20 世纪 60 年代兴起的“现代公民权利运动”和随后产生的“环境保护运动”相结合的产物，其直接促因则是反对有毒废弃物的大众社会运动。其实，马克思主义经典作家早在 19 世纪初对当时的工业化所造成人的异化及劳资矛盾分析的同时，已关注到不平等的社会制度所带来的环境权益的阶级差异，就提出了人们生产生活环境的社会公正问题。一般而言，环境正义意味着或要求公平享用生态环境资源的权利与公平担负生态环境污染和风险的义务，而生态文明则意味着或要求对不平等的环境权益和环境义务分配关系进行治理，从而维护人与人、人与社会之间公平使用生态环境资源的平等权利，尽可能增进全社会在生态环境事务上的公共利益，从而形成生态环境资源使用上的健康良好的公共秩序，而逐渐达成(促进)这种关系、利益和秩序的过程就是环境正义的实现过程。因而，环境正义首先是一种统摄、引领生态治理行动的内在的、核心的价值精神。

---

① 中共中央文献研究室(编)：《习近平关于社会主义生态文明建设论述摘编》，中央文献出版社，2017 年版，第 102 页。

② Garrett Hardin，“The tragedy of the commons”，*Science* 162(1968)：1243-1248.

③ 王慧：《环境危机与私有化：基于制度经济学视角的认知》，《制度经济学研究》2008 年第 3 期，第 134-149 页。

④ 《中共中央关于全面深化改革若干重大问题的决定》，人民出版社，2013 年版，第 52 页。

相应地，社会主义生态文明及其建设具有明确的环境正义价值取向，即坚持不同社群在生态环境资源使用权益上的平等享有和在生态环境保护义务上的公平担负。具体来说，我国生态文明建设或生态保护治理过程中所关涉的环境正义问题，主要包括如下两个方面。一是环境程序正义问题，即生态环境的民主决策程序缺失，相关人群的生态环境权益在决策中难以得到平等、充分的反映，他们的生态环境监督权、参与权等难以得到平等、有效的行使，他们的利益关切难以进入决策之中，而有些人群则在决策中拥有更多发言权。二是环境分配正义问题，即在生态环境权益与义务划分上，城市人群与郊区和乡村人群、移民人群与非移民人群、富裕人群与贫困人群不对等①。毋庸置疑，我国生态文明及其建设不是为了改善一部分人的生活环境质量，而是为了改善所有人民群众的生活环境质量。因而，生态文明建设要求在城乡之间、在东西部区域之间形成公平公正的生态环境权益保障机制，不仅致力于改善城市生态环境，还要同时改善乡村生态环境；不仅着力于改善居民生活环境质量，同时还是要改善产业工人的劳动环境质量。

3. 主动严格保护生态环境

社会主义生态文明及其建设内在地要求党和政府，基于国家以及区域生态系统安全、稳定与可持续的目标，主动严格地保护好生态环境，尤其是各类重点生态功能区、生态脆弱敏感区和生物多样性维护区的生态环境，比如森林、草原、湿地等生态系统，持续推进防风固沙、水土保持、水源涵养、生物多样性保护等各项政策举措；积极开展大气污染防治，减少工业污染物排放总量，加快调整化石能源为主的生产与消费结构，建立全国性及区域间污染联防联控机制；大力推进水污染防治，全面强化工业、城镇生活、农业生产及船舶交通等水污染物的排放管理，实施最严格的水资源管理和水环境风险控制，保障饮用水水源安全等；此外，还要全面加强对土壤、固废、噪声、辐射等环境污染的防治。

4. 努力建设优美城乡

社会主义生态文明及其建设还内在地要求党和政府，努力建设美丽中国、

---

① 龚天平、刘潜：《我国生态治理中的国内环境正义问题》，《湖北大学学报（哲社版）》，2019年第6期，第14-21页。

美丽城乡，既要科学打造山水相间的城市空间形态，实施城市美化、靓化、绿化工程，完善城市公园绿地等生态休闲空间体系，也要推动实施乡村振兴行动计划，整治农村人居环境，完善乡村基础设施，构筑乡村生活垃圾收集、运输与处置体系和生活污水收集处理系统，推进村庄绿化、庭院绿化、街道绿化、防护林绿化等生态建设工程。

5. 促进绿色经济发展

社会主义生态文明及其建设亦内在地要求党和政府，大力促进绿色发展、低碳发展、循环发展，既要按照减少资源消耗和废弃物产生的目标，优先选择采用易回收、易拆解、易降解、无毒无害或低毒低害的制造材料和设计方案，尤其是限制一次性消费品的生产和销售，也要鼓励各类产业园区中的企业进行废弃物交换利用、能量梯级利用、土地集约利用、水的分类利用和循环使用，共享生产基础设施和其他有关设施，还要统筹规划建设城乡生活垃圾分类收集和资源化利用设施，建立和完善分类收集与资源化利用体系，提高生活垃圾的资源化率。

需要强调指出的是，除了上述生态环境友好性质的制度规定性，作为社会主义生态文明及其建设表征或构成要素的制度，还具有明确的社会主义性质的制度规定性①。具体来说，它们包括如下六点。

其一，制度要体现公正性。公正或公平正义是现代社会中经济、政治、法律等制度的基础价值理念，也是衡量现代社会制度及其体系的基本评价标尺。所谓公正或公平正义，就是指在一定历史条件下和社会范围内对各种利益进行分配协调时所遵循的价值理念、议程规则以及结果状态。总的来说，公正的实现程度既受到经济社会发展水平的制约，也与某一社会的社会文化制度特点及其价值观念支撑基础密切相关。在现代社会中，制度公正除了意味着面向所有人的公平对待和机会，即每一个社会成员都享受到利益分配和资源配置上的同等条件下的公平对待之外，还要考虑到各种先天或后天因素所造成的社会成员条件差异，并给予某种形式或程度的权益补偿。这体现在

① 杨英姿：《社会主义生态文明制度建构的理念、原则与范例》，《今日海南》2018 年第 11 期，第 30-31 页；李全喜：《增强社会主义生态文明制度的实效性》，《中国生态文明》2018 年第期，第 86-87 页。

社会主义生态文明制度及其建设方面，就是要突出环境正义质性，一方面强调环境权益本身在空间、人群、种族、性别等维度之下的公平，另一方面要积极推动各类生态补偿制度机制的创立与完善，对一些难以避免的不公平现象(结果)予以补偿。

其二，制度要以人为本。制度为人而设，人是制度的主体和目的。因而，制度及其构建的价值、理念和原则理应是以人为本，制度的建构、安排和运行都应以现实的人为中心，要充分肯定和尊重人的价值、尊严和权利，最终是促进人的自由而全面发展。总之，人是制度的最高目的，离开了人及其发展，制度本身就失去了存在的价值和意义。同样，对于社会主义生态文明及其建设来说，制度及其建设归根结底是为了更加尊重人的生态环境需求，满足人们对于优美生态环境和优质生态产品的需要。

其三，制度要体现合乎规律性。制度构建及其创新当然是主体能动性的表现，但同时还必须尊重客观规律。社会经济制度创新必须植根于客观的社会现实，符合社会生产力发展的内在要求，任何无视社会发展的实际情况而凭主观愿望进行制度创新的，都会事倍功半或适得其反。因而，现实的制度创新必须同时遵守社会发展自身的客观规律和制度本身构建的内在要求。具体到社会主义生态文明制度建设或创新，则要努力做到同时符合自然生态规律和社会经济规律，尤其是在有利于生态环境改善的同时，有助于推动绿色经济的不断发展。

其四，制度要利于功能实现。没有功效的制度是没有生命力的，也不可能长期存在下去，而制度的有效性，尤其体现在其“激励—约束”机制的有效性。也就是说，一个有效的制度意味着，它可以在人们做得不好或违规时能给予处罚，而在人们做得好时则能给予奖励。只有奖惩分明的制度，才能最大程度地调动人的积极性、主动性和创造性，进而能够发展人的主体性。判定制度有效性的基本考量，是它们在经济、政治、社会、文化和生态环境治理维度上的功能及其实现。制度经济学派的道格拉斯·诺思和约翰·康芒斯认为①，经济制度创新就是一个使创新者获得追加利益和追求经济效率最大化

① 参见黄少安：《制度经济学由来与现状解构》，《改革》2017年第1期，第132-144页；李伯聪：《略论制度经济学派》，《自然辩证通讯》1998年第6期，第24-31页。

的过程，而这一理解也可以大致应用于政治、社会、文化与生态环境维度上的制度创新。具体到生态环境维度，其核心在于最大化地提升生态环境质量，确保生态安全。

其五，制度要利于治理现代化。党的十八届三中全会所通过的中共中央《关于全面深化改革若干重大问题的决定》明确提出，“全面深化改革的总目标是完善和发展中国特色社会主义制度，推进国家治理体系和治理能力现代化”①。国家治理体系与治理能力现代化，是我国社会主义现代化的重要目标性方面。而国家治理现代化的要义，则在于坚持党的全面领导和国家主导作用的前提下，更加注重发挥方方面面的积极性、参与性，充分调动和运用市场的力量、法制的力量、社会的力量、人民的力量，实现法治、德治、共治、自治的有机统一，实现各项事务治理的制度化、规范化、程序化、民主化。应该说，相较于传统的国家统治、政府管理，治理现代化更加注重科学、民主、文明。具体到社会主义生态文明制度及其建设，其核心内容就是遵循国家治理现代化的整体要求，大力推进生态环境治理体系和治理能力现代化。

其六，制度要可执行。制度创设之后是要用于规约相对应的社会组织或个体的。因而，它的政策指示意义必须清晰明确，必须被制度执行的国家机关工作人员所正确理解，还必须易于被作为规约对象的社会组织或个体以及全社会所理解。同时，它所规定的所有行为规则必须是可执行的。制度建设及其创新具有社会性、历史性，因而制度构建及其落实时，要充分考虑到当时的社会历史条件。不仅如此，无论是制度建设的过程还是对制度执行结果的评价，都应是具体的、历史的，要结合社会历史条件的变化而不断创新发展。总之，社会经济制度及其具体形式都是在特定自然环境和社会历史条件下所做出的选择。就我国当下的生态环境保护治理而言，由于总体上正处于生态环境压力叠加、负重前行的关键时期，满足人民日益增长的优美生态环境需求的攻坚时期和有条件有能力解决生态环境突出问题的窗口时期，这就要求我们的生态文明制度及其制度建设，既要着眼于长远和战略性要求，又要考虑地方和现实情况，使得制度规定便于实际执行者尤其是基层管理者操作，从而有利于保护治理目标的切实实现。

---

① 《中共中央关于全面深化改革若干重大问题的决定》，人民出版社，2013年版，第3页。

二、社会主义生态文明制度体系：从构想到创建

可以说，从党的十八大至今，党和政府大力推进生态文明建设、深化生态文明体制改革的过程，就是逐步提出社会主义生态文明制度体系构想并将其付诸实践的过程。

2012年党的十八大报告把“加强生态文明制度建设”作为新时代“大力推进生态文明建设”的四大战略部署及任务总要求之一，提出“要把资源消耗、环境损害、生态效益纳入经济社会发展评价体系，建立体现生态文明要求的目标体系、考核办法、奖惩机制”①，以及包括建立完善国土空间开发保护制度、耕地保护制度、水资源管理制度、环境保护制度、资源有偿使用制度和生态补偿制度、生态环境保护责任追究制度和环境损害赔偿制度等在内的重要具体制度。2013年党的十八届三中全会通过的中共中央《关于全面深化改革若干重大问题的决定》不仅明确强调，“建设生态文明，必须建立系统完整的生态文明制度体系，实行最严格的源头保护制度、损害赔偿制度、责任追究制度，完善环境治理和生态修复制度，用制度保护环境”，还把这些制度建设要求归纳为“四大改革任务”：“健全自然资源资产产权制度和用途管制制度”“划定生态保护红线”“实行资源有偿使用制度和生态补偿制度”“改革生态环境保护管理体制”②。2015年，中共中央、国务院先后印发了《关于加快推进生态文明建设的意见》和《生态文明体制改革总体方案》，提出到2020年，构建起由自然资源资产产权制度、国土空间开发保护制度、空间规划体系、资源总量管理和全面节约制度、资源有偿使用和生态补偿制度、环境治理体系、环境治理和生态保护市场体系、生态文明绩效评价考核和责任追究制度等八项制度构成的产权清晰、多元参与、激励约束并重、系统完整的生态文明制度体系，推进生态文明领域国家治理体系和治理能力现代化，努力走向社会主义生态文明新时代。

---

① 胡锦涛：《坚定不移沿着中国特色社会主义道路前进，为全面建成小康社会而奋斗》，人民出版社，2012年版，第41页。

② 《中共中央关于全面深化改革若干重大问题的决定》，人民出版社，2013年版，第52-54页。

2017 年党的十九大报告在“加快生态文明体制改革、建设美丽中国”的主题下，概括阐述了适应人与自然和谐共生的现代化目标所要求的“绿色发展体系”“环境治理体系”“生态安全控制线体系”“生态环境监管体制”①。2018 年 5 月 18 日，习近平同志在全国生态环境保护大会上的讲话，不仅明确强调了制度建设及其严格贯彻落实的极端重要性，“保护生态环境必须依靠制度、依靠法治……要加快制度创新，增加制度供给，完善制度配套，强化制度执行，让制度成为刚性的约束和不可触碰的高压线”，而且首次把“以治理体系和治理能力现代化为保障的生态文明制度体系”作为更大范围内的“生态文明体系”的重要组成部分(另外四个子体系分别是生态文化体系、生态经济体系、生态环境质量目标责任体系和生态安全体系)②。2019 年党的十九届四中全会通过的决定，则进一步把我国治理体系和治理能力现代化主题下的生态文明制度体系概括为如下四个方面：“实行最严格的生态环境保护制度”“全面建立资源高效利用制度”“健全生态保护和修复制度”“严明生态环境保护责任制度”③。

因而，以 2015 年 9 月《生态文明体制改革总体方案》的公布实施为主要标志，党和政府初步形成了围绕着生态文明体制改革和治理现代化目标任务的生态文明制度体系构想，或者说我国生态文明体制构架的“四梁八柱”。概括地说，它们包括如下八个方面或“要点”④。

其一，构建归属清晰、权责明确、监管有效的自然资源资产产权制度，着力解决自然资源所有者不到位、所有权边界模糊等问题。健全自然资源产权制度，实现自然资源的合理配置，有利于从源头上控制对自然资源的不合理开发利用和破坏。其具体内容包括，“建立统一的确权登记系统”“建立权责明确的自然资源产权体系”“健全国家自然资源资产管理体制”“探索建立分级行使所有权的体制”“开展水流和湿地产权确权试点”等。

---

① 习近平：《决胜全面建成小康社会，夺取新时代中国特色社会主义伟大胜利》，人民出版社，2017 年版，第 50-52 页。

② 习近平：《推动我国生态文明建设迈上新台阶》，《求是》2019 年第 3 期，第 13 页、第 14 页。

③ 《中共中央关于坚持和完善中国特色社会主义制度、推进国家治理体系和治理能力现代化若干重大问题的决定》，载《中国共产党第十九届中央委员会第四次全体会议文件汇编》，人民出版社，2019 年版，第 52-55 页。

④ 《中共中央 国务院印发〈生态文明体制改革总体方案〉》，http：//www. xinhuanet. com//politics/2015-09/21/c_ 1116632159. htm(2020 年 12 月 25 日)

其二，构建以空间规划为基础、以用途管制为主要手段的国土空间开发保护制度，着力解决因无序开发、过度开发、分散开发导致的优质耕地和生态空间占用过多、生态破坏、环境污染等问题。其具体内容包括“完善主体功能区制度”“健全国土空间用途管制制度”“建立国家公园体制”“完善自然资源监管体制”等。

其三，构建以空间治理和空间结构优化为主要内容，全国统一、相互衔接、分级管理的空间规划体系，着力解决空间性规划重叠冲突、部门职责交叉重复、地方规划朝令夕改等问题。其具体内容包括，“编制空间规划”“推进市县‘多规合一’”“创新市县空间规划编制方法”等。

其四，构建覆盖全面、科学规范、管理严格的资源总量管理和全面节约制度，着力解决资源使用浪费严重、利用效率不高等问题。其具体内容包括，“完善最严格的耕地保护制度和土地节约集约利用制度”“完善最严格的水资源管理制度”“建立能源消费总量管理和节约制度”“建立天然林保护制度”“建立草原保护制度”“建立湿地保护制度”“建立沙化土地封禁保护制度”“健全海洋资源开发保护制度”“健全矿产资源开发利用管理制度”“完善资源循环利用制度”等。

其五，构建反映市场供求和资源稀缺程度、体现自然价值和代际补偿的资源有偿使用和生态补偿制度，着力解决自然资源及其产品价格偏低、生产开发成本低于社会成本、保护生态得不到合理回报等问题。其具体内容包括“加快自然资源及其产品价格改革”“完善土地有偿使用制度”“完善矿产资源有偿使用制度”“完善海域海岛有偿使用制度”“加快资源环境税费改革”“完善生态补偿机制”“完善生态保护修复资金使用机制”“建立耕地草原河湖休养生息制度”等。

其六，构建以改善环境质量为导向，监管统一、执法严明、多方参与的环境治理体系，着力解决污染防治能力弱、监管职能交叉、权责不一致、违法成本过低等问题。其具体内容包括，“完善污染物排放许可制”“建立污染防治区域联动机制”“建立农村环境治理体制机制”“健全环境信息公开制度”“严格实行生态环境损害赔偿制度”“完善环境保护管理制度”等。

其七，构建更多运用经济杠杆进行环境治理和生态保护的市场体系，着力解决市场主体和市场体系发育滞后、社会参与度不高等问题。其具体内容包括，“培育环境治理和生态保护市场主体”“推行用能权和碳排放权交易制度”“推行排污权交易制度”“推行水权交易制度”“建立绿色金融体系”“建立统一的绿色产品体系”等。

其八，构建充分反映资源消耗、环境损害和生态效益的生态文明绩效评价考核和责任追究制度，着力解决发展绩效评价不全面、责任落实不到位、损害责任追究缺失等问题。其具体内容包括“建立生态文明目标体系”“建立资源环境承载能力监测预警机制”“探索编制自然资源资产负债表”“对领导干部实行自然资源资产离任审计”“建立生态环境损害责任终身追究制”等。

当然，以《生态文明体制改革总体方案》为代表的对于我国社会主义生态文明制度体系的勾勒描绘，在很大程度上仍是一种政治构想或政策话语，也就是说，它既不等同于社会现实，也不等同于实践本身，而是需要一个在社会实践过程中不断制度化或实体化的过程，并且肯定会遇到同时来自现实复杂性和方案简约性所带来的困难或挑战。

三、个例分析：以河长制为例

所谓“河长制”是我国生态环境保护治理或广义的生态文明建设过程中逐渐引入、推广与不断完善的，由行政辖区内党政主管对河流水污染、水质量和水环境等全面负责的行政管理制度①，既充分体现了我国“党政一体”的体制构架在行政管理上的明显特点，也构成了我国社会主义生态文明制度建设的重要特征。

我国境内水系发达、河湖众多，水生态环境条件优越，资源十分丰富。但长期以来，高强度、高消耗、高污染的传统发展模式，造成了河道湖泊水域急剧萎缩、水环境严重污染、水生态遭到破坏等突出问题。改革开放之后，尤其是进入21世纪以来，为了保护河湖生态环境和人民群众身体健康，党和政府加大了对河湖自然生态的监管治理力度，先后实施了“三河”（淮河、海

---

① 田鸣 等：《河（湖）长制推进水生态文明建设的战略路径研究》，《中国环境管理》2019年第6期，第32-37页；李轶：《河长制的历史沿革、功能变迁与发展保障》，《环境保护》2017年第16期，第7-10页。

河、辽河)、“三湖”(太湖、滇池、巢湖)水污染治理行动和全国性“水污染防治专项行动”等重大举措，水利用效率有所提高，河湖水质有所改善。但总的来说，其实际收效不如预期，未能从根本上改变严峻的水环境形势。2007年，无锡发生了严重的“太湖蓝藻”污染事件。作为应对之策，无锡市政府思考如何根治太湖及分支河流的水污染顽疾，提出分段截流式的治理思路，并创生出“河长制”这一水污染治理监管模式，即由各级党政主要负责人担任辖区内重要河流的河长，全面负责河道的水污染、水环境、水资源的治理。这一流域治理的地方创新迅即被其他许多省市所效仿，并在党的十八大之后成为我国生态文明制度建设的组成部分。

2016年10月11日，习近平同志主持召开中央全面深化改革领导小组第28次会议，审议通过了《关于全面推行河长制的意见》(以下简称《意见》)。该《意见》提出，坚持节水优先、空间均衡、系统治理、两手发力，以保护水资源、防治水污染、改善水环境、修复水生态为主要任务，在全国江河湖泊全面推行河长制，构建责任明确、协调有序、监管严格、保护有力的河湖管理保护机制，为维护河湖健康生命、实现河湖功能永续利用提供制度保障。简单地说，就是在全国范围内建立涵盖省、市、县、乡四级的河湖长行政监管体制，而这一体制的最大优点则是形成了四级政府主要负责人之间的纵向联动机制，使得河湖治理信息可以迅速有效地在各级政府之间进行传递，因而可望从根本上解决以往上下级政府之间因信息不对称而影响政策执行效果的问题。

2018年7月17日，水利部举行新闻发布会宣布，截至当年6月底，全国31个省(自治区、直辖市)全部建立河长制，比党中央要求的时间提前了半年。全国范围内的省、市、县、乡四级共有河湖长30多万名，而省、市、县三级还成立了专门的河长制办公室。围绕河长制的贯彻实施，建立了河长会议制度、信息共享制度、信息报送制度、工作督察制度、考核问责与激励制度、验收制度等具体制度，还出台了河长巡河、工作督办等配套制度，初步形成党政负责、水利牵头、部门联动、社会参与的监管工作格局。应该承认，河长制的创建实施已经取得了初步成效。以无锡市为例，自2008年实施河长制以来，辖区内的河湖水质总体改善，国家考核断面达标率已从53.2%提高到71.1%[①]。

但也必须看到，自从河长制诞生之日起，围绕它的争论就从未间断过。学术界各持立场，褒贬互现[②]。无论如何，这一曾经的地方制度创新已经被采纳与扩展成为全国性的强制性制度和政策，成为在多重维度上都具有象征性意义的生态文明制度之一。因而，有必要对河长制全面推行以来的政策落实过程进行系统梳理，尤其是深入分析它所遇到的现实问题与挑战，并提出有针对性的优化建议。

我们首先需要明确的是我国生态文明制度体系及其建设视域下的河长制创设预期，也就是要把河长制创设置于大力推进生态文明建设、加快生态文明体制改革的总体任务和战略格局之下。就此而言，河长制至少担负着如下八个方面的功能或“成效预期”：一是实质性解决我国当前河流的水环境保护、水生态安全、水资源利用、水流域治理等突出问题，尤其是有助于短期内克服严峻的水污染问题；二是水环境改善要体现出以人为本原则，实现对重点河段尤其是关涉公众健康或公众关注河段的水质保护；三是着力于构建产权归属清晰、权责明确、监管有效的最严格的水资源管理制度和节约利用制度，在空间上形成严格的生态空间保护制度；四是要致力于在全流域范围内形成高效的水资源开发利用格局，促进流域绿色发展；五是水资源、水环境、水生态与水安全的保护和修复，要严格遵循自然生态规律与社会经济发展规律；六是水资源利用和水环境保护要坚持公正理念原则，注意到不同河段、不同受影响人群的利益关切及其保护；七是制度运行要确保顺畅高效，有较好的实施可行性；八是要符合国家治理体系与治理能力现代化要求，注重市场、社会、技术、法律等手段机制的综合运用。

与此同时，我们也需要明确河长制被设定或赋予的自身监管与运行机制上的新特点，也就是它理应具备的不同于传统行政监管体制的“优势”之所在。概言之，这些新优势或“必要性”包括如下六个方面：一是流域水环境治理是一项系统性工程，涉及河道与岸上、左右岸、上下游之间，水资源调配、工

---

① 王浩、陈龙：《从“河长制”到“河长治”的对策建议》，《水利发展研究》2018年第11期，第10-13页。

② 张玉林：《承包制能否拯救中国的河流》，《环境保护》2009年第9期，第17-19页。

农业及交通运输等领域的水污染物排放控制、污水收集处理、河道保洁和水生态保护修复等诸多方面的统筹协调问题，而现行的“九龙治水”格局不仅割裂了水治理的系统性，更缺乏必要的资源协调能力，因而无力解决水环境治理中所面临的各种问题；二是现行的水管理体制实质上是部门负责制，结果是涉水管理职能被分割到不同的行政管理部门，而由于部门权力存在着自己的行政边界，就使得对于交叉地带的公共治理存在着多个政府部门作为其合法治理主体，但这些政府部门治理主体之间往往有着不同的职能和目标，以及不同的治理理念和方式，最后则是政府行政管理作为整体的分散化、碎片化，甚至会出现部门之间的矛盾冲突；三是现存的治理体制机制难以满足短时间内迅速取得整治成效的需求，从而与基于以人为本的环境质量改善目标和效率诉求产生冲突，因而需要引入更强有力的行政手段来实现国家和民众对水环境改善的迫切要求；四是现有的环保责任制在实践中难以落实，失职或未尽职追责一般也多会轻易放弃主管官员的责任，而把问责对象推卸到基层官员或部门，因而遵循现行的环保责任制无法促动地方政府主要官员承担河湖水环境治理责任，推进水环境改善；五是法定的政府首长责任制是一种法律责任，但在中国政治环境下更多是一种政治责任，相应地，组织部门追责是一种更加直接高效的方式，因而要想一项职责真正受到重视，就需要将其责任明确化，并成为组织部门政治追责的条件；六是在科层制的压力传导机制下，尤其是在“一把手”亲自抓、党政同责、终身追责的制度安排下，明确的责任规定将会迫使责任人强力推进各自承包河湖的水环境治理，而他们所掌控的权力也使其能够调度充足的资源，切断基层执法人员在其中可能存在的利益链，确保相关部门全力推进执法工作。

综上所述，“河长制”全面设立与推广的“需求逻辑”是，鉴于全国水环境质量形势严峻、历史欠账较多、水环境治理关涉到方方面面、既存监管体制存在诸多薄弱环节等，需要大力加强对于河湖水环境的治理领导力度。具体来说，“河长制”在纵向上确立了不同级别的党政“一把手”对于水环境保护治理的直接领导责任，并将其纳入相应级别的政绩考核体系，成为影响其职务晋升的一个重要因素；在横向上确立了党政“一把手”对于辖区内的水环境保护治理负有直接领导责任，尤其是关于党政同责的制度性规定，使得党政主要领导干部都无法再推卸自己的未尽职或失职责任，因而尽可能利用自己的权威、职权和所掌控的各种资源，要求各个行政执法部门履行各自的水环境保护治理责任，并协调不同行政部门之间可能存在的行政执法或利益冲突[①]。也就是说，借助于“河长制”，河湖水环境现实问题—保护治理社会政治需求—改善具体目标与任务—河长制得以落实的党政领导责任—政治压力的层级传递—河湖治理政策决策与部门间相互协调—多维考核反馈保障—治理任务与目标完成—水环境质量全面改善之间，构成了一个闭合的逻辑链条。

那么，“河长制”的上述“成效预期”和“需求逻辑”在多大程度上成为制度现实，或者说，这些制度预设在实体化的过程中发生了哪些意料之内和超乎预料的折损或变异呢？简要地说，现实中的河长制具有如下三个特征。

其一，环境单元目标责任承包制。依据河长制，辖区内河湖与各级主要领导干部之间，事实上构建起一种水环境责任承包制。在始创地无锡市，时任市长就强调指出，“实行最严格的责任包干”。也正是依照分段截流式治理的监管思路，无锡市安排各级党政主要负责人担任辖区内重要河流河段的河长，以根治太湖及分支河流的水污染顽疾。在我国，推行“环境保护目标责任制”可以追溯到1989年。2008年修订后的《水污染防治法》明确规定：“县级以上人民政府应当制定防治水污染的对策和措施，对本行政区域的水环境质量负责”“国家实行水环境保护目标责任制和考核评价制度。”因而可以说，河长制正是在水环境治理领域中把“环境保护目标责任制”发展为“环境保护目标责任承包制”，将多年来经常悬空的目标责任制落实到地方各级主要官员[②]。

其二，系统性统筹治理机制。在目标责任承包制之下，河长对责任河湖全面负责，也就形成了一个围绕河湖长的系统性统筹治理机制。河流生态环境治理牵涉到河道淤积、企业排污、农业面源污染、居民乱倒垃圾等诸多原因和行为主体，但“河长制”却将复杂的水环境问题及相应治理职责明确给各级党政主要领导，并由此形成了整个权力系统共同参与治水、相互协调的统一机制。“河长”作为当地的党政主要负责人，能够对水污染治理过程中的水利、环境、住建、自然资源、交通、城管等相关职能部门的资源进行整合，

① 肖显静：《“河长制”：一个有效而非长效的制度设置》，《环境教育》2009年第5期，第24-25页；李波、于水：《达标压力型体制：地方水环境河长制治理的运作逻辑研究》，《宁夏社会科学》2018年第2期，第41-47页。

② 黄爱宝：《“河长制”：制度形态与创新趋向》，《学海》2015第4期，第141-147页。

并有效缓解政府各个职能部门之间的职权或利益之争，从而使流域水资源保护和水环境治理得到提升改善。因而，这种制度设计的明显优势，是可以把各级政府的执行权力最大程度地整合，强有力地协调和整合涉及流域水环境管理的多个部门的资源，并按照流域水环境的自然生态规律实行统一协调管理。

其三，临时性任务解决机制。很显然，“河长”并不是与省、市、县长等行政序列相平行的独立的行政主体，而是指负有相应职责的现存党政序列中的各级党委、政府的主要负责人。依此，有学者认为，河流治理或水环境治理中总是存在着大量的复杂性和不确定性问题，而针对这些问题，就需要有充分的灵活性与前瞻性的制度设计与安排。河长制正是通过“一把手抓”与“抓一把手”的自上而下的权力运行机制安排，赋予“河长”一定程度的自由处置权，从而摆脱了法律制度的繁琐程序约束，可以在河流治理中产生法制所不具有的灵活性与高效性，实现水环境治理的高效率①。由于是一种制度外权力安排机制，《关于全面推行河长制的意见》规定了“河长制”的临时工作机制，要求各地根据实际情况，在县级及以上层次设置河长制办公室。其具体做法是，从水务、环保、规划、国土、农业、财政等部门选配或抽调人员组成河长制办公室，或委任某一行政部门作为主要责任联系单位，负责承担相应级别的河长制办公室日常工作。而河长制办公室的职责主要包括，落实河长所确定的事项，根据辖区的水污染状况，研究制定河湖整治方案，统筹协调相关职能部门的职责，开展前端问题交办、过程现场督办、末端责任查办，改善水环境质量等②。

当然，至少从目前的实际运行状况来看，我国的河长制还存在着一些显而易见的不足和缺点。

其一，各级河长之间的权责划分依然不够明确。尽管河长制本身在不断被法律制度化，但各层级“河长”的权责边界、问责机制以及河长职能小组成员间的职责分工等方面内容仍未做到以明确的法律形式来界定清楚，更未能

---

① 黄爱宝：《“河长制”：制度形态与创新趋向》，《学海》2015第4期，第141-147页。

② 史玉成：《流域水环境治理：“河长制”模式的规范建构——基于法律和政治系统的双重视角》，《现代法学》2018年第6期，第95-109页。

以统一的立法形式来强化河长制[1]。在相当程度上，河长制利用党政主要领导对下级的绝对权威来打破水环境治理"多龙治水"的困局，仍是一种行政权力性安排，有待于进一步与依法治国的总体要求相衔接。而各级河长在治水实践中所拥有的自主性行政裁量权，也可能会导致"随意性、偶然性和差异性"等诸多外部治理风险。

其二，河长制仍是基于压力型体制下的首长负责制的任务治理逻辑[2]。在水污染形势较为严峻的非常时期，这种制度安排更能发挥其"快、准、狠"的整治作用，推动短期内的突击治理。但是，它也会使得整个制度过度依赖于担任河长的各级党政主要领导对水环境保护治理的重视程度、俘获资源数量以及上一层级领导责任追究力度等因素[3]。而且，在政绩考核压力下，个别河长还可能会为了个人利益而忽视客观规律，提出不切实际的整治目标任务，并引发反向效果[4]。

其三，作为一种体制内的"自考"，对河长制的考核也存在着明显不足。总的来说，考核结果多以"表扬和自我表扬"为主，真正的"一票否决"几乎未见，甚至出现过水质检测数据和考核成绩作假现象[5]，而随着河长制从运动式治理向常态化机制的转化，考核内容越来越指向日常程序性的工作，考核评分标准中关于建章立制、走程序的权重过大，造成考核内容的书面化。此外，过多过频的督查考核，在加重基层工作负担的同时，也会导致基层的重留痕、轻实绩现象。

其四，河长制办公室是一个新机构，多部门合作、多单位混编的运行机制有待完善。任务的多层级分解，使得协调者之间的协调又成为制约协同效

---

① 任敏：《"河长制"：一个中国政府流域治理跨部门协同的样本研究》，《北京行政学院学报》2015 年第 3 期，第 25-31 页。

② 詹国辉、熊菲：《河长制实践的治理困境与路径选择》，《经济体制改革》2019 年第 1 期，第 188-194 页。

③ 沈满洪：《河长制的制度经济学分析》，《中国人口 · 资源与环境》2018 年第 1 期，第 134-139 页。

④ 王浩、陈龙：《从"河长制"到"河长治"的对策建议》，《水利发展研究》2018 年第 11 期，第 10-13 页。

⑤ 詹云燕：《河长制的得失、争议与完善》，《中国环境管理》2019 年第 4 期，第 93-98 页；王浩、陈龙：《从"河长制"到"河长治"的对策建议》，《水利发展研究》2018 年第 11 期，第 10-13 页。

果的额外变量，很容易导致“简政”变成“繁政”[①]。并不鲜见的是，河长制治理过程中的部门协同从过去的“权威缺漏”转变为现在的“权威依赖”，当党政领导“不在场”时，各部门之间的协同治理又重新陷入“非合作博弈”的困境。“河长制”只是将责任“发包”给地区党政主要领导，而没有形成一个完整的涉水部门横向责任链，导致职责上的“部门分割”难题依然存在，仍会造成政府功能难以完全有效发挥的问题[②]。

其五，各层级河长职责缺乏区分的同构化现象明显。上下级河长虽然职权不一，但所规定的职责却高度一致。这反映了各地在推行河长制过程中，大多简单照搬照套上级文件，以文件落实文件，以办公室对接办公室，导致实际工作中的权责匹配困难。比如，甚至在街道层级，也规定其负责组织领导区域内河湖水资源保护、水域岸线管理、水污染防治、水环境治理等管理保护工作，牵头组织清理整治各类突出问题，协调解决重大问题。而事实上，街道在我国属非完全政府机构，根本无法有效统筹各部门工作，无力承担相当部分职责。

针对上述状况，在笔者看来，我国的河长制至少可以在如下六个方面不断地进行改革与自我完善，以便更好地履行或实现其生态文明制度体系建设促进功能。

其一，建立健全河长制法规体系。在国家层面上，应以深入推行河长制为契机，探索制定跨域水环境治理法规体系，为依法开展跨域公共事务治理提供法律支撑。2017 年新修订的《中华人民共和国水法》正式将河长制升级至法律权威水平，明确规定“省、市、县、乡建立河长制，分级分段组织领导本行政区域内江河、湖泊的水资源保护、水域岸线管理、水污染防治、水环境治理等工作”。虽然新《中华人民共和国水法》为地方政府推行河长制提供了一定的法律支持，但河长制治理法规仍缺乏可操作的实施细则，因而需要进一步健全相关法规，为推动府际合作治理提供坚实的法制保障。一方面，河长

---

① 王浩、陈龙：《从“河长制”到“河长治”的对策建议》，《水利发展研究》2018 年第 11 期，第 10-13 页。

② 梁健：《河长制的困局与出路：基于政府功能限度的视角》，《长江论坛》2018 年第 5 期，第 69-73 页。

制治理法规应依据权、责、能对等原则，厘清各级河长在其权限范围内所能够承担的河湖管理与保护责任。具体来说，乡级河长应主要承担河湖问题巡查与上报责任，县级河长应主要承担辖区内河湖问题治理责任，市级以上河长应主要承担统筹协调和督查检查责任。另一方面，河长制治理法规应根据责任分担原则，明确规定河长制与现行管理体制之间的关系，明确河长统一指挥、部门分工负责、地方属地管理三者间的责任定位，以利于追究不同部门的责任，强化责任共担机制。

其二，优化河长制纵向体系。具体来说，一是适度压缩河长制纵向体系。目前的河长制创建中存在着地方创新过度问题，过于繁复的河长体系造成了制度虚假繁荣。在尊重地方社区河长、河道警长(执法中队长)、民间河长以及保洁组长等非政府组织性河长作用的同时，避免将职责向社区河长等制度外河长进行责任传导。应严格遵循《关于全面推行河长制的意见》的明确要求，集中建立省、市、县、乡四级河长体系，撤销实际意义不大的社区河长，减轻社区干部压力，让其回归社区服务的本职工作。二是构建河长制纵向分层结构。当前各层级河长职责同构现象明显，上下虽然职权不一，但所规定的职责却高度一致，带来实际工作中的权责匹配困难。可以考虑根据各层级职权的不同，在市、区级构建统筹监督层，在街道及以下构建通报宣导层。也就是说，在市、区层级，全面履行河长职责，负责组织领导区域内河湖水资源保护、水域岸线管理、水污染防治、水环境治理等管理和保护工作，牵头组织清理整治各类突出问题，协调解决重大问题；协调上下游、左右岸联防联控；对相关部门和下一级河长履职情况进行督导考核。而在街道层级，由于其系非完全政府机构，无法有效统筹各部门工作，主要赋予其通报宣导职责，不再考核不在其职责范围内的水资源保护等工作。街道河长主要领导社区对其区域范围内河湖的日常管养等进行辅助监督考核，及时通报出现的水环境问题，同时，加大对区内企事业单位和广大居民的水环境保护宣传引导。

其三，完善河长制的考核机制。不断完善河长制考核的指标体系与方式，挖掘河长制的制度潜能，提升水环境治理的有效性。一是应精减环保考核项目，从国家到省、市各级由不同部门牵头的环保考核项目，统一由政府予以整合，而河长制考核应纳入对地方政府及其负责人落实环保目标责任制的整体考评制度中去，从而减少重复考核所带来的资源浪费，也减轻基层疲于应付考核的工作压力。二是考核指标应根据标准规范进行科学设计，尽量采用可共享的考核指标，统一计算方法与考核标准。三是不同水域的考核标准不宜一刀切，应根据不同主体功能区定位、河湖水体功能、面临的主要问题与基础治理水平，实行差别化的考核标准。四是力戒考核形式主义，强化硬指标约束，对县级以上河长要侧重考核其硬指标的完成情况。五是考核一定要与问责相挂钩，当奖则奖，当罚则罚，确保河长制的激励鞭策机制发挥作用[①]。

其四，完善河长制工作运行机制。河长制压实了党政主要领导的治河责任，有利于促进各级领导高度重视治河工作。但是，从态度重视到取得成效，还需要有问题发现会诊、问题任务转化、任务分解落实和考核督办全过程的支撑，而这有赖于河长制工作及任务交办机制的渐趋完善。因而，要在主要领导干部行使利用自身职权之外，从河湖问题发现会诊、问题任务转化、任务分解落实到考核督办等全过程中明确工作机制，实现河长治河的制度化。与此同时，还要完善住建、水务、环境、城管等各职能部门和下一级政府依照法定职责配套落实相关任务的程序性机制。比如，可以推广南京市秦淮区等地组建负责河道管养平台的做法，或组建统一负责本区域河道管养甚至管网等建设的政府平台企业，或购买第三方优质环境工程企业服务，以便快速处理河长交办的管养型整治任务。

其五，推动现行基层河长巡河等职责的外包制。在河长制的末端监管中，可以考虑引入市场机制，提升监管效率。在撤销基层社区河长之后，可以落实经费来源，将现行基层河长巡河等职责外包给第三方，由具有相关技术背景的单位打包负责街道内所有河湖的巡查及相关信息报送工作。这样做的话，一是可以让相关工作更专业，更容易准确判断问题并提交，避免因错报贻误时机；二是采取企业化运作，也有利于提高巡查监管效率；三是让街道作为委托方担负起监管者角色，对第三方的工作进行考核，有助于避免亲自上阵而疲于应付各种检查压力。

其六，鼓励民间河长的广泛参与。一是在平台建设方面，可以通过设立

---

① 李波、于水：《达标压力型体制：地方水环境河长制治理的运作逻辑研究》，《宁夏社会科学》2018 年第 2 期，第 41–47 页。

“民间河长”“企业河长”，来吸纳民间环保组织成员和其他环保志愿者参与其中，发挥其专业特长与公益热情，共享环境信息，共谋治水之道。政府还可以采取直接向民间环保组织购买专业服务、聘请民间环保人士为专业顾问、邀请环保志愿者参与治水方案的制定等方式，来吸纳民间环保智慧；与此同时，可以考虑建立健全问题报送—接受—交办—处置—反馈的闭环管理机制，从而提高民间河长的积极性，动员民间环保力量。二是在环保监督方面，要建立健全反馈机制，确保每一件投诉都能获得有权处理机关的积极回应，针对举报问题给予查实处理；查无实据或不能立即处理的应给予解释说明，并将水环境投诉案件的处理率、满意率纳入河长制的考核评价之中。第三方巡查企业还可以与民间河长建立合作机制，聘请居住在河湖附近的民间河长为其服务，加密巡河频率，而民间河长也可以通过获取一定的服务费来进一步提高积极性。

结论

基于马克思主义生态思想的社会主义生态文明理论，统领着当代中国生态文明制度体系及其构建。它包含着两个密切关联又不可分割的方面：生态文明的社会主义本质规定性，对于我国生态文明制度体系及其建设的目标与任务蕴含着许多不容置疑的根本性或前提性要求，而我国社会主义初级阶段致力于建设人与自然和谐共生的现代化的跨世纪发展宏图，又使得我们必须结合经济社会现代化的不同阶段及其具体特点来考虑生态文明制度体系及其建设的现实推进战略与策略。

依此而论，近年来在全国范围内铺开的“河长制”，是一个双重意义上的典型个例：一方面，无论就制度构设推广的总体目标还是制度运行的工作推动机制而言，它都充分体现了党的政治领导和党政同责理念原则对于生态环境保护治理或广义的生态文明建设的“第一动力”意义，而且也是对我国进入新时代以来党政关系格局及其变化的自觉顺应，并大大提升了这一政策议题领域的治理成效。另一方面，像其他生态文明及其建设制度一样，“河长制”也决非仅仅意味着水生态环境行政管理体制意义上的单向度改革，而是关涉到从国家到地方不同层级的、多重维度下的治理目标与治理方式的深刻转型或重塑，也正因为如此，它目前看来依然存在着的诸多缺陷或不足，也只能在一种更长的时间跨度下，借助更加综合性的进路加以推进解决。

（作者单位：生态环境部南京环境科学研究所）

第十章

生态文明建设视域下的集体经济绿色转型：以江苏省为例

曹顺仙

内容提要：进入新世纪尤其是党的十八大以来，江苏省农村集体经济发展明显地展现出了一个绿色转型或重构的过程，并日益呈现为一种以绿色生态为表征的新农村集体经济样态，或称之为乡村版的“社会主义生态文明经济”。这种“再集体化”与“绿色转型”的高度契合，既体现了我国经济社会发展由重点解决温饱到全面实现小康、再到建设富强民主文明和谐美丽的社会主义现代化强国的台阶式发展规律及其客观要求，也是由于“再集体化”和“绿色转型”可以较好地满足新时代农村经济发展既要适应改革开放和市场经济体制需要、又要坚持“强基”“固本”“富民”“利民”“惠民”“为民”的社会主义宗旨。这一趋势的进步意义或价值意涵同时体现在经济、政治、文化、社会和生态环境治理等多个维度，而单向度的经济考量或经济与生态的双重定位，都不足以准确反映农村集体经济及其绿色发展的战略意义和价值所在。

关键词：生态文明建设，集体经济，农村，绿色转型，生态公民

2018年新修订的《中华人民共和国宪法》首次载入了关于“生态文明”(第三十二条)和“生态文明建设”(第四十六条)的规定。相应地，在新时代中国特色社会主义现代化建设的背景与语境下，探索实现农村集体经济和城乡集体所有制经济发展与农村生态文明建设的有机融合、相互促进，尤其是农村集体经济的绿色转型或重构[①]，就拥有了更为明确的宪制意义上的法治保障。基于此，笔者在2018—2020年先后对江苏省南京、苏州、无锡、镇江、盐城、连云港等6市的10个村进行实地走访和交流座谈，并在此基础上做了调研材料整理与文献比较分析。在本文中，笔者将着重分析江苏省农村集体经济绿色转型的相关政策实施过程及其成效，并初步讨论这一演变进程背后的逻辑进路及未来发展前景。

一、集体经济绿色转型的政策实施及其成效

像全国许多地方一样，自进入21世纪特别是党的十八大以来，在新发展理念和国家大力推进生态文明建设战略的共同引领下，江苏省的农村集体经济建设日益注重把资源节约、环境友好等方针政策纳入其中，并因而呈现出一种绿色转型或重构的时代特征[②]。概括地说，它们突出表现在如下四个方面。

首先，集体“三资”特别是资源性资产的实力壮大及其绿色运营。依据《宪法》(第九条和第十条)，壮大集体经济、促进集体经济转型升级可使用的资源、资产与资本，除了集体所有的土地房舍及经营性收入外，还包括集体所有的森林、山岭、草原、荒地、滩涂等。据此，江苏省2018年5月颁行的《江苏省农村资产管理条例》明确规定：“依法属于集体所有的土地和森林、山

---

① 刘合光：《新时代农村经济的发展前景》，《石河子大学学报(哲社版)》2020年第4期，第1-8页；叶翔凤、易国棚：《略论新时代条件下农村集体经济的创新发展》，《长江论坛》2019年第5期，第19-22页。

② 党政军：《绿色发展视野下新农村经济转型发展模式研究》，《农业经济》2020年第5期，第34-36页；曲展：《新时代发展农村集体经济的探索》，《中国集体经济》2020年第18期，第30-31页；谢里、王瑾瑾：《中国农村绿色发展绩效的空间差异》，《中国人口·资源与环境》2016年第6期，第20-26页。

岭、荒地、滩涂、水域等资源性资产”为农村集体资产。在此基础上，《江苏省关于深化农村集体产权制度改革的实施意见》明确指出①，这些集体资源性资产和可以利用的“未承包到户的集体‘四荒’地(即荒山、荒沟、荒丘、荒滩)、果园、水域滩涂等资源”，都可以通过集中开发或招投标等方式，发展农村集体经济，但前提是要遵循新修订《宪法》规定的生态文明及其建设原则。基于此，近年来大部分市县的村集体资产经营收益特别是与资源性资产相关的产业产值，都实现了一种秉持生态文明原则前提下的绿色增长。比如，2019 年宜兴市官林镇都山村的农林牧渔业总产值达 20850 万元、村集体资产运营收益为 1556 万元，较 2018 年增长 4.4%②。

其次，绿色化、生态化成为农村经济结构调整的主导性方向。一方面，经济产业结构渐趋绿色化、生态化。可以说，无论是倡导一二三产融合还是强调产业结构转型升级，其重点都是在促进集体经济产业结构适应市场化和现代化发展需要的同时，加快实施绿色化、生态化调整。这其中既包括长期注重产业结构转型升级的华西村和蒋巷村，也包括江苏省“百镇千村”名下的各个生态文明建设示范村镇。结果是，有机农业、生态农业成为产业转型升级的新选择，生态、环保、安全、健康、清洁、无污染成为工商业结构调整的前提条件，特色文化、本土文化、山美水美生态美成为发展文化旅游和第三产业的优先考虑。一二三产的不断融合或转型升级，逐渐趋向于绿色生态健康的新农业、新工业、新商业及其综合。另一方面，产品结构和消费结构呈现为绿色转型。“三无”(即无农药、无化肥、无公害)、有机、原生态、绿色的土特名优产品成为消费者青睐的“香饽饽”，干净、舒适、美丽、和谐、文明的民宿及康养身心的“慢”生活成为引领乡村消费的新时尚，“一村一品”与村镇一体化打造并行共荣，生态村、美丽乡村、星级村不断涌现。例如，昆山市的武神潭村因利用公共水面发展螃蟹养殖，形成产、销、研一体化的大闸蟹产业链而入选全国“一村一品”示范村镇；南京市江宁区以美丽乡村建设为牵引，使农村集体经济经历了从“农家乐+土菜”到“民宿+文创”，再到

① 江苏省人民政府：《江苏省关于深化农村集体产权制度改革的实施意见》，http：//www. jiangsu. gov. cn/art/2018/2/28/art_ 64351_ 7748750. html(2020 年 12 月 25 日)

② 作者 2020 年 8 月在宜兴西锄村调研时获得的“宜兴市二〇一九年村级经济综合实力排名表”。

"特色产业、特优生态、特质文态、特美心态"的三次跨越，初步走出了一条生态保护和适度开发有机统一、产业发展和富民强村全面推进、乡土文化和现代文明相互融合、基层建设和依法治理同步提升的绿色发展之路①。

再次，集体经济收益分配和流向的生态化。与私营企业、民营企业不同，集体经济在不断壮大的过程中，既不能将生态环境成本外部化，也不能无视和放任贫富两极分化。因此，集体经济的收益分配和流向必须以"富民""强基""托底""固本"为原则，成为富民强村、治理环境污染、建设美丽乡村和生态文明提升的主要财富来源与保障。得益于集体经济的较为发达，常熟市蒋巷村，昆山市大唐村，无锡市的华西村、善卷村和竹海村，苏州市的程墩村和电站村，南通市的顾庄村和园庄村，泰州市河横村，南京市瑶宕村，扬州市横沟村等，先后入选了国家生态建设示范区的"国家级生态村"。与此同时，农民收入、村级公益事业和百姓福利也都得到全面提升。例如，2019年宜兴市村级经济综合实力排名第一的都山村，其农民年人均纯收入达到47085元，村级公益事业配套投入1620万元，村级福利性支出达3892万元；而在名列第98位的周铁镇彭干村，其农民年人均收入也有33551元，村级公益事业配套投入为68万元，村级福利性支出为38万元②。这充分体现了集体经济在生态环保和利民富民惠民中的重要作用。

最后，农村经济社会逐步走上了生产、生活和生态"三生"共赢的绿色发展道路。截至2019年上半年，江苏省村级资产总额达到2687亿元，村集体年经营性收入超过300亿元。有超过8000个村(居)完成集体资产股份合作制改革，量化资产超过770亿元，累计分红约110亿元。与此同时，农村人居环境持续改善，绿色江苏建设有力推进。2019年，无害化卫生户厕普及率达95%，10万户苏北农房修缮年度任务全面完成。比如，宜兴市湖父镇张阳村等6个村、南京市江宁区大塘金村等9个村，分别获评2019年"全国生态文化村"和"中国美丽休闲乡村"。全省全年高耗能行业投资同比下降10.4%，其中化学原料和化学制品制造、有色金属冶炼和压延加工、火力发电投资分

① 《首届生态文明宣传教育与乡村生态振兴国际研讨会在南京江宁开幕》，https：//wap. peopleapp. com/article/rmh6998196/rmh6998196(2020年12月25日)

② 作者2020年8月在宜兴西镏村调研时获得的"宜兴市二〇一九年村级经济综合实力排名表"。

别下降28.3%、23.0%、32.4%。规模以上工业企业新能源发电量为641.7亿千瓦时，同比增长18.4%[①]。此外，2018年，全省实现农林牧渔业总产值7192.5亿元(按当年价格计算，下同)，比1949年增长317.4倍，年均增长8.7%，可比增长4.8%；同年，实现农林牧渔业增加值4429亿元，比1978年增长63.5倍，年均增长11%，可比增长5.2%[②]。

可以看出，江苏省农村集体经济发展明显地展现出了一个绿色转型或重构的过程，并日益呈现为一种以绿色生态为表征的新农村集体经济样态，或称之为乡村版的“社会主义生态文明经济”。而它之所以能够出现，直接促动性因素无疑是党的十八大以来所形成的习近平新时代中国特色社会主义生态文明思想，以及它在中国共产党及其领导政府强力推动下的贯彻落实，使得农村经济产业结构调整、社会文化治理方式改革、乡村生态环境综合整治、乡村振兴与美丽乡村建设等多重国家战略与重大决策，汇成了一股强大的社会政治合力。而至少同样重要的是，农村集体、集体经济和集体主义在历经新中国70年、改革开放40年发展之后在我国社会中正在形成一种更为理性科学的认知，换言之，近年来重新聚集起发展动量的“新集体化”或“再集体化”是农村集体经济绿色转型的不可或缺条件。

二、集体经济绿色转型的历史逻辑

可以说，理解我国农村集体经济绿色转型得以发生或者说绿色化与“再集体化”所达成的历史性契合的关键，是对于中国特色社会主义集体经济发展历史及其演进逻辑的正确认识[③]。概括地说，与全国各地相似，江苏省农村集体经济的发展经历了“三改”“二去”的集体化、“去集体化”到“再集体化”的变革

---

① 江苏省统计局：《2019年江苏省国民经济和社会发展统计公报》http：//www.jiangsu.gov.cn/art/2020/3/3/art_34151_8994782.html(2020年12月25日)。

② 江苏省统计局：《70年风雨历程、“三农”发展铸辉煌》，http：//www.jiangsu.gov.cn/art/2019/9/5/art_34151_8704627.html(2020年12月25日)。

③ 李燕：《我国农村集体经济发展的基本历程、逻辑主线与核心问题》，《上海农村经济》2020年第2期，第28-32页；董亚珍：《我国农村集体经济发展的历程回顾与展望》，《经济纵横》2008年第8期，第68-70页。

过程。

首先，第一次变革开始于1949年并持续到1977年。以“土地改革”“一化三改造”为标志，农村土地实现国家所有，农民纳入集体社区，私有经济被集体所有的公有经济所替代，农村集体经济因而确立。不过，随后而至的“人民公社”“割资本主义尾巴”，推动了生产队为基础、按劳分配的集体化生产方式的形成；而续存千年的集市的被取缔，则使集体化、去市场化走向片面和极端。

这一阶段的变革，使得社会主义集体经济得以确立和发展。包括山水林田湖草在内的生态系统实现了国家和集体所有，人民群众在政治经济上翻身当家作主人，切实增强了社会主义革命与建设所带来的获得感和幸福感。兴修水利、植树造林、绿化祖国、实现大地园林化，也在党和政府的领导下取得了史无前例的成就。比如，国务院1957年发布了《中华人民共和国水土保持暂行纲要》，并推动了对全国水土流失的修复治理。就江苏而言，以发展林业为抓手，逐步建立和健全了集体化的林业管理与生产体系。1949年，江苏省只有少数山丘残存少量次生林木，有林地面积仅为84667公顷。到1956年，全省有林地面积达到15万公顷，较1949年增长77.2%。而1975年进行的森林资源调查结果则显示，全省林业用地54.2万公顷，其中有林地34.2万公顷、疏林地1.5万公顷、灌木林地0.8万公顷、新造林地5.2万公顷、苗圃地0.4万公顷、无林地12.1万公顷，有林地面积较1956年和1949年分别增长了228%和403.9%①。但也必须承认，在生产力水平相对较低的情况下，强制性或大一统地实施去私有化、去市场化的生产、劳动和分配改革，在一定程度上脱离了经济社会发展的客观实际。而这种变革阻碍经济社会发展、严重影响广大人民群众生产积极性与劳动自觉性的消极作用，在日后的经济社会发展现实中逐渐显现出来。

其次，第二次变革以1978年农村家庭联产承包责任制改革的实施为标志，在坚持土地国有的前提下，实行集体土地家庭联产承包责任制。这一变革引发了农村农业领域中的“去集体化”，结果是“大集体”、人民公社迅速走

---

① 江苏省统计局：《生态文明建设成果显著，高质量发展底色更绿》，http://www.jiangsu.gov.cn/art/2019/9/17/art_34151_8713630.html(2020年12月25日)。

向分崩离析。第三次变革是20世纪90年代中后期推出的乡镇企业产权制度改革，其明显后果则是乡镇工业企业领域中发生的“去集体化”。

这两次前后相继的农村经济改革，一方面极大地调动了农民的积极性，大幅度地提高了农村乡镇的生产力水平，特别是乡镇企业的迅猛发展，使农民走上了亦工亦农的新道路，也使得农村农业带上了现代工业化的新气息。江苏省作为我国乡镇企业的发源地，早在1956年无锡市东亭镇就创办了第一个社队企业，1970年初当地农民首次提出“围绕农业办工业、办好工业促农业”和“以副养农、以工补农”，乡镇企业发展由此起步。1980年，江苏省成为全国社队工业产值第一个超百亿元的省份①。在这期间，江苏省涌现出以苏锡常为代表的“苏南模式”以及苏北地区的“耿车模式”，在全国产生了广泛影响，并最先实现了非农产值超农业。

但另一方面，与这两次改革相伴生的“去集体化”，在客观上严重削弱了农村集体经济。全国包括江苏省的很多乡村演变为集体经济薄弱村甚或“空壳村”。两次“去集体化”都因在生产力和生产关系之间关系的认识与决策上发生偏差，影响了农村、农业、农民的发展。只不过，第一次改革因乡镇企业的崛起壮大，遮掩了农业生产领域“去集体化”所导致的经济、政治、思想文化、社会和生态等方面的影响。第二次改革即乡镇企业的“去集体化”，则因城乡集体经济被严重削弱而使“去集体化”的负面叠加效应演变为社会主义现代化建设和全面小康社会实现的制约因素。与此同时，生态环境方面的正负效应也是非常鲜明。正效应是民众的生态环境保护意识明显增强，并使得生态环境保护取得了一定成效。例如，1995年，江苏省工业废水排放量22.0亿吨，排放达标率65.4%；工业废气排放总量7872.1亿标立方米，其中得到净化处理的为1547.9亿标立方米，占19.7%；全省工业粉尘回收率达80.6%；工业固体废物综合利用率达77.5%；截至1995年年底，全省10个自然保护区总面积49.9万公顷。1996—2001年，江苏省深入实施可持续发展战略，倡导“保护生态环境就是保护生产力”，使全省环保系统建设持续进步②。而负效

① 龙昊、吴燕：《实现城乡融合的江苏模式》，《中国经济时报》2019年10月1日。

② 江苏省统计局：《生态文明建设成果显著、高质量发展底色更绿》，http：//tj.jiangsu.gov.cn/art/2019/9/17/art_4031_8713535.html(2020年12月25日)

应是由于乡镇企业遍地开化，出现了“村村点火、户户冒烟”的现象，工业点源污染和农业面源污染有令不止，导致生态环境问题演化为新世纪江苏经济社会可持续发展和新时代生态文明建设的“短板”。

第三，“再集体化”是指2000年以来农村股份合作经济兴起和以土地流转、“三权分置”为主要内容的新一轮农村集体经济改革，并由此开启了农村经济的“再集体化”重构和绿色转型。

世纪之交，中国社会由重点解决温饱转入基本实现小康，农村家庭联产承包责任制逐渐向双层经营转化，如何实现生态环境治理、可持续发展与壮大集体经济的交融耦合成为一个时代课题。鉴于持续性大规模工业化和城镇化所带来的农村空心化、农业边缘化、农民老龄化等现实问题，突出表现为集体经济薄弱村和空壳村不断增多、水土气环境污染、生态系统退化等乡村衰败现象，党和政府开始系统考虑集体经济与“三农”问题、可持续发展、科学发展、生态文明建设等关系农村全面可持续发展的重大政策议题。相应地，壮大集体经济、促进乡村振兴、推动农村环境综合整治与绿色发展、大力推进生态文明建设等先后成为国家的重大发展战略①。

作为经济大省和人口、资源、环境高度约束性省份，江苏省一手抓深化农村集体经济改革，持续推进城乡一体化，一手抓深入实施“两减、六治、三提升”行动，聚焦打赢污染防治攻坚战，初步形成了集体经济发展与生态环保双赢的新局面。近年来，江苏省坚持“三化”(农村工业化、农业现代化、城乡一体化)带“三农”的总体思路，全面推进农村、农业和城镇化进程，在全面提升“再集体化”和生态化的过程中，涌现了比如“华夏第一县”——无锡县、“天下第一村”——华西村、“百家生态村”——蒋巷村等先进典型，“昆山之路”“张家港精神”和“江阴板块”等享誉全国。从2000年到2019年，江苏省位列全国百强县的数量由14个增加到26个②。2018年，江苏农村常住居民人均可支配收入20845元，是1954的235.8倍，年均增长8.9%。农村住房条件也

① 郑阳、冯慧敏、郭畅：《新世纪以来“三农”问题的政策思路与内容探析》，《中共济南市委党校学报》2019年第4期，第40-45页；王黎明：《生态农村建设：乡村振兴的重要路径》，《湖北理工学院学报(人文社科版)》2019年第36期，第30-36页。

② 《2019赛迪县域经济百强排行榜正式发布，2019年度赛迪百强县完整名单一览》，https://www.maigoo.com/news/524006.html?tdsourcetag=s_pctim_aiomsg(2020年12月25日)。

今非昔比，土墙草房早已消失，代之而起的是一栋栋宽敞、舒适、美观的楼房。2018 年，农村居民人均住房建筑面积 56. 4 平方米，比 1978 年增长 4. 8 倍，其中钢筋、砖木结构住房比例达到 99. 6%。江苏省第三次全国农业普查资料显示，2016 年年末，全省有 93%的农户饮用经过净化处理的自来水，87%的农户炊事使用燃气，58. 4%的农户使用水冲式卫生厕所，90. 6%的农户使用有线电视，46. 7%的农户使用过互联网购物①。

在环境保护和绿色发展方面，2012 年以来，全省共完成环境污染治理投资总额 7052. 4 亿元，其中 2018 年为 1026. 4 亿元，比 2012 年的 763. 7 亿元增长 34. 4%。一是水土气污染治理取得显著成效。2018 年，江苏省环境空气质量优良天数比率为 68. 0%，较 2013 年提高 7. 7 个百分点，PM2. 5 年均浓度为 48 微克/立方米，较 2013 年下降 34. 2%，超额完成国家“大气十条”中“较 2013 年下降 20%”的目标要求。二是水环境质量实现总体平衡。2018 年，纳入国家《水污染防治行动计划》地表水环境质量考核的 104 个断面中，年均水质符合《地表水环境质量标准》(GB3838—2002)Ⅲ类的断面比例为 69. 2%，Ⅳ—Ⅴ类水质断面比例为 30. 7%，劣Ⅴ类断面比例为 1. 0%；与 2017 年(104 个国控断面)相比，符合Ⅳ—Ⅴ类水质断面比例上升了 2. 9 个百分点，劣Ⅴ类断面比例下降 0. 4 个百分点②。三是自然保护区面积保持稳定，林木覆盖率稳步提高。2018 年全省林木覆盖率 23. 2%，较 2012 年提高 1. 6 个百分点。四是在“生态惠民、生态利民、生态为民”的方针指导下，城乡人居环境逐年改善，绿色生活方式加速形成。2018 年，全省高效节能产品市场占有率达到 70%，新能源汽车保有量由 2012 年的 0. 4 万辆增加至 2018 年的 15. 9 万辆。

综上所述，从新中国成立到中国特色社会主义建设进入新时代，农村集体经济从全面确立、曲折发展到重新走向壮大，可以说经历了“集体化”“去集体化”到“再集体化”的否定之否定过程，而在生态环境方面与之相伴随的，则是全国从“植树造林、绿化祖国、实现大地园林化”“对现代环境污染的集体无意识”到“重视生态环境保护的绿色发展之路的探索和开辟”的演进。相应地，

① 江苏省统计局：《70 年风雨历程、“三农”发展铸辉煌》，http：//www. jiangsu. gov. cn/art/2019/9/5/art_ 34151_ 8704627. html(2020 年 12 月 25 日)。

② 赵翔：《绿色发展理念深入人心，生态文明建设持续推进》，《统计科学与实践》2018 年第 11 期，第 36-39 页。

"再集体化"与"绿色转型"的高度契合，成为新时代社会主义新农村发展的突出特征。这种历史性契合的达成，既体现了我国经济社会发展由重点解决温饱到全面实现小康、再到建设富强民主文明和谐美丽的社会主义现代化强国的台阶式发展规律及其客观要求，也是由于"再集体化"和"绿色转型"可以较好地满足新时代农村经济发展既要适应改革开放和市场经济体制需要、又要坚持"强基""固本""富民""利民""惠民""为民"的社会主义宗旨方向。因而，生态文明建设视域下的集体经济壮大和绿色转型，既可以解决比如政经分设后带来的集体经济组织涣散、经营方式落后等历史遗留问题，也有助于超越"归大堆"式的集体化，并有效破解"去集体化"所带来的贫富分化、生态环境恶化、"三农"弱化、基层虚化等现实问题，从而满足新时代背景下农户对于联合防御市场风险、共建共享新型集体经济、实现更高水平与层次发展等愿望诉求。

三、集体经济绿色转型的目标重构和路径选择

生态文明建设视域下的集体经济绿色转型，既是一个基于过去的历史性结果，也是一个面向未来的历史性进程，其核心在于转中有变、转中有建、转中有升，从而不断走向一种更高阶段与质量的农村经济与社会发展。就江苏省而言，农村集体经济绿色转型的持续深入推进，既要直面环境污染攻坚战、"强富美高"品牌战，又要努力争取在绿色发展与高质量发展过程中走在全国前列，因而依然任重而道远。

表 10-1 江苏省农业绿色发展目标任务(2020—2030)

时间 目标任务	2020 年	2030 年
资源节约与高效利用	全省耕地保有量不低于 6853 万亩*，高标准农田比重达到 60%，受污染耕地安全利用率达到 90%以上	全省耕地质量水平和农业用水效率进一步提高

* 1 亩=666.7 平方米。

续表

目标任务＼时间	2020 年	2030 年
产地环境清洁	全省主要农作物化肥使用量较 2015 年削减 5%，农药使用量零增长；化肥、农药利用率达到 40%，高效低毒低残留农药使用面积占比达到 85%；秸秆综合利用率达 95%；规模养殖场治理率达 90%，病死猪集中无害化处理率达 90%；农膜回收率达 80%	化肥、农药利用率进一步提升，农业废弃物实现资源化利用
生态系统稳定	全省林木覆盖率达到 24%以上，水土流失治理率达 82%，湿地面积不低于 4230 万亩，自然湿地保护率达 50%	水土流失得到进一步控制，田园、森林、湿地、水域生态系统进一步改善
绿色供给能力	全省粮食综合生产能力稳定在 3500 万吨左右，种植业“三品”比重达到 55%，畜禽生态健康养殖比重达 50%，休闲观光农业加快发展 全省建成 200 个“水美乡镇”、2000 个“水美村庄”、75 条省级生态清洁型小流域，每年治理水土流失面积不少于 200 平方公里	农产品供给更加优质安全，农业生态服务能力进一步提高；全省水稻面积要稳定在 3300 万亩左右

对此，在笔者看来，首先要做到的是坚持以问题为导向，构建起多元融合的层级化目标体系。一方面，要进一步细化优化基于中共中央办公厅、国务院办公厅印发的《关于创新体制机制推进农业绿色发展的意见》和 2018 年 1 月中共江苏省委办公厅印发的《江苏省关于加快推进农业绿色发展的实施意见》所确立的 2020—2030 年目标任务（表 10-1）[①]。与此同时，要结合苏南苏北苏中进度不同步、发展不平衡的客观实际，加强分类指导、分层定标。例如，2019 年 9 月，苏州市已宣布到 2020 年基本完成农村人居环境整治三年行动计划，全市建成不少于 2000 个美丽宜居村庄[②]。其他各市也在积极落实省委省政府意见，但实际进展和水平参差不齐，因而整齐划一地按比例定标恐怕难以有效促进台阶式的绿色发展。

另一方面，要依据壮大发展农村集体经济的本质要求和绿色转型的时代趋势，进一步加强顶层绿色设计和层级化目标体系的建构。这其中既要考虑

① 《江苏省关于加快推进农业绿色发展的实施意见》，http：//www. jiangsu. gov. cn/art/2018/3/7/art_ 59164_ 7505966. html（2020 年 12 月 25 日）

② 中国江苏网：《期待！苏州将建 2000 个美丽宜居村庄》，http：//jsnews. jschina. com. cn/sz/a/201909/t20190918_ 2389935. shtml（2020 年 12 月 25 日）

到整合包容当下的各个目标任务，比如乡村振兴、环境综合整治、创文创卫、绿色发展、生态文明建设，也要尽量融通像“强富美高”新江苏建设和江苏高质量发展等高阶性要求，并主动对接像“五大建设统筹推进”“五大文明全面提升”“两个一百年”奋斗目标等长远性使命愿景，从而使集体经济的转型升级与生态文明建设由浅至深、由点到面的总体推进要求相契合，进而确保集体经济能够在建设生态文明进程中实现既“立地”、又“顶天”的健康发展。

具体来说，笔者认为，可以把进一步推进江苏省集体经济绿色转型的战略与政策进路归纳为如下五个方面。

首先，深化改革创新，消除历史遗留问题。针对政经分设的乡镇政府+农业合作经济联合组织代替原来政经合一的人民公社以及连续进行的“去集体化”改革，所导致的集体经济组织软弱涣散、集体经济薄弱化空壳化问题，应当加快构建镇、村、户、企(公司)多主体联动合作的新型集体组织，尤其是强化村级集体经济组织在专业协作、跨村跨界联合中的引领作用，不断丰富和创新生产经营管理方式，在绿色转型过程中实现集体经济的新发展、新飞跃。

其次，提升整体意识，强化分层定标。应当统筹乡村振兴、绿色发展、高质量发展和生态文明建设等目标，制定协调平衡的发展战略。要在提升全省“一盘棋”的整体意识的同时，强化分类指导、分层定标，尤其是缩小江苏不同地区经济亿元村与薄弱村之间的差距，通过摸底排序、分层定标，制定鼓励突破、奖励帮扶的共建共帮共升策略，在协同共进中开创江苏集体经济绿色发展的新格局。

再次，聚焦环境综合整治，强化绿色生态考评。就生态环境治理而言，经过过去三年的“三大攻坚战”，人们已经充分认识到，水环境污染、农业面源污染是攻坚战中的难点所在。难就难在问题的复合性复杂性，难在污染主体的自律意识缺乏，难在治理技术与治理功效的滞后性和非线性，难在试错容错的巨大代价和责任追究的不确定性，而农村、农业、农民的集体合作经济组织和基层党组织，往往会成为责任追究的对象。因而，要想切实实现强村富民、巩固基层党组织的目标，不仅应在经济社会发展上予其政策扶持和资助，还要在生态环境整治、生态承载力、生态生产力可持续发展等方面予以规约引领和制度保障。因而在绩效考核和评估方面，应该构建与经济、政治、社会、文化、生态全面发展要求相一致的综合考评体系，防止集体经济的政治评估缺失或生态环保价值低估。

再次，加快村“两委”班子和集体经济组织管理队伍的重塑。应着眼于调整村“两委”班子成员和集体经济组织管理队伍的地缘、业缘、学缘和年龄结构等方面素质，尤其是基层干部对集体经济转型升级的引领力、组织力、调控力，增强集体经济经营管理者驾驭绿色转型与适应市场经济体制的必要能力。笔者调研过程中发现，各地村级经济、政治与文化发展较好的乡村，其基层干部的“精、气、神”都积极向上，想干事、敢干事，也能干成事。相反，对于那些“难作为、怕作为、不作为、等靠要”思想严重的干部群体而言，“无资金、无资产、无资源、无区位优势”，往往就成了不作为和等靠要的辩解理由。例如，昆山市上下同心，一手抓富民，一手抓治理。2017 年，通过实施政经分开、资源盘活、土地流转、兴办实体、产业带动等诸多举措，全力推动村级集体经济发展。在全市 168 个行政村及涉农社区中，村集体经济总收入超 500 万元的有 120 个，其中超千万元村 32 个；全市村级稳定性收入达 9. 38 亿元，村均 558 万元，比 2016 年增长 3. 9%①。再比如，淮安市的刘老庄和越闸村、盐城市的亭湖区等，积极践行绿水青山就是金山银山重要理念，厚植生态底色，突出发展特色，彰显乡村本色，党员干部以实际行动贯彻落实习近平同志所强调指出的“建设好生态宜居的美丽乡村，让广大农民在乡村振兴中有更多获得感、幸福感”，不仅建成了“江苏最美乡村”，还实现了乡村发展“含绿量”和“含金量”的同步提升。因而，就适应集体经济绿色发展与重构的干部队伍而言，观念转变是前提，能力提升是关键，制度创新是动力，考核激励是保障。

最后，推进生态民主，培育生态公民。一方面，强化基层民主与自主管理，是密切干群关系、增强相互信任与共识、实现共担共享的最有效手段和路径。虽说基层干部是壮大集体经济、振兴乡村面貌、建设生态文明、推动强村富民各项事业发展的关键一环，但广大村民才是乡村发展的真正主体，或者说，关键少数最终还是要靠绝大多数。另一方面，需要围绕为什么要建

---

① 江苏省人民政府：《去年昆山市集体经济收入超 500 万元村达到 120 个》，http：//www. jiangsu. gov. cn/art/2018/3/6/art_ 33718_ 7504755. html（2020 年 12 月 25 日）。

设生态文明，建设什么样的生态文明，怎样建设生态文明这一主题，加快重塑集体经济相关主体的认知体系，培育新一代生态公民，也就是在政治和法律上拥有公民地位、享有公民生态环境权利并愿意与能够履行公民生态环境义务的人[①]，同时充分利用政策激励和制度保障来调动与发挥多主体全面参与集体经济发展、生态文明建设的积极性和创造性。可以说，这方面努力是增进集体经济绿色化、生态化共识的基础，也是确定和确保各种相关主体之间权、责、利的前提。在社会主义制度条件下，集体经济绿色转型或发展的领导者、组织者、劳动者、参与者、贡献者，在政治、经济和法律上都是平等的权利主体，因而，只有不断推进生态民主、坚持民主决策、培育生态公民，才能持续维护和提升相关权利主体的积极性、主动性和自觉性。

结论

生态文明建设视域下的农村集体经济的绿色转型或发展，既是历史的，也是现实的，更是指向未来可持续发展和民族复兴、人民幸福的。其进步意义或价值意涵同时体现在经济、政治、文化、社会和生态环境治理等多个维度层面，而单向度的经济考量或经济与生态的双重定位，都不足以准确反映农村集体经济及其绿色发展的战略意义和价值所在。对此，习近平同志早就指出，集体穷一些不是没有关系，而是关系重大：“加强集体经济实力是坚持社会主义方向，实现共同致富的重要保证……是振兴贫困地区农业的必由之路……是促进农村商品经济发展的推动力……是农村精神文明建设的坚强后盾。”[②]因而，我们需要在更加宽阔和长远的视域中，来阐释分析我国农村集体经济绿色转型或重构的重大价值和深远意义，不能仅仅停留在“生态+”的层面，局限于生态环境整治、生态系统修复、集体资产股份合作等浅层次的绿

① 张乾元、杨赵赫：《“生态人”理念及其培育路径》，《湖北行政学院学报》2020 年第 3 期，第 17-22 页；黄爱宝：《生态型政府构建与生态公民养成的互动方式》，《南京社会科学》2007 年第 5 期，第 79-85 页。

② 习近平：《摆脱贫困》，福建人民出版社，1992，第 193-194 页。

色发展①。也就是说，着眼于农村发展与文明进步作为不可或缺一环的“富强民主和谐美丽的社会主义现代化强国”或“人与自然和谐共生的社会主义现代化”目标，我们需要对于集体经济绿色转型及其未来赋予更为大胆的政治想象。而在实践过程中，这不仅意味着使绿色集体经济日渐制度化或趋近于社会主义生态文明经济，比如采取或引入充分考虑其社会公正价值和自然生态可持续性价值的评估考核指标体系，还要大力发展弘扬基于基层生态民主、经济共享、社会团结理念意识的“红绿”文化，从而支撑与“促进经济社会发展全面绿色转型”②。

（作者单位：南京林业大学马克思主义学院）

① 温铁军、罗士轩、马黎：《资源特征、财政杠杆与新型集体经济重构》，《西南大学学报(社科版)》2021 年第 1 期，第 52-61 页。

② 郇庆治：《促进经济社会发展全面绿色转型》，《安徽日报》2020 年 12 月 15 日。

第十一章
社会主义生态文明视野下的国家公园建设：武夷山与三江源

蔡华杰　马洪波

内容提要：以武夷山和三江源国家公园体制试点为例的分析表明，尽管的确存在着主流政策话语阐释中“管理不善”意义上的诸多问题，但国家公园建设显然并不仅仅是一个管理体制及其完善的问题。从社会主义生态文明建设的视角来看，尤其是考虑到国家公园建设过程中的社会正义和环境正义维度，或者说国家公园建设过程中经济效益、社会效益和生态效益三者之间的内在张力，就不难发现，这其中还存在着一些更具挑战性、根本性的难题有待破解。在目前的体制试点阶段，政府履行国家自然资源所有权人的角色发挥着十分重要的“建章立制”作用，但在今后发展过程中依然需要警惕“资本逻辑”对国家公园管理与运营的可能渗透或侵蚀。

关键词：国家公园建设，社会主义生态文明，管理体制，武夷山，三江源国家公园是当今世界保护自然生态系统的通行做法。自1872年世界上第一个国家公园即黄石公园在美国建立以来，各国都在探索建立符合本国国情的国家公园制度。那么，人类为什么以及应如何建立国家公园呢？对此，笔者曾概括指出①，传统的阐释路径主要有以下三种：一是“管理不善”的阐释路径，即原先的自然保护地做法存在着管理体制方面的问题，因此，主张以更先进、更合理的国家公园管理体制重新进行规划管理；二是“人之原罪”的阐释路径，即认为抽象的人类活动是导致国家公园区域遭受破坏的原因，因此，主张将所有人都驱逐出国家公园，建立起无人的荒野区；三是“公地悲剧”的阐释路径，即认为在个人理性的引导下，无人所有的自然资源终将在个人追求自身利益最大化的过程中遭受过度开采以至毁灭的悲剧，因此，主张以彻底的私有化和市场化来保护国家公园。上述三种阐释路径对现实政策层面的影响，就是促成了对于国家公园的环境行政监管和环境经济的政策工具，而对这些政策工具的应用则推动了国家公园制度建设的多维度展开。但在笔者看来，这些阐释都带有或多或少的“去政治化”韵味，只是从人与自然关系的角度出发，将国家公园视为一种由动植物等自然生态要素构成的“物”来进行管理和建设，也即是“环境问题”，而不是“环境——社会问题”。而依据我们的理解，所有的生态环境问题其实都是生态环境之外的问题，这些“去政治化”的阐释忽视了人与人之间所构成的政治经济权力关系对国家公园的创立、形塑和再造的影响，而这势必会反过来影响到国家公园所应具有的公共性和生态性双重效应的发挥。当我们将生态系统视为人类社会长时段政治经济建构的历史产物时，我们就会发现，人类社会生产方式的历史性变革逐步打破了生态系统的绝对约束，期间伴随着自然资源所有权的变化所引起的财富和权力生产与分配的重置，以及由此产生的生态环境变化的受益者和受损者的阶级分化，而这反过来将进一步重塑社会的生态可持续发展和公平正义。这样一种思考对于国家公园建设的上述三种阐释路径的批判性或反思性意义就在于：我们应该以一种历史主义和阶级分析的方法来审视国家公园的形成以及建设进程，不应仅仅将国家公园视为一种狭隘的自然生态管理体制来创设，

① 蔡华杰：《政治生态学：政治分析新框架——以西方国家公园建设为例》，《中国社会科学报》2018年9月26日；《国外政治生态学研究述评》，《国外社会科学》2017年第6期，第10-20页。

而应认真审视国家公园建设中的各种政治经济利益关系及其对国家公园本身的影响。

自2013年国家公园建设提升到国家层面的战略举措以来，我国学界对国家公园的讨论或多或少都带有上述几种阐释路径的意味，而其中第一种阐释路径影响最甚，这可以从我国国家公园提出和建设过程所使用的各种话语中窥见一斑。2013年11月，中共十八届三中全会通过的《关于全面深化改革若干重大问题的决定》(以下简称《决定》)被视为中国首次在国家层面上提出要创建国家公园，但这一《决定》所讲的其实是建立“国家公园体制”：“坚定不移实施主体功能区制度，建立国土空间开发保护制度，严格按照主体功能区定位推动发展，建立国家公园体制。”[①]当然，国家公园是国家公园体制得以建立运行的物质载体。随后，从体制视角来阐述国家公园建设的相关事项就成了各类文件的热门词汇。2015年1月20日，国家发展和改革委员会等13部委联合印发的《建立国家公园体制试点方案》(以下简称《试点方案》)，就把各类保护地的“交叉重叠、多头管理的碎片化问题得到基本解决，形成统一、规范、高效的管理体制和资金保障机制”作为国家公园体制试点目标之一。2015年4月25日，中共中央、国务院《关于加快推进生态文明建设的意见》在谈到“保护和修复自然生态系统”时指出，“建立国家公园体制，实行分级、统一管理”。2015年9月，中共中央、国务院印发的《生态文明体制改革总体方案》要求对各类保护地进行功能重组，合理界定国家公园范围。2016年8月，中共中央办公厅、国务院办公厅印发的《国家生态文明试验区(福建)实施方案》中，在推进国家公园体制试点这一重点任务中，提出要整合、重组辖区内各类保护区功能，改革自然保护区、风景名胜区、森林公园等多头管理体制。2017年9月，中共中央办公厅、国务院办公厅印发的《建立国家公园体制总体方案》中，将“交叉重叠、多头管理的碎片化问题得到有效解决”作为主要目标之一，并明确提出，“到2030年，国家公园体制更加健全，分级统一的管理体制更加完善，保护管理效能明显提高”。直到2019年6月，中共中央办公厅、国务院办公厅印发的《关于建立以国家公园为主体的自然保护地体系的指导意见》，在对我国自然保护地事业所取得的成就进行充分肯定的同时，也非

① 《十八大以来重要文献选编》(上)，中央文献出版社，2014年版，第541页。

常明确地指出了自然保护地“仍然存在重叠设置、多头管理、边界不清、权责不明、保护与发展矛盾突出等问题”。从2013—2019年所印发的这些文件来看，在中国国家公园建设的政策语境中，关于各类自然保护地“九龙治水”“多头管理”“碎片化管理”“统一管理”“功能重组”“整合优化”等正反意涵词汇跃然纸上，似乎原先的各类自然保护地存在着较为严重的“管理不善”问题，而将国家公园视为一种全新的行政管理、资金管理等体制建立起来，就可以破解这一问题。

无须否认，在我国各类自然保护地的建设管理中确实存在着这样那样的管理体制问题。例如，安徽省现有森林公园52处，而与其他单位重叠设置的多达20处，重叠面积占比高达38.5%；与自然保护区重叠6处，与风景名胜区重叠15处，与地质公园重叠9处，与自然保护区、风景名胜区双重叠1处，与风景名胜区、地质公园双重叠5处，与自然保护区、风景名胜区、地质公园三重叠2处[①]。应该说，这种管理体制方面的问题，确实会影响对各类自然保护地的有效保护治理。但是，这是因为缺乏先进或适当的“管理体制”，才导致没有“保护”好各类自然保护地吗？或者说，从管理体制的角度来界定国家公园的意涵，尤其是引入国家公园这种全新的管理体制就可以保护好自然生态吗？这是需要我们深入思考的。为此，笔者以武夷山和三江源国家公园体制试点为例，首先具体分析自然保护地体系改革进程中“管理不善”话语的嵌入，然后从社会主义生态文明及其建设的视角阐述国家公园体制试点改革中更值得关注的重点难点问题，以及党和政府为突破这些问题所采取的初步举措。在结语部分，笔者将做一简短分析和评论。

一、“管理不善”话语在武夷山和三江源国家公园体制试点中的嵌入

2015年1月，《试点方案》选取了福建省作为9个试点省份之一。2015年3月，国家发展和改革委员会办公厅印发了《国家公园体制试点区试点实施方案大纲》，要求各地据此编制实施方案。随后，福建省编制了《武夷山国家公

---

① 苏杨 等：《中国国家公园体制建设研究》，社会科学文献出版社，2018年版，第9页。

园体制试点区试点实施方案(2015—2017年)》。2016年6月17日，国家发展和改革委员会批复《武夷山国家公园体制试点区试点实施方案》，武夷山被列为全国首批国家公园体制试点区之一。该试点区位于福建省北部，包括武夷山国家级自然保护区、武夷山国家级风景名胜区和九曲溪上游保护地带，周边分别与福建省武夷山市西北部、建阳市和邵武市北部、光泽县东南部、江西省铅山县南部毗邻，总面积为982.59平方公里。

为何要选取武夷山作为福建省国家公园体制试点区?《试点方案》在试点选择方面的要求主要有如下三点：一是要有代表性，满足保护对象的保护需求。二是要有典型性，通过试点取得的经验具有示范作用，可复制、可推广；保护地交叉重叠、多头管理、自然生态系统被人为切割、碎片化比较严重，保护问题比较突出的区域，作为重点选择对象。三是要有可操作性，地方政府有积极性和一定的工作基础；区域相对集中、边界清晰、土地类型适宜资源有效保护和合理利用，国有土地、林地面积应达到一定比例。如果对这三点要求进行分类的话，第一、第三点显然属于试点区的基础条件类，包括试点区在生态环境、人文社会环境方面的基础条件，而第二点则属于试点区的现有问题类。单从试点选择方面的要求来看，如果从“问题意识”出发，试点区首先存在的问题似应是“管理不善”的问题，因为生态环境、人文社会环境等方面的试点选择要求，从基础条件的意义进行描述，实际是将其视为已经存在的客观要素。因此，对试点区存在问题的认识，首要的就应是前述的“管理不善”的问题。的确，就武夷山国家公园体制试点区而言，在进行试点前确实存在着多头管理等问题。其中，武夷山国家级自然保护区由福建省武夷山自然保护区管理局进行管理，该局隶属于福建省林业厅，由该厅垂直管理，为财政核拨的参照公务员法进行管理的正处级事业单位。武夷山国家级风景名胜区包括旅游度假区、风景名胜区和森林公园三个区域，其中，旅游度假区由武夷山市派出机构——旅游度假区管委会(副处级机构)进行管理，而风景名胜区、森林公园则由另一个武夷山市派出机构——风景名胜区管委会(副处级机构)进行管理。九曲溪上游保护地带包括九曲溪光倒刺鲃水产种质资源保护区和其他区域，前者由武夷山市农业局进行业务指导，所属居民由星村镇政府进行管理；后者由武夷山市林业局、茶叶局进行业务指导，所属公益林、茶山和基本农田由星村镇政府进行管理。

与武夷山国家公园体制试点工作相比，三江源国家公园在“管理不善”的问题上似乎并不突出，但在 2015 年 12 月 9 日中央全面深化改革领导小组第十九次会议审议通过的《中国三江源国家公园体制试点方案》中，同样把“创新生态保护管理体制机制”作为试点的主要任务之一，要求在三江源国家公园不作行政区划调整，不新增行政事业编制，组建管理实体，行使主体管理职责。例如，所组建的中国三江源国家公园管理局，行使三江源国家公园的自然资源资产管理和国土空间用途管制职责，依法实行更加严格的保护。试点期间，各有关部门依法行使自然资源监管权。在 3 个园区分别设国家公园管理委员会和党工委，长江源园区涉及治多、曲麻莱两县，管委会在两县分别设立派出机构。

这些“管理不善”意义上的问题，通过对政府行政管理体制的改革是可以较快得到解决的。武夷山国家公园体制试点工作开展以后，在福建省政府的推动下，交叉重叠、多头管理等碎片化问题就很快得到了初步解决。2017 年 3 月 12 日，中共福建省委机构编制委员会印发《关于武夷山国家公园管理局主要职责和机构编制等有关问题的通知》，在整合武夷山自然保护区管理局、武夷山风景名胜区管委会有关自然资源管理、生态保护、规划建设管控等方面职责的基础上，组建了武夷山国家公园管理局，由福建省政府垂直管理，受委托对国家公园内全民所有的自然资源资产进行统一保护、管理和运营，初步形成“一个牌子、一个管理机构”的管理模式，实现了武夷山国家公园从“碎片化管理”向“统一管理”的转变。同时，为了更好地协调各方共同保护武夷山国家公园，福建省政府还建立了武夷山国家公园保护、建设和管理工作协调机制。例如，建立健全省、地、市三级联席会议制度、闽赣两省跨省联动机制、乡镇村联保联动工作机制、资源保护执法快速反应机制等，初步形成了共商、共管、共建、共享的生态保护管理新模式。据武夷山国家公园管理局局长林雅秋介绍，截至 2019 年 11 月，国家公园管理局的成立和各种协调机制的建立，是在武夷山国家公园体制试点工作方面取得的两个明显成效①。而三江源国家公园在改革管理体制方面也进展迅速，2016 年 3 月 5 日，中共中

① 《武夷山国家公园形象标识发布会实录》，http：//www. pafj. net/html/2019/quanweifabu_1119/114438. html（2020 年 12 月 20 日）

央办公厅、国务院办公厅印发《三江源国家公园体制试点方案》后，当年6月7日，三江源国家公园管理局(筹)就正式挂牌，长江源、黄河源、澜沧江源三个园区管委会(管理处)也一并成立，4个县政府大部门制改革一并完成，合理划分了园区管委会和地方政府权责，实现了保护管理体制机制的重点突破。在不到一个月的时间里，园区就整合了所涉4县国土、环保、农牧等部门编制、职能及执法力量，建立覆盖省、州、县、乡的四级垂直统筹式生态保护机构，并在各村成立了牧民生态管护队。2018年，三江源国家公园管理局局长李晓南也向记者介绍，经过一年多的改革探索，试点区已打破昔日“九龙治水”、多头管理的生态保护管理格局①。

二、武夷山和三江源国家公园建设中的难点及其初步化解：社会主义生态文明视角

可见，尽管的确存在着“管理(体制)不善”意义上的问题，但国家公园建设并不仅仅是一个管理体制及其完善的问题②。从社会主义生态文明建设的视角来看，尤其是考虑到国家公园建设过程中的社会正义和环境正义问题，或者说国家公园建设过程中经济效益、社会效益和生态效益三者之间的张力，那么，我们就不难发现，其中还存在着一些更具挑战性、根本性的难题有待破解。其实，仅就武夷山国家公园当前的管理体制来看，也并未完全实现向“统一管理”的转变，因为承担武夷山风景名胜区旅游服务的仍然是归属武夷山市管理的副处级事业单位——武夷山风景名胜区旅游管理服务中心。这两个管理机构的并存反映了福建省林业厅和武夷山市在武夷山国家公园政治经

① 李亚光、黄涵：《三江源国家公园全面完成体制试点改革任务》，《池州日报》2018年1月19日。

② 例如，从“统一管理”的角度看，早在1979年，崇安县(现为武夷山市)就成立了武夷山建设委员会，1980年3月经福建省政府批准，升格为武夷山管理局，隶属建阳(现为南平市)行署，为正处级事业单位。参见武夷山市志编纂委员会编：《武夷山市志》，中国统计出版社，1994年版，第50页。

济利益方面话语权的竞争①，因而，要想真正实现“统一管理”，还必须进一步认可、平衡和整合各利益方的政治经济诉求。而这也就表明，在武夷山国家公园等试点区进行试点改革的，并不仅仅是管理体制不顺的问题。比如，《武夷山国家公园体制试点区试点实施方案（2015—2017）》还罗列了运行机制不活、资源权益不清、保护力度不强、多方参与不足等亟待解决的关键问题，而《三江源国家公园体制试点方案》也列出了“突出并有效保护修复生态”“探索人与自然和谐发展的模式”“建立资金保障长效机制”“有效扩大社会参与”等主要任务，而这些问题背后则涉及人地的权属关系、自然保护与发展利用的矛盾问题。

1. 武夷山国家公园建设

武夷山国家公园体制试点区在人地权属关系、自然保护与发展利用关系等方面的问题，突出表现为试点区内集体土地较多、原住民人口数量较多、以自然资源为依托的产业较多等“三多”的特点。一是从土地权属关系来看，武夷山国家公园体制试点区是我国首批国家公园体制试点区中集体林占比最大的区域，试点区内国有土地的比重较低，国有土地面积282.36平方公里，仅占总面积的28.74%；而集体土地面积700.23平方公里，占总面积的71.26%。二是从试点区的人地关系来看，现有武夷山国家公园内居住着大量原住民。位于武夷山国家级风景名胜区中心的武夷街道，总面积233.4平方公里，现辖高苏板、公馆、角亭、天心、赤石、樟树、黄柏、柘洋、大布、下梅、溪洲、吴齐12个行政村和120个自然村、165个村民小组；依据2010年第六次全国人口普查结果，该街道有居民46276人。武夷山国家公园试点区内的另一处原住民聚居地是星村镇，地处武夷山国家级风景名胜区和武夷山国家级自然保护区内，行政区域面积67977公顷，现辖星村、桐木、曹墩、黄村、井水、黎新、黎源、红星、洲头、程墩、朝阳、前兰、黎前、枫林、

① 两个政府机构的并存，是主导试点方案的省林业厅与武夷山市政府在沟通协调过程中相互让步的结果：武夷山市政府是为了在景区管理中占有一席之地，在武夷山国家公园建设中拥有话语权，确保地方现存利益不受损，而省林业厅是为了减少试点推进阻力，获得试点区域内武夷山市政府支持，因而将景区中的旅游服务有关职能留给了武夷山当地，并没有全部将景区的职能和人员统一划归到武夷山国家公园管理局。参见林敬志：《武夷山国家公园试点体制运行的思考》，《旅游纵览》2018年第3期，第106-107页。

巨口15个行政村和1个星村镇居委会；依据2018年《中国县域统计年鉴》(乡镇卷)的数据，该镇2017年的常住人口为23799人。三是从试点区的支柱产业来看，原住民在试点区内的生产生计基本是一种“靠山吃山、靠水吃水”的自然资源依赖型模式，主要有茶、毛竹、竹筏漂流、环保观光车游览等产业。

武夷山国家公园试点区人、地、产业的现实状况表明，必须正确处理好人地关系、自然保护与发展利用的关系。由于武夷山国家公园试点区涉及大量的原住民，因而首先要对武夷山原住民的“生态性”有必要认识。一方面，我们不能先验地认为，武夷山原住民的生产和生活活动天然具有破坏生态的倾向。武夷山原住民对自然生态有浓厚的情感，其村落在最初选址时就是遵循宜与大河大山相倚的指导思想，人居环境处处体现着人与自然和谐的追求；武夷山的乡间百姓仍然保留着敬神和敬树的习俗，2001年在福汾线公路改造中，洋庄乡路段有一棵古樟处在施工区内，为了保住古樟，当地政府多花了几万元将经过古樟旁的路改成双线公路①。另一方面，我们也不能先验地认为，武夷山原住民对自然保护持一种排斥的态度。对武夷街道和星村镇原住民的采访中发现，茶农和林农对保护地的管理并非坚持完全排斥的态度，他们认为，像土地利用限制这样的保护地管理措施可以保障茶叶的生长环境，减少水土流失，从而减少自然灾害，增强生产和生活的安全性。② 因此，对原住民的态度不能照搬对国家公园“荒野”理念的教条式理解，将所有原住民强行搬离试点区。这不仅存在着政策合法性的问题，还可能会耗费政府大量的财政资金，1998—1999年，由于移民搬迁而支付给当地居民的安置成本就高达1亿元人民币③。

武夷山国家公园试点区内，还存在因旅游公司、政府、原住民这三者在经济效益、生态效益和社会效益方面的不同考量而产生的环境正义和社会正义问题。这三个主体对三种效益考量的分量是不同的。应该说，武夷山的政府部门，从主观意愿来说是希望三种效益的共赢，既能通过武夷山旅游业的

① 邹全荣：《武夷山村野文化》，海潮摄影艺术出版社，2003年版，第45-51页、第54-56页。

② 苏杨等：《中国国家公园体制建设研究》，社会科学文献出版社，2018年版，第57-65页。

③ 徐红罡、张朝枝：《转型期的国家公园——中国的武夷山风景区》，载沃里克·弗罗斯特、迈克尔·霍尔(主编)《旅游与国家公园——发展、历史与演进的国际视野》，王连勇等译，商务印书馆，2014年版，第251页。

发展来推动地方经济的发展，又能借助发展旅游业的契机来保护好武夷山的自然生态和人文生态，还能通过旅游产业的发展为当地居民创造更多的就业机会提高居民的收入水平；旅游公司更多从企业运营的角度来看问题，侧重于公司如何更好地从武夷山旅游资源的开发和经营中获取经济收益；原住民的发展愿景，也是更侧重于通过自然资源产业的扩展来实现自身经济收入的增长。正是由于这些不同的考量，在过往历史中，三方之间始终存在着环境正义和社会正义方面的张力。

20世纪80年代初，人们开始认识到利用武夷山珍贵的自然生态和人文生态作为旅游资源，可以促进地方经济的发展，建阳地区(现为南平市)设立了武夷山管理委员会，同时，还成立了一家隶属于该委员会的国有企业——腾龙旅游公司，其职责是负责发展旅游业，并为武夷山的自然生态保护筹集资金。这家国有企业在最初的发展中确实在武夷山旅游业的发展和自然保护工作方面发挥了积极的作用，特别是当武夷山市政府决定申请列入世界遗产名录后，在基础设施建设和生态环境修复与改造方面面临巨大资金压力时，腾龙旅游公司在筹集资金以及后续的自然保护和修复方面起到了不可或缺的作用，比如中国农业银行向腾龙公司提供了2900万元的贷款，拆除了风景区内的各种网络线缆，修建了围栏式的环线公路，实施了22万平方米的绿地建设工程等。但是，腾龙旅游公司作为企业，盈利是其基本的遵循和法则。尽管有中国农业银行的贷款，但其财力还不足以支付其所有的开销，因而，该公司不得不进行改组，更名为武夷山旅游(集团)有限公司，并在与其他公司合资后于1999年12月注册成立了福建武夷山旅游发展股份有限公司，属国有控股企业。自那时起，地方政府和新建企业之间就暴露了一定程度的分歧矛盾。地方政府希望该公司不要把资金投到外地，因为当地依然缺乏资金，但该公司为了寻求更好的投资回报，很难接受仅将自己的投资限制在当地的范围。

除了政府意愿和企业发展之间的矛盾冲突，原住民也越来越感受到在其中的不公正待遇。武夷山旅游(集团)有限公司，是武夷山市规模最大、服务最完善的旅游龙头企业，经营范围涉及景区景点、旅行社、宾馆、文化传媒、景区交通服务、竹筏漂流、皮划艇漂流、轿业服务、园林建筑等多种业务的经营与开发，形成了融合“食、住、行、游、购、娱”六要素于一体的旅游专业化经营、多元化投资、综合性发展的企业集团，由于其拥有世界文化与自然遗产地武夷山精华景点的专营权而成为最大赢家。而原住民为了配合景区的建设，从20世纪80年代修建武夷宫到90年代申报世界遗产，他们多次依照政府的要求进行搬迁，尽管当地政府努力为原住民提供了茶叶旅游等维生项目，但原住民依然认为从风景名胜区发展的成本与收益的权衡中，他们没有得到公平的份额，直至最后由于景区实施围栏式封闭管理，当地农民采取了激烈的抗议活动①。

针对上述人地之间关系、自然保护和发展利用之间关系上存在的问题，武夷山国家公园管理局开展了多方面的探索实践来化解矛盾，尽可能地实现环境正义和社会正义②。

一是创新生态旅游模式，实现生态保护与旅游收益共享。为了有效化解试点区内集体林地划入生态公益林保护与村民发展经济需要的矛盾，实现村民共享旅游发展成果，推动试点区生态保护和旅游和谐发展，对主景区内7.76万亩集体山林实行有偿使用，并随着风景区门票收入增长而提高。2016年，管理局支付山林权有偿使用费318.83万元，加大对乡镇、村基础设施和公益事业建设的扶持力度，并优先解决区内村民劳动就业。近年来，在景区内直接从事导游、竹筏工、环卫工、绿地管护员等工作的村民1600多人。通过共享旅游发展收益，既较好解决了景区的发展瓶颈和生态资源管控难点，也有效解决了当地村民的就业增收问题，实现了国家公园和社区和谐发展。

二是创建茶产业发展引导模式，促进经济发展与生态保护共赢。武夷山国家公园是武夷岩茶和小种红茶的核心产区，区内的3个乡镇、20个行政村均有茶叶种植，茶山面积大、分布广，茶产业是区内村民主要产业。为了正确处理生态保护与茶产业发展的关系，管理局多措并举，创建茶产业发展引导模式，充分发挥龙头企业带动作用，增加区内农民收入。第一，促进产业转型升级。制定《武夷山国家公园产业引导机制》，推动茶产业由单一茶叶产

---

① 徐红罡、张朝枝：《转型期的国家公园——中国的武夷山风景区》，载沃里克·弗罗斯特、迈克尔·霍尔（主编）《旅游与国家公园——发展、历史与演进的国际视野》，王连勇等译，商务印书馆，2014年版，第245-257页。

② 《福建积极推进武夷山国家公园体制试点》，http：//www.fj.xinhuanet.com/fangtan/20171017slyt/index.htm（2020年12月20日）。

品加工向多元产品深加工转变，提高产品附加值。第二，打造生态茶园。鼓励支持茶企、茶农建设高标准生态茶园，积极开展生态要素、有机茶管理、食品安全、质量把控等方面的生产技术培训，引导建立科学施肥和物理防虫管控体系。第三，打响区域品牌。做好武夷岩茶、正山小种地理标志产品保护工作，逐步树立起“武夷山大红袍”“金骏眉”的品牌形象，促进分散的农户与市场紧密连接，完成了从产品到商品的升级，大幅提升茶产业经济效益。第四，实施龙头带动。发挥正山堂、香江、武夷星等茶业龙头企业的优势，推进茶产业向专业化、标准化、规模化发展，并通过“公司+基地+农户”形式，与农户建立利益联结机制，促使农户持续稳定增收。

三是创建生态搬迁模式，促进社区与生态和谐共存。为了加强试点区内居民点调控，控制生产建设用地，有效解决保护治理和社会经济发展的矛盾，强化生态修复，促进人与自然和谐共存，遵循“依法自愿、公平公正、分步实施”“属地管理”和“搬得出、留得住、发展好”三大原则，分步对南源岭旧村70户村民实施整体搬迁。对搬迁原址进行环境修复，种植了近万株绿化苗木，实现了生态美。同时，根据南源岭新村紧邻武夷山风景区和度假区的区位优势，积极引导搬迁户发展“民宿”和“餐饮业”。2016年，接待游客18.7万人，创造经济收入2400多万元，户均年收入10万元以上，村财政收入90余万元。南源岭新村生态移民后，不仅村民居住条件得到大幅改善，而且家庭收入逐年攀升，真正实现了“搬得出、留得住、发展好”。

同样地，针对武夷山国家公园内集体林地占比过高的问题，《武夷山国家公园条例》第三十五条明确提出，武夷山国家公园应当适度、逐步提高国有自然资源的比例。依此，武夷山国家公园管理局主要采用赎买或租赁集体林权的办法来增加国有林地的比例。具体而言，赎买是对近熟、成熟、过熟人工商品林，以树种和出材量为依据，通过公开竞价或协商后，以林权转让的方式将林木所有权收归国有，林地使用权一次转让20年。租赁是对近熟、成熟、过熟人工商品林，林农不愿意转让林木所有权的，由林权所有者参照生态公益林进行保护管理，按面积每年支付租赁费。租赁费以时间的长短分档，租赁期5~9年的，每年每亩70元；租赁期10~14年的，每年每亩80元；租赁期15年以上的，每年每亩90元。租赁期间，林权权利人可进行林权抵押贷款、流转和保护性经营(如发展森林旅游、养蜂等)。

除此之外，致力于化解人地之间和自然保护与发展利用之间矛盾关系的另一个途径，是对武夷山国家公园进行分区管理，在某些特定区域允许原住民进行不破坏生态为前提的生产活动。《武夷山国家公园条例》明确规定，将武夷山国家公园按照生态系统功能、保护目标和利用价值，划分为特别保护区、严格控制区、生态修复区和传统利用区，各功能区实行差别化保护与管理。其中，传统利用区为原住民的生活和生产区域。武夷山国家公园体制试点初期，由于没有充分预估到处理人地之间、自然保护与发展利用之间矛盾关系的复杂程度和难度，被划为传统利用区的面积仅为32.69平方公里，占武夷山国家公园总面积的3.33%，到2019年，该区域的面积增加到120.33平方公里，占总面积的12.02%；相应地，被划为严格控制区的面积，原来是160.39平方公里，占武夷山国家公园总面积的16.32%，到2019年，该区域的面积减少到约98.41平方公里，占总面积的9.83%[①]。

2. 三江源国家公园建设

与武夷山国家公园相比，三江源国家公园在人地权属方面的冲突较少，而主要是自然保护和发展利用的矛盾问题。在自然生态方面，三江源地处青藏高原腹地，是长江、黄河、澜沧江的发源地，素有“中华水塔”“亚洲水塔”之称。三大江河起源于同一地域的地理奇观，在这里向世人惊艳呈现。长江源区以俊美的高山冰川著称；黄河源头湖泊星罗棋布，呈现“千湖”奇观，鄂陵湖和扎陵湖如两颗镶嵌在高原草地上的明珠；澜沧江源头峡谷两岸不仅风光无限，更是高原生灵的天堂。区域内有著名的昆仑山、巴颜喀拉山、唐古拉山等山脉，逶迤纵横，冰川耸立，平均海拔4500米以上，雪原广袤，河流、沼泽与湖泊众多，面积大于1平方公里的湖泊有167个。在生产生活方面，青海是全国五大牧区之一，草原总面积5.47亿亩，其中可利用面积4.74亿亩。以牦牛、藏羊为主的草地畜牧业，是青海省的特色产业。但长期以来，由于传统畜牧业生产方式落后，草原严重超载、草畜矛盾突出，生态状况不断恶化。因而，如何在保护三江源独特壮丽的生态环境中不断提高人民的生

---

① 根据武夷山国家公园官网、武夷山国家公园管理局常务副局长林贵民在武夷山国家公园形象标识发布会上答记者问，以及2019年12月26日发布的《武夷山国家公园总体规划及专项规划(2017—2025)》的相关内容整理。

产生活水平，是三江源国家公园体制试点需要破解的难题。

基于此，积极探索运用市场化手段保护和传承好这里原真完整的自然和文化沉积，并不断改善牧民的生活水平成为三江源国家公园体制试点的重要内容之一。为此，三江源国家公园管理局立足于资源禀赋、环境承载能力和产业发展基础，全力践行“绿水青山就是金山银山”理念，积极发挥市场机制在生态系统约束下的决定性作用，努力探索“政府主导、市场化运作、园区居民积极参与”的生态产品价值实现的新路子，力争形成以生态有机畜牧业为基础，以生态体验和环境教育、特色文化、汉藏药材资源开发利用产业为核心的绿色产业发展格局。三江源国家公园管理局通过政策引导、汇聚各方资源，重点开展了不扰动生态系统及其过程的高端自然体验和环境教育产业的特许经营，以及符合国家禁牧限牧政策要求的生态畜牧业股份合作社集体经营。

就前者而言，实行园区内产业活动的特许经营，是各国国家公园管理机构的基本权责，也是国有资产管理的具体体现，不仅可以有效管控园内人类活动对生态环境的影响，还可有效降低公园内执法、管理和服务的成本与需求。作为一项保护生态措施，国家公园特许经营主体除具备相应经营管理资质和经验外，还应以热爱自然、保护自然为经营宗旨，并能够提炼出可盈利的商业模式；经营活动的受益主体须为当地群众，目的是使其减少对自然资源的直接利用并改善生活水平；参与具体经营活动的工作人员必须以当地户口、热爱家乡、熟悉本土的农牧民为主，文旅产品、畜产品等必须为由当地人生产的当地产品。本着先易后难、先行先试的原则，三江源国家公园管理局先期在有基础的地点和项目开展特许经营试点，以树立示范样板、完善特许经营管理办法。

按照中办、国办印发的《三江源国家公园体制试点方案》要求，2017 年三江源国家公园体制试点领导小组办公室在研究相关法规政策的基础上，印发了《三江源国家公园经营性项目特许经营管理办法(试行)》；2018 年根据《三江源国家公园总体规划》要求，在编制《三江源国家公园生态体验和环境教育规划》《三江源国家公园产业发展和特许经营规划》等专项规划时，对特许经营的产业领域和管理框架做出了任务设计。为积极实践探索适应三江源国家公园特点的特许经营管理，2019 年 1 月，三江源国家公园管理局研究了杂多县政府、北大—山水昂赛工作站、“漂流中国”等有关研究机构和公益组织在澜沧江园区的昂赛大峡谷围绕生态保护和社区共建已开展的大量探索实践活动，包括结合生态体验开展的当地牧民培训、生态巡护、监测和“自然观察节”“公民科学家”等活动。这些活动吸引了中国和世界各地的高端访客前来体验独特的自然资源和文化资源，也在脱贫攻坚和社区共管方面初步建立了示范，具有开展特许经营试点的研究基础、群众基础和环境条件。在此基础上，研究制定了《昂赛大峡谷自然体验特许经营试点工作方案》，结合三江源国家公园体制试点和国有自然资源资产管理体制试点相关要求，明确了试点依据、相关方(三江源国家公园管理局、县政府、经营主体、社区和第三方监测评估机构)职责定位、特许经营管理和试点进程要求等内容，目的是通过特许经营试点，完善特许经营管理办法等制度并树立示范样板，对落实三江源国家公园的特许经营制度具有重要而积极的作用。2019 年 3 月，率先通过许可审查的杂多县昂赛大峡谷试点的经营主体，分别为杂多县昂赛乡年都村扶贫生态旅游合作社、北京川源自然户外运动有限公司，均为国内注册的合法法人实体。2020 年 1 月，在总结经验并与相关方充分沟通的基础上，三江源国家公园管理局又相继接受并审查批复和开展了以下两个特许经营试点：一是按照黄河源管委会的申请，由北京而立道和科技有限公司在玛多县注册设立“云享自然有限公司”为经营主体，引进其资金、专业人才队伍、相关技术及销售资源，按照三江源国家公园体制试点和管理局开展特许经营试点相关要求，授予其在黄河源园区与牧民合作社合作，开展符合相关规划要求的高端自然体验与环境教育活动(40 批次)和国家公园特许经营玛多大白羊(4000 头)的特许经营权。在特许经营方案审查批复后，由黄河源管委会与“云享自然有限公司”签订了为期 3 年的特许经营合同。二是与北京“波普自然设计有限公司”在三江源兔狲、藏狐毛绒玩偶及其销售中使用三江源国家公园标志并按要求开展三江源自然教育内容达成共识，授权其与三江源生态保护基金会合作，特许在特定产品上使用三江源国家公园特许经营标识经营并附加三江源自然教育内容。

比如，地处澜沧江揽胜大峡谷的年都村，境内白垩纪形成的红色砂岩在澜沧江的切割下造就了鬼斧神工的丹霞地貌，数百年的大果圆柏漫山遍野，各种珍稀野生动物如雪豹、金钱豹等在山间林中出没，一直以来当地牧民群众与自然界和谐相处，是开展自然体验和环境教育的首选之地，很有一番中国“红石公园”的景象。2016 年以来，北京大学自然保护与社区发展研究中心、北京山水自然保护中心的专家和工作人员，来到这里开展野生动物监测，在当地牧民群众的协助下按照5公里×5公里的网格布设120台红外线照相机，实现了全村1400平方公里全覆盖，确定了30条有蹄类监测样线，获得了大量珍贵的雪豹等野生动物活动的影像资料。2018年，在昂赛乡政府的大力支持下，年都村扶贫生态旅游合作在村中选择了有经营意愿和能力、热爱生态保护的22户作为示范户，按照每车租赁费1000元、每人每天食宿费300元的价格，通过“大猫谷”网站(Valley of Cats)预约，接待来自世界各地的高端生态旅游访客。在收入分配上，先期确定了45%归牧民示范户，45%交村集体用于公共事务，10%作为村级保护基金用于村庄保护事务的试点方案。截至2019年11月，已累计接待98个自然体验团、共计302人次，总收入达到101万，其中户均增收3.1万，公共提留32.4万。来自英国的自然体验者丹·布朗(Dan Brown)评论说：“我们在昂赛度过的时光远远超出了最初的想象。在蜿蜒崎岖的峡谷和巍峨壮丽的景色中，人与动物不仅和平共存，而且共同繁荣发展。社区项目的成功开展就是人与动物和谐关系的有力证明，也显示出人类对自然的敬畏之心。锦上添花的是，我们亲眼见到了雪豹！更别提与狼、猞猁，还有其他众多哺乳动物和鸟类的华丽相逢。这里是自然爱好者的天堂，一个颇具示范性的社区旅游和保护项目。”在昂赛乡开展的国家公园自然体验和环境教育，虽然只是“星星之火”，但让人相信“可以燎原”。

就后者而言，针对草畜矛盾的严峻形势，早在2008年，青海省委、省政府就确立了生态立省的发展战略，做出发展草地生态畜牧业的重大决断，开始了生态畜牧业建设与探索征程。2014年6月，农业部将青海省确定为“全国草地生态畜牧业试验区”，明确提出了“解放思想，深化改革，创新机制，努力探索推进传统草原畜牧业转型升级的有效路径”的建设要求。在此基础上，青海省按照“先行试点、示范推广、全面提升”的“三步走”发展战略，提出了“创新六大机制”“凝练三大模式”“建设八项制度”，在三江源地区通过集中建设和政策匹配，重点建成90个以上生态畜牧业股份合作制合作社。目前，青海省生态畜牧业合作社达到961个，其中三江源地区一共有562个，牧户入社率67.4%，统一管理的牲畜占比为58.6%，统一利用的牲畜占比为58.6%，集中打造了玉树市钻多、泽库县拉格日、甘德县岗龙、天峻县梅陇合作社等一批股份改造到位、内生动力强劲、经营组织有方、群众持续增收的发展典型。

各生态畜牧业股份制合作社坚持以草定畜、草畜平衡的原则，有效解决了超载放牧和维护生态环境之间的矛盾，草原生产能力和生态环境不断好转。合作社依据政府业务指导部门提供的草地生产力测算结果，针对夏秋草场牲畜承载力强，冬春草场牲畜承载力弱的实际，制定草场划区、牲畜轮牧的划区轮牧方案。梅陇合作社将全部草场划分为冬春、秋季、夏季三类。冬春草场39446.25亩，载畜量8577.16个羊单位，放牧天数205天，划分25个轮牧小区，每个小区再划分3个轮牧单元，每个放牧单元525.95亩，每区牧羊1群，在三个单元轮流放牧；秋季草场27832亩，载畜量14742个羊单位，放牧天数90天，划分31个轮牧小区，每个小区897.8亩；夏季草场27544.7亩，载畜量17708个羊单位，放牧天数70天，划分31个轮牧小区，每个小区888.54亩。夏、秋草场各分别有27个小区牧羊各1群，每群500只，4个小区牧牛各1群，每群260只。拉格日合作社将草场划分为20个牧业小组，平均每个小组4400亩草场，200头牦牛，明确规定放牧顺序、放牧周期和分区放牧时间，逐区放牧，轮回利用，实现一个季节一个区的轮牧方式。合作社还组建了季节性养殖场232个，冬季集中育肥出售牛羊45万头(只)以上，减轻了天然草场的压力，人工草地面积达到710万亩，实现了“减畜不减效，减畜不减收”。比如，近5年来，拉格日村草场草产量提高10.5%，植被覆盖度从60%提高到80%。

进行股份合作制试点以来，传统畜牧业向二、三产业延伸速度加快，65%的生态畜牧业合作社开办了畜产品、工艺品、民族服饰加工等社办企业，大部分合作社组织劳务输出，创办了运输、建筑、餐饮、住宿等二、三产业，以畜牧业为主、采集业为辅的二元收入结构得到有效调整。随着产业结构的转型，牧民收入持续增加。2019年，试点合作社社员人均收入达14479元，比6州农牧民的平均水平高2925元，高出25.3%。多数生态畜牧业合作社通过加快发展二、三产业，拓宽了牧民增收渠道。贫困户加入合作社后普遍通过项目配股、劳动培训就业等政策手段，与其他牧户一起参与生产和分配，享受到股权收益，实现了稳定脱贫。

三、分析与评论

对照开篇概述的对于国家公园的“管理不善”“人之原罪”“公地悲剧”的三种阐释路径就可以发现，在武夷山和三江源国家公园体制试点过程中，自然资源公共所有权效用的发挥实际上对这三种阐释路径都做出了回应。这具体表现在，在武夷山国家公园体制试点的过程中，自然资源公共所有权是解决“管理不善”问题的前提条件，政府代理自然资源公共所有权，并以所有权人的身份履行公有产权发挥规制作用，就能避免陷入“人之原罪”和“公地悲剧”陷阱的可能性。面对武夷山国家公园存在的条块分割、多头管理、九龙治水等管理体制方面的问题，政府整合了原先自然保护区、风景名胜区等机构的职能，最终成立武夷山国家公园管理局，行使统一管理权，也就克服了“管理(体制)不善”的问题，而这一做法明显是一种“命令控制型”的环境治理管控模式。这一模式得以施展的首要前提，便是自然资源所有权掌握在抽象的“公共人”而不是私人手中，同时由政府部门代理行使，只有这一抽象的“公共人”宣示对自然资源的所有权，它才能借由政府代理人对这些自然资源行使管理处置权。紧接着，正是政府履行了自然资源公有产权，以所有权人的身份协调了自然保护和原住民利用自然资源维生和发展的权利之间的关系。一方面，为了生态环境保护和广大人民群众的整体利益，适当扩大了国家所有的自然资源范围；另一方面，又不是简单地排斥农民对集体土地的占有，而是在尊重农民意愿的基础上，通过赎买或租赁的方式保护集体利益不受损失，从而彰显公共所有权的公共性，避免陷入“人之原罪”的抽象生态中心主义定论。而政府对自然资源公共所有权的履行，同样也是避免“公地悲剧”的有效举措。“公地悲剧”的形成必须具备一系列的条件，缺乏外在力量的规制是其中一个条件，这是提出“公地悲剧”理论的加勒特·哈丁自己也承认的一个重要方面。因此，并不是简单地将公地私有化就可化解“公地悲剧”，政府在自然资源公共所有权的前提下，对公有资源进行规制也能起到很好的效果。历史上武夷山自然环境的破坏，也不是在所有权缺失的情况下发生的，用“公地悲剧”模型是无法加以解释的。

尽管政府履行自然资源所有权人的角色可以发挥效用，但必须清醒地认识到，这只是国家公园建设漫长道路上的第一步。今后，我们还必须警惕“资本逻辑”对国家公园管理局的渗透，对原住民生产活动的诱导，以预防国家公园被侵蚀的风险。必须明确，对国家公园进行“统一管理”的目标，自始至终都是为了更好地保护生态环境，正如《建立国家公园体制总体方案》中明确指出的：“坚持生态保护第一。建立国家公园的目的是保护自然生态系统的原真性、完整性，始终突出自然生态系统的严格保护、整体保护、系统保护，把最应该保护的地方保护起来。国家公园坚持世代传承，给子孙后代留下珍贵的自然遗产。”从武夷山国家公园建设的实践中，我们已可以发现“资本逻辑”或明或暗的某种程度影响。一是尽管福建武夷山旅游发展股份有限公司属于国有控股企业，但它凭借市场经济条件下公司营利的合法性，不断对外进行投资扩张，而对保护武夷山的作用有所减弱。二是之所以目前还存在武夷山国家公园管理局和武夷山风景名胜区旅游管理服务中心这两个管理机构，就是因为对政府官员的考核指标依旧偏重于经济硬指标，而当武夷山的旅游资源仍是重要的经济增长动力时，地方政府当然不愿意轻易放弃对于武夷山开发保护的话语权。三是以赎买和租赁的方式对集体林的生态补偿，有可能会陷入资金不足的恶性循环，能否持续下去还需要进一步观察。四是武夷山国家公园管理局对园区内的茶产业等行业的“容忍”，是否完全出于生态保护的目的也不得而知，因而，最稳妥的办法是实现这些产业的生态化升级或转型，将产业发展和生态保护“和谐”起来，这也是当前所能采取的一种共赢的办法。对于这些现象，我们一定要恪守生态保护第一的原则，正确地加以对待。例如，一定要坚持生态导向下的自然保护和产业生态化升级的共赢，而不是经济利益导向下的共赢。再比如，对原住民的生产活动，还需要及时进行合乎生态性评估，看看它们是否真正是一种契合生态准则的生产活动①。鉴于国家公园管理局和原住民都有在“资本逻辑”的诱导下做出破坏生态行为的可能性，因而，二者的相互监督似乎可以构建成为一种常态性的机制，国家公园管理局可以限制原住民生产活动对自然资源利用的总量，而原住民可以通过各种

---

① 在对武夷街道和星村镇原住民的采访中，原住民表达的总体诉求涉及对茶山确权的需求、对新增土地发展茶厂的诉求，以及最大程度地种植茶树的冲动。因此，这种冲动完全有可能突破生态的极限，需要谨慎对待。参见苏杨 等：《中国国家公园体制建设研究》，北京：社会科学文献出版社，2018年版，第60-61页。

方式参与到国家公园的规划建设中。

从目前的经营来看，三江源国家公园的特许经营尽管引入了市场机制，但尚未出现因"资本逻辑"而蚕食国家公园生态环境的情况。这其中一个不容忽视的原因是，三江源国家公园范围内的土地所有权全部为全民所有，并且，三江源国家公园所有权由中央政府直接行使，试点期间由中央政府委托青海省政府代行所有权。在以人民为中心的执政理念统领下，特许经营作为一项市场化机制的生态保护措施，三江源国家公园在试点初始就明确规定了利益相关方的职责。三江源国家公园管理局依法行使国家公园内的自然资源所有者权利，对特许经营予以授权并严格管理，而且，三江源国家公园管理局以落实"生态保护第一"为目标，协调特许经营相关方的关系。此外，三江源国家公园管理局特别强调，必须使当地社区和群众成为特许经营的受益主体，以确保特许经营在国家公园生态保护、园区管理和传统文化传承中发挥积极作用。而对于经营主体的要求，尽管也包括提炼可盈利的商业模式，但更多强调国家公园特许经营是一项保护生态环境的措施，各类经营主体必须按批准的特许经营方案中的活动地点、方式、内容依法依规开展特许经营，接受三江源国家公园管理局的监管，并遵守和履行中国法律规定的经营主体责任与义务，包括依法纳税。尤其是，经营主体除具备相应经营管理资质和经验外，还应以热爱自然、保护自然为宗旨目标，经营活动的受益主体必须是当地群众，目的是使其减少对自然资源的直接利用并改善生活水平。也就是说，参与具体经营活动的导游、解说、服务、司机等工作人员，必须以当地户口、热爱家乡、熟悉本土的农牧民为主。无疑，这些明确的"硬性规定"，对于各种形式的商业化经营及其背后的"资本逻辑"，都会扮演一种制度性的"挡风板"或"隔离墙"的作用。至于它们的长期性实践效果，我们还需要做持续性的追踪观察。

（作者单位：福建师范大学马克思主义学院/中共青海省委党校）

第十二章
社会主义生态文明建设的“西北模式”

王继创　刘海霞

内容提要：以三江源和祁连山国家公园试点、库布齐沙漠生态治理和甘肃古浪、陕西榆林、山西右玉等地造林治沙为典型代表，西北地区的生态文明建设实践大致经历了从“厚植绿水青山”改善治理恶劣自然生态环境，到“养护绿水青山”探寻经济社会生态转型之路，再到自觉树立“共享绿水青山”绿色发展理念致力于“绿水青山”向“金山银山”源源不断转化的演进历程，其中分别实现了生态忧患意识的醒悟、经济社会绿色转型发展观念破立的觉醒和社会主义生态文明的人与自然和谐共生担当的自觉，并主动把“两山”理念贯穿于日常生产与生活实践之中。也正因为如此，西北地区的生态文明建设实践及其话语构建，具有区域特色鲜明的生态环境保护治理、“绿水青山就是金山银山”重要理念践行、生态新人与生态文化形塑等多方面多维度的经济社会生态转型或重构意义，构成了相对于中国特色社会主义生态文明“一般形态”而言的特殊地域模式或进路。

关键词：生态文明建设，西北模式，绿色发展，生态修复治理，人与自然和谐共生新中国成立70多年来，与欧美各国追求工业文明之后的后现代社会生态转型发展模式相比，逐渐形成了一个在社会主义现代化过程中不断探索人与自然从矛盾冲突到和谐发展的生态文明建设之路。可以说，我们对于社会主义生态文明的认识或理论，经历了一个由自发到自觉的历史过程，“人对自然的态度，从蔑视到尊重，从逆反到顺应，从破坏到保护；人与自然的关系，从冲突到追求和谐；人类社会从农耕文明生产力低下的‘靠天吃饭’祈求‘丰衣足食’，到迈向生态文明时代的人与自然共生和谐共荣和追求‘美好生活’”①。

唯物史观认为，人与自然之间不仅是“存在论”的关系，也是“实践论”的关系②。当代全球性的生态环境危机，归根结底是由于尤其是工业文明以来人类不合理的社会实践方式所造成的。因而，中国特色的生态文明理论如何寻求到自我主张，在很大程度上就是在理论上走出单纯的生态文明概念分析和逻辑推演，找到一条由实践到理论的言说路径。就此而言，以三江源和祁连山国家公园试点、库布齐沙漠生态治理以及甘肃古浪、陕西榆林、山西右玉等生态脆弱地区治沙造林为代表的西北地区生态文明建设，在改变恶劣自然生态环境、寻求社会经济发展、改善人民群众生活的立体性绿色变革过程中，形成了“厚植绿水青山、共享绿水青山”的生态文明建设实践模式与话语体系。可以说，我国西北地区独特的地理区位、特殊的资源禀赋，赋予了其特有的生态系统区位与功能，而坚持不懈植树造林防风治沙、退耕还林还草涵养水源，在生态保护修复和环境治理改善的现实实践中，培育出了“尊重自然、顺应自然、保护自然”的生态价值理念、可持续发展的思维方式和对“绿水青山就是金山银山”重要理念的自觉认同，初步走出了一条不同于现代工业文明“先污染、后治理，边污染、边治理”的生态环境保护治理之路。

毋宁说，这种社会主义生态文明建设的“西北模式”是在这一地区的生产、生活与生态实践中逐步形成的，经历了一个由“自在”到“自为”或“自发”到“自觉”的过程，其中逐渐实现了生态忧患意识的觉醒、生态价值观念破立的觉悟和生态责任担当的自觉，并主动地把绿色发展理念付诸日常生产生活实

① 潘家华：《新中国70年生态环境建设发展的艰难历程与辉煌成就》，《中国环境管理》2019年第4期，第17-24页。

② 刘福森：《新生态哲学论纲》，《江海学刊》2009年第6期，第12-18页。

践，因而是明显具有中国实践智慧的社会主义生态文明理论。因而，在笔者看来，新时代的中国社会主义生态文明研究必须实现一种实践论转向，在马克思主义唯物史观视域下进一步探寻人与自然关系冲突的实践根源，从而深刻阐明实践哲学维度下生态文明理论建构路向如何可能和新时代中国特色社会主义生态实践观何以可能。

一、人与自然和谐共生现代化与社会主义生态文明话语建构

从一定意义上说，对现实社会问题的理论分析及其应用研究就像“解剖麻雀”。这就要求，一方面要对作为研究对象的“麻雀”有准确、全面和深入的把握；另一方面，要想解剖好“麻雀”，就需要准备一把得心应手的“手术刀”。因而，要想对中国鲜活生动的生态文明建设实践进行科学的学理性分析，从而阐明新时代中国生态文明建设实践所彰显的理论话语特质，形成中国特色的社会主义生态文明思想理论体系，就必须觅寻到解剖中国生态文明建设实践这只“麻雀”的合适“手术刀”。

而从历时性来看，新中国成立70多年来，我国的生态文明及其建设研究也已经历了从理论到实践、再由实践到理论的反复过程①。现代生态环境危机是伴随着工业化或现代化而出现的，广义的生态文明建设理论缘起于西方，是发达工业化国家为了应对日益严重的生态环境问题而形成的政策与理论话语，也就是泛指意义上的生态环境保护治理政策与理论。今天我们所探讨的中国生态文明理论，其实也是我国在逐步走向社会主义现代化进程中面临生态环境保护、环境污染防控和资源节约利用等系列问题，不断寻求合理有效地分析解决这些问题的方针原则、战略策略和科学方法的理论思考与实践。所以，我们可以把这个过程称为由理论到实践的阶段。也就是说，我国的广义上的生态文明及其建设研究，最先经历的是一个“学徒的阶段”——更多是借用西方理论来分析中国问题。

---

① 王继创：《生态伦理学的实践价值取向与路径生成》，《天府新论》2020年第4期，第84-91页。

与此同时，我国的生态文明建设实践也必然会呼唤或促动着理论“自我主张”的形成。这就使得，虽然我国的生态文明及其建设实践仍然离不开参考借鉴欧美国家的相关理论，但我们的生态文明理论研究终将会逐渐走向一种从实践到理论的“自我转型”。从一定意义上说，工业高度发达的欧美国家与正处在现代化中后期中国的生态文明建设实践所面临的问题是相同的或近似的，尽管彼此间的社会性质与制度构架、经济社会的发展程度、生态资源禀赋条件、科技教育文化水平和社会价值取向目标等有着明显的区别。具体地说，郇庆治教授近年来致力于推动的“中国社会主义生态文明研究小组”（CRGSE），就是试图通过观察调研我国各个省区和不同地域特色的生态文明建设实践，努力形成和提出一种中国形态的社会主义生态文明理论，也就是一种人与自然和谐共生现代化视域下的“社会生态转型理论”（SET），或者说社会主义生态文明学术共同体的理论主张[①]。

其实，“中国社会主义生态文明研究小组”把实现社会主义现代化进程中的社会生态转型理论作为解剖我国生态文明及其建设实践这只“麻雀”的“手术刀”，是得之不易的。从深耕欧美发达国家的“生态资本主义”批判理论到合理借鉴拉美地区的“超越发展理论”，再到对新时代中国社会主义生态文明建设实践的个例解剖，然后才逐渐形成确立了作为生态文明必然诉求的致力于人与自然和谐共生现代化的社会生态转型理论话语体系[②]。因而，在某种程度上，欧美发达国家、拉美地区以及依然处在现代化发展阶段的当代中国，都在面临着如何应对全球气候变化等重大生态环境挑战，都在进行着经济、社会、文化与生态环境治理意义上的综合性社会生态转型。但是，欧美发达国家中所发生着的社会生态转型更多是一种后工业化的社会绿色发展，其主要特征是经济高度发达之后的社会发展理念价值的生态化转变；拉美地区所寻求的发展替代或超越发展的理论聚焦点，则是如何摆脱“资源诅咒”和榨取主义话语政策的问题，从而找到一条不以牺牲环境为代价的社会生态转型替代方案。近些年来，拉美国家提出并倡导“好生活”的新社会发展理念，寻求基

① 郇庆治：《建设人与自然和谐共生的现代化》，《人民日报》2021 年 1 月 11 日。

② 郇庆治：《作为一种转型政治的“社会主义生态文明”》，《马克思主义与现实》2019 年第 2 期，第 21-29 页。

于本土文化传统和社会自身需求的内生发展，其中蕴涵着许多社会生态转型意义上的政治与政策诉求。与欧美和拉美明显不同的是，我国的社会主义生态文明建设是处在现代化进程之中而不是之后或之外的。因而，我们要走的不是"先污染、后治理，边污染、边治理"的经济发展与环境保护二元对立的传统工业现代化之路，而是要努力实现人与自然和谐共生的现代化，也就是要做到在社会主义现代化建设过程中来克服与消解生态环境问题。

首先，欧美发达国家所展现的社会生态转型理论，是一种后工业化的社会绿色发展诉求，其首要特征是经济高度发达之后的社会发展理念及其模式的生态化转型，其实质是对主张维持经济增长的"绿色资本主义"理论的批判。一方面，对"绿色资本主义"主张在不变革现存资本主义社会的统治性社会—自然关系及其社会权力结构和基本制度，激进的社会生态转型理论提出了严厉批判。比如，维也纳大学乌尔里希·布兰德教授认为[①]，自然商品化或绿色经济作为解决方案，所代表的也是一种特定的社会关系。其目的是保证霸权和不同维度下的非对称社会权力结构，结果很可能是强化而不是减弱对自然的破坏和社会控制。另一方面，欧美国家的社会生态转型理论所主张的"转型"，是一个综合性的应对社会生态危机方案，意味着努力促进各种经济、社会、政治与文化替代性话语的现实实践或社会各个领域的全面深刻变革。在布兰德看来[②]，它要涉及整个社会的方方面面，技术革新固然重要，但在社会生态转型中起更关键作用的是社会革新，是当代资本主义国家主导之下的自我修复或重塑，是欧美资本主义国家力图摆脱目前的生态或多重危机的被动革命战略的一部分。相应地，正如郇庆治教授所指出的，随着资本主义的发展进入"绿色资本主义""气候资本主义"或"低碳资本主义"的新阶段，国际社会反对或替代资本主义的理论与实践，也需要一种向"转型左翼"或"绿色左翼"的时代转变[③]。

其次，与欧美发达资本主义国家的社会生态转型理论不同，拉美地区所

---

① 乌尔里希·布兰德、马尔库斯·威森：《资本主义自然的限度：帝国式生活方式的理论阐释及其超越》，郇庆治等编译，中国环境出版社，2019 年版，第 58-66 页。

② 乌尔里希·布兰德、马尔库斯·威森：《资本主义自然的限度：帝国式生活方式的理论阐释及其超越》，郇庆治等编译，中国环境出版社，2019 年版，第 46-51 页。

③ 郇庆治：《社会生态转型与社会主义生态文明》，《鄱阳湖学刊》2015 年第 3 期，第 65-66 页。

寻求的“发展替代”或超越发展的理论起点，则是对何为“(可持续)发展”的批判性反思，着重解决如何摆脱传统现代化发展所导致的资源富裕诅咒和榨取主义开采问题，从而寻求不以牺牲资源掠夺性开采、生态环境破坏为代价的社会生态转型替代方案。在超越发展理论看来，主宰着“后发展”的拉美地区的，是由当代资本主义体制所形塑而成的现代化模式、发展理念及其相关经济政策，以及作为其整体性背景框架的当代资本主义世界体系下的社会关系和社会的自然关系构型，和社会民众被普遍灌输接受的物质富裕与大众消费主义的价值观与人生理想。因而，任何一种真实性改变，都“只能是一种系统性或全局性的改变”①。近年来，拉美国家提出并倡导“好生活”的新社会发展理念，努力寻求基于本土文化传统和社会自身需要的内生发展，蕴涵着诸多社会生态转型意义上的政治与政策诉求。对于安第斯地区的原住民来说，“好生活”理念所要表达的是凭借自给自足方式得以实现的社区理想的殷实生活，不仅仅是社会物质生活方面的满足，还包括自然的生命过程与社会的社区生活之间的有机平衡、人与生态环境的仪式性交融、幸福生活的集体性分享、自然资源的合理利用与社会生活的可持续性等重要内容。可以说，这些国家新政府所信奉的“好生活”理念，作为 21 世纪初拉美左翼政治的重要意识形态，是安第斯地区历史文化传统与新自由主义替代性选择相结合的产物，反映了这些国家试图超越当代世界主流性经济和发展模式的现实努力。

最后，与欧美和拉美情况又不同，中国的社会主义生态文明建设是作为现代化进程与目标的一部分来理解对待的。因而，我们要进行的生态文明建设，不是“先污染、后治理，边污染、边治理”的传统类型的工业现代化，而是要努力实现生产发展、生态良好、生活富裕的人与自然和谐共生的新型现代化道路，也就是说要走出传统工业化道路中必然呈现的以生态破坏、环境污染等为表征的经济社会发展与自然生态关系的紧张关系。因而，当代中国的生态文明建设实践，既不能重复欧美发达国家和地区的反生态的传统现代化老路，也应警惕拉美地区过度依赖资源富裕的曲折发展道路，而是要基于我国自然资源禀赋条件、经济社会发展阶段、科技教育文化水平，顺势跨越

① 米利亚姆·兰、杜尼亚·莫克拉尼(编)：《超越发展：拉丁美洲的替代性视角》，郇庆治、孙巍等编译，中国环境出版社，2018 年版，xii。

"新中国建立之初生产力低下的农耕文明""改革开放后的工业文明""迈向新时代生态文明"这三大阶段[①]，不断推进我国以人与自然和谐共生的社会主义现代化为主要目标和内容的社会生态转型。

不难理解，我国不同地域中以人与自然和谐共生的社会主义现代化为主要目标和内容的社会生态转型或生态文明建设，其具体性理论话语建构和政策实践会存在巨大差异。事实也是如此。尤其是在改革开放以来的社会主义现代化建设进程中，由于自然空间地理条件、矿产资源禀赋特性以及经济社会发展程度的不同，我国的生态环境保护治理或广义的生态文明建设在不同区域呈现出了颇为不同的政策模式或实践样态。第一，以北京、上海、广州、深圳等地为代表的沿海区域生态文明建设。这些地区凭借其信息、技术和资本的富集优势，在生态文明建设或生态环境保护治理中，努力构建超越"资本反生态本性"的社会生态转型话语与实践[②]。其二，以沈阳、太原、石家庄、济南等地为代表的区域生态文明建设。这些地区由于工业能源与自然资源的富集优势，在生态文明建设或生态环境保护治理中，努力构建超越"资源掠夺式开采"并逐渐实现能源革命、产业转型的社会生态转型话语与实践。其三，以浙江湖州、江西靖安等地为代表的区域生态文明建设。这些地区凭借得天独厚的自然资源禀赋、优越的地理区位优势，在生态文明建设或生态环境保护治理中，努力构建侧重于自然生态资源生态化经济利用的绿色发展话语与实践[③]。其四，以陕西榆林、甘肃古浪、山西右玉等地为代表的西北生态脆弱地区生态文明建设。这些地区内陆高海拔的自然地理区位造就了其特殊的自然气候条件和生态资源禀赋，它们作为我国主要江河的发源地，分布着森林、草地、湖泊以及丰富的能源资源等，是我国重要的生态安全屏障[④]。相应地，这些地区在生态环境保护修复治理或生态文明建设中，努力实现改变地域性

① 潘家华：《新中国70年生态环境建设发展的艰难历程与辉煌成就》，《中国环境管理》2019年第4期，第17-24页。

② 郇庆治：《区域一体化下生态文明建设如何坚持整体性战略？基于对北京市密云区、延庆区和河北省唐县的考察》，《中国生态文明》2016年第10期，第40-49页。

③ 郇庆治：《生态文明建设的区域模式：以浙江安吉县为例》，《贵州省党校学报》2016年第4期，第32-39页。

④ 王允端：《"一带一路"背景下西北地区生态文明建设的困境和破解》，《开发研究》2018年第4期，第27-32页。

恶劣自然生态环境、寻求社会经济发展和改善人民生活的有机统一，努力构建“厚植绿水青山、共享绿水青山”的生态基础上的绿色发展话语与实践。

综上所述，人类社会在由传统到现代的发展过程中，特别是随着对自然界、社会与自身认知能力的不断提高，逐渐形成了工业化时代的现代科学技术主导下的生产生活实践及其社会生活价值理想。物质主义滋生“商品拜物教”，经济主义助长“增长无序”，消费主义带来“异化消费”，而现代性的价值观念也再塑或复制着现代的社会生产生活实践，被“欲壑难填”裹挟的社会生产实践造成了有限自然资源难以满足无限扩展的物质欲望需要，结果是人与矿山、土地、动植物以及河流山川之间的矛盾不断被激化，甚至不可调和。正是在这个意义上，工业高度发达的欧美国家、拉美地区以及仍处在发展中阶段的中国为代表的生态文明建设实践及其所面临的问题是相似的，工业经济或文明在给人类带来极大丰富的物质生活享受的同时，也在塑造着整个时代的社会价值底色，物质主义和消费主义的滥觞及其扩展不断暴露出自身的深刻问题，而可称为解剖这些不同“麻雀”的“手术刀”，就是诉诸现代文明的人与自然和谐共生现代化的社会生态转型。

二、生态文明建设“西北模式”的历史生成

西北地区位于我国内陆和亚欧大陆腹地，主要包括新疆维吾尔自治区、青海省、宁夏回族自治区、甘肃省、陕西省、内蒙古自治区西部和山西省西北部等地区。这其中大多数区域属于大陆性气候，四季分明，夏热冬寒，干旱少雨，植被稀疏，又是黄河流域、长江流域的发源地；这一地区地形复杂，千沟万壑的黄土高原、世界屋脊的青藏高原和祁连山、天山、秦岭等山脉纵横交错，盆地、高原镶嵌其中，构成了我国十分重要的生态屏障。特殊的地理区位和自然气候条件，既造就了西北地区生态环境的脆弱敏感，也因此成为国家生态保护与建设的战略要地，大多属于主体功能区划分中限制开发的重点生态功能区和禁止开发区域。总之，西北地区地理位置突出，不仅是我国实施西部大开发战略的重点地区、生态安全屏障的重要组成部分，还是我国战略资源的重要基地和对外开放的门户，特殊的地理位置和敏感的生态环

境决定了西北地区生态文明建设的必要性和重要性[①]。

近年来，以三江源和祁连山国家公园试点、库布齐沙漠生态治理、甘肃古浪县八步沙林场、河北承德市塞罕坝林场、山西右玉县植树造林等为代表的西北地区，坚持山水林田湖草是生命共同体理念，努力打造西北生态安全屏障；遵循“绿水青山就是金山银山”重要理念，致力于经济社会转型发展；积极实施退耕还林还草政策，在生态保护与修复治理过程中实现脱贫攻坚；推进国家公园体制试点，探索构建生态文明制度体系；动员全社会共同参与生态文明建设，积极提升全民生态文明意识。可以说，这些个例是西北地区在改善生态环境过程中谋划经济社会发展、推进中国特色社会主义的人与自然和谐共生现代化的优秀代表，并初步构成了特色鲜明的我国生态文明建设中的“西北模式”。

第一，“厚植绿水青山”：生态环境治理修复是西北生态脆弱地区生态文明建设的“不变初心”。

我国重点生态功能区分为水源涵养型、水土保持型、防风固沙型和生物多样性维护型四种类型。西北地区是我国生态保护与建设的战略要地，也是国家乃至全球重要的水源地和生态屏障。然而，如今的西北地区生态环境恶劣，森林面积少，草原生态退化，水土流失严重，沙漠化和荒漠化不断蔓延，水资源极度短缺。因而，通过实施国家公园建设、持续植树造林、大力防风固沙等政策举措来进行生态环境治理修复，是西北生态脆弱地区生态文明建设的“初心使命”。

以我国致力于治理风沙危害和水土流失的三北防护林工程为例，通过实施天保“一期”“二期”工程、退耕还林、封山育林、封山禁牧和全民义务植树等政策措施，西北地区的植被状况已经明显改善。从 1978 年至今，该工程框架下累计治理沙化土地 33.6 万平方公里，完成造林保存面积 3014 万公顷，森林面积净增加 2156 万公顷，使三北地区的森林覆盖率从 1977 年的 5.05% 提高到现在的 13.57%；水土流失治理也成效显著，水土流失面积相对减少

---

① 马继民：《西北地区生态文明建设研究》，《甘肃社会科学》2015 年第 1 期，第 222-225 页。

67%[1]。例如，在山西省右玉县，新中国成立之初，“沙进人退”的恶劣生存环境，使得右玉人不得不面对举县搬迁还是留下来治理风沙的艰难抉择。从新中国成立后第一任县委书记张荣怀至今，右玉人从自身实际出发，以“誓把荒山变绿洲”的壮志豪情，坚持不懈植树造林、退耕还草，植绿不辍于“不适宜人类居住”的荒山野丘，久久为功改善生态环境，终于建成如今绿意盎然的“塞上绿洲”。可以说，三北防护林在防风固沙、维护国土生态安全、构筑农田林网、促进粮食稳产增产等方面，发挥了十分重要的作用，在我国北疆构筑起了一道“绿色长城”。因而，大力实施生态环境修复、逐步改变恶劣生态环境，是西北生态脆弱地区生态文明建设的“不变初心”。

第二，“养护绿水青山”：在自然生态环境不断改善中寻求经济社会的绿色转型发展之路。

随着自然生态环境逐步改善，因地制宜发展绿色产业、推进经济社会绿色转型发展，是西北地区生态文明建设的核心性内容。经过 40 多年持续努力，三北防护林工程在带来显著生态效益的同时，也产生了明显的经济和社会效益。通过建设一大批经济林、用材林、薪炭林、饲料林基地，大力发展特色林果种植、木材加工、林下种养殖、休闲观光等产业，使三北工程区的广大农民增加了经济收益。“40 年间，重点地区林果收入已占农民纯收入的 50%以上，通过采用林—药、林—菌、林—菜、林—草等林下种植、养殖模式等林下经济立体复合经营，在促进防护林培育的同时，改善了区域经济结构、实现了林木和林副产品双丰收。”[2]不仅如此，多山地的西北地区气候干燥，大气透明度高，日照时间长，太阳能、风能资源非常丰富，是取之不尽、用之不竭的宝贵资源，因而是造福西北地区、缓解国家能源短缺的“阳光之路”，发展清洁能源在这里大有可为。统计数据显示，从 2009 年至今，西北地区新能源装机容量增长了 40 倍。截至 2019 年年底，西北地区的新能源装机容量达到 10063.6 万 kW，其中风电装机容量 5277 万 kW、光伏装机容量

---

① 陈婉：《〈三北防护林体系建设 40 年综合评价报告〉发布：三大效益有机结合，生态效应显著》，《环境经济》2019 年第 1 期，第 34-37 页。

② 朱教君、郑晓：《关于三北防护林体系建设的思考与展望：基于 40 年建设综合评估结果》，《生态学杂志》2019 年第 5 期，第 1600-1610 页。

4786.6万kW，新能源利用率为94.04%[①]。

由此可见，在西北地区的生态文明建设过程中，自然生态环境的渐趋改善保障、促进了经济社会的全方位发展。如今，西北地区已经建成数量众多的特色生态旅游基地、绿色生态畜牧基地和新型清洁能源基地，经济社会发展初步走出了一条不以牺牲环境为代价的环境污染少、科技含量高、经济效益好、区域资源得到充分利用的绿色发展之路，不但具有良好的生态效益，也带来了直接的经济社会效益。可以说，西北生态脆弱地区通过"植绿不改、养护绿水青山"，初步实现经济社会良性互动的绿色转型发展，是对"既要金山银山，又要绿水青山；宁要绿水青山，不要金山银山，而且绿水青山就是金山银山"的绿色发展理念的生动阐释。

第三，"共享绿水青山"：自觉树立绿色发展理念，探寻人与自然和谐共生的社会主义现代化新路径。

显而易见的是，建设生态文明必须基于在全社会范围内形成的绿色发展价值理念认同。而在生态文明建设新时代，追求经济社会可持续发展已成为遍及全世界的普遍价值遵循。联合国世界环境与发展委员会早在1987年就提出了"既满足当代人的需要，又不对后代人满足其需要的能力构成危害的发展"的可持续发展理念。这意味着，可持续的发展不仅需要经济社会发展目标的实现，还要维持人类赖以生存的自然生态系统的完整美好；不仅要为当代人的发展谋划，还要考虑子孙后代的安居乐业；不仅要满足富人社群的发展要求，更要考虑穷人社群的生存和发展需要。总之，人与自然和谐共生的绿色发展，其前提性方面就是使经济社会发展服从于公共利益或集体原则。西北地区的生态文明建设实践过程中，人们种草于荒坡、植树于山丘，创建生态家园、发展生态产业，并在生态改善基础上实现劳动致富。具体而言，人们的生产生活方式自觉以绿色理念为指引，每个人都有着坚定的绿色认同、执着的绿色信念和共同的绿色梦想，而这种绿色生产生活方式与价值理念构成了西北地区人的一种意识自觉和社会文化认同。

无数事实表明，生态文化直接关涉到人们对生态问题的思维观念、认知

---

① 周强 等：《新时期中国西北地区新能源可持续发展反思与建议》，《电网与清洁能源》2020年第6期，第78-84页。

水平、感受程度和行为习惯等方面，它以一种潜移默化的方式影响着人们的生态观念和行为，尤其是通过影响人们的生活方式、消费方式和生产方式，直接作用于生态环境[①]。这在我国西北地区尤其如此。如今，植绿、护绿、养绿作为一种强大的价值信念，已经融入西北地区百姓的日常生产生活，“绿树青山就是金山银山”已经转变为人们普遍自觉的生产生活方式、价值思维习惯，从而成为一种可以持续传承和发展的生态文化。因而可以说，西北地区生态文明建设实践的核心就是绿色生产生活方式的形成培育。

综上所述，西北地区的生态文明建设实践大致经历了从“厚植绿水青山”改善治理恶劣自然生态环境，到“养护绿水青山”探寻经济社会生态转型之路，再到自觉树立“共享绿水青山”绿色发展理念致力于“绿水青山”向“金山银山”源源不断转化的演进历程，其中分别实现了生态忧患意识的醒悟、经济社会绿色转型发展观念破立的觉醒和社会主义生态文明的人与自然和谐共生担当的自觉，并主动地把“两山”理念付诸日常生产生活实践之中[②]。也正因为如此，西北地区的生态文明建设实践与话语构建，具有相对于中国特色社会主义生态文明“一般形态”的地域模式意义。

三、生态文明建设“西北模式”的价值意蕴

如前文所述，西北地区的生态文明建设过程中孕育形成了“厚植绿水青山、共享绿水青山”生态文明实践模式，初步走出了一条不同于现代工业文明“先污染、后治理，边污染、边治理”的生态环境保护治理之路。而从发展理念和价值观的视角来看，这尤其体现在西北地区的生态文明建设特别强调生态修复与经济发展的统一，更为看重的是长远福祉而不是短期利益，坚定不移地走可持续发展之路，在此基础上变生态资本为经济资本、化生态优势为经济优势；特别强调谋求百姓福祉的切实改善，努力做到在保护治理生态环境过程中实现生产发展、生态良好、生活富裕或经济价值、生态价值、人本价值的有机统一。

---

① 于冰：《论生态自觉》，《山东社会科学》2012 年第 10 期，第 17–20 页。

② 王继创：《论“右玉精神”的生态伦理启蒙意义》，《晋阳学刊》2019 年第 4 期，第 132–136 页。

第一，“为自然生态计”：直面脆弱自然生态环境，大力实施生态保护修复治理，再造人与自然的和谐共生关系。

唯物史观认为，良好的自然生态环境是经济发展的物质基础，也是社会文化和谐的重要保障。自然生态环境是人类生存与发展的基本条件，是人类安身立命的基础场所。而社会化的生态环境是人类对原初生态环境的改造，人类通过长期实践把自然生态环境改造成为更加适宜生产与生活的社会生态环境。如今十分清楚的是，“人类只有一个地球”，地球生态环境具有不确定性、系统性、复杂性和跨区域性，而生态环境问题是全人类共同面临的挑战，任何国家和地区都不能置身事外或独善其身。

应该说，西北地区生态文明建设实践模式的生成，并不是一夜之间出现的，而是这一地区人们在与恶劣自然生态环境作斗争的历史过程中对自然生态与经济社会规律的科学认知和总结，因而有着坚实的生态科学和社会科学基础。对此，习近平同志曾深刻指出，“山水林田湖是一个生命共同体，人的命脉在田，田的命脉在水，水的命脉在山，山的命脉在土，土的命脉在树”①。也就是说，在任何一个地区，田与水的关系、水与山的关系、山与土的关系、土与树的关系，都是人类社会需要科学认识的自然界基本规律，而尊重与遵循这些基本规律是生态文明建设思想及其实践的前提基础。

相对不利的自然地理环境和复杂的社会历史原因，共同形塑了我国西北地区敏感的生态环境和恶劣的生存环境。因而，十分自然的是，这一地区的生态文明建设起始于直面脆弱而敏感的自然生态环境，大力实施生态保护修复治理，尤其是植树造林、退耕还林、防风固沙。而它所采取的致力于生态文明建设的植树种草、退耕还林、还草还牧等具体举措和方法，充分体现了只有“尊重自然、顺应自然、保护自然”才能实现(重建)人与自然和谐关系的价值理念。因而可以说，西北地区生态文明建设实践首先是“绿水青山就是金山银山”的生态价值观的最好验证。

在很大程度上，逐步改善脆弱的生态环境和恶劣的生存环境，是西北地区生态文明建设的现实起点。相应地，我国西北地区生态文明建设实践的背后，与其说是在与恶劣自然环境斗争过程中的不断摸索与经验总结，还不如

① 王继创：《论“右玉精神”的生态伦理启蒙意义》，《晋阳学刊》2019年第4期，第132-136页。

说是对这一生态脆弱区域自然规律的科学认知，对现代生态科学规律的自觉遵循，因而其中蕴涵着深刻的人与自然和谐共生的思想洞见。事实证明，现代生态科学所揭示的自然生态规律，是我国社会主义生态文明建设实践的基本遵循。西北地区的生态文明建设只有在科学认知自然规律、自觉遵循生态规律的基础上，大力实施生态保护修复治理，“顺应自然、尊重自然、保护自然”的价值理念才能落到实处，也才能真正实现自然生态的不断改善和人与自然的和谐共生。

第二，“为社会发展谋”：在生态保护优先前提下，积极探索绿水青山转化路径，寻求经济社会发展与环境保护的协调互促。

我国西北地区自然资源丰富，蕴藏着大量的煤炭、天然气和其他稀有战略资源。如果继续走传统工业文明的现代化道路，进行大规模、无节制的矿产资源开采，很可能会打破原有的生态系统平衡，而过多的人为因素干扰还会导致物种迁徙和物种资源减少，使得原本就脆弱而敏感的生态环境遭到更大破坏，并且，此间可能发生的外来有害物种入侵也会对这里的生态安全造成威胁。应该承认，西北地区经济社会发展的相对滞后，在相当程度上是由于“三高一低”即高投入、高污染、高排放、低效益的粗放型发展模式。这种发展模式不仅没有带来经济发展水平的快速提高，还给原本就脆弱而敏感的西北地区生态环境带来了很大的危害，给广大人民群众的生产生活造成了严重的影响。正如马克思所指出的，“文明如果是自发地发展，而不是自觉地发展，则留给自己的是荒漠”①。因此，西北地区实现经济社会全面发展的关键，就是坚决摒弃自发的发展方式，充分考虑到人与自然和谐共生关系的重要性，努力实现经济发展和生态改善的互利双赢。

近年来，在生态文明建设的思维与战略指引下，广大西北地区不仅植绿不辍，通过植树造林创造了“荒漠变绿田”的生态奇迹，还努力探索经济发展与生态环境相协调的绿色新进路。比如，一方面，规划建设现代生态农业园区，引进高科技、深加工的农产品生产线，并将生态产品销往全国；另一方面，建立集屠宰、加工、销售于一体的现代企业经营管理体系，不仅带动了

① 刘海霞、常文峰：《机遇、挑战、对策：“一带一路”背景下西北地区生态文明建设》，《西北工业大学学报(社科版)》2017 年第 4 期，第 44-49 页。

产业发展，尤其是关联性的宾馆、餐饮与运输等产业的快速发展，还促进了农牧民的增收。因而，西北地区生态文明建设的重要经验就在于，科学践行“宁要绿水青山，不要金山银山，而且绿水青山就是金山银山”的绿色发展理念。也就是说，当经济发展与生态环境保护目标存在冲突时，要坚决果断地进行取舍，而随着生态环境的不断修复改善，也要努力把这些改善成果转化为人民群众的物质福利与生活福祉，从而使最广大人民群众成为生态文明建设的主体力量。

第三，“为民生福祉虑”：将生态保护修复与脱贫攻坚相结合，努力实现生态正义与社会正义的有机统一。

英国学者戴维·皮尔斯在对世界范围内的贫困现象进行研究后发现，“最贫困的人口生活在世界上生态恢复能力最差、环境破坏最严重的地区”[①]。而从我国经济社会发展水平与生态环境禀赋之间的关系来看，中国贫困地区的分布也呈现出与脆弱生态区分布相一致的空间集中分布特征[②]。我国西北地区生态环境脆弱，普遍存在干旱少雨、植被稀疏、环境承载力低下等自然生态特征，再加上地广人疏，使得交通基础设施建设相对滞后，经济社会发展基础较为薄弱，人民生活水平总体不高。国务院《全国生态脆弱区保护规划纲要》(2008)所公布的数据显示，在8个主要生态脆弱区域中，有7个是贫困高发区。比如，青藏高原复合侵蚀生态脆弱区与四省藏区和西藏自治区的连片贫困地区、西南岩溶山地石漠化生态脆弱区与黔桂滇连片贫困地区高度重合。所有的生态脆弱地区皆为贫困县，所有的贫困县都处于生态脆弱地区，生态脆弱地区与贫困地区完全重合[③]。就此而言，西北地区特殊的地理区位和恶劣的自然环境，的确是导致该地区经济社会发展相对滞后的直接原因。

而与此同时，传统的粗放式放牧、过度开发、低效自然资源等不可持续的经济发展方式，则使得西北地区本就脆弱的生态环境进一步恶化。也就是说，生态脆弱地区的经济社会发展，一旦突破该地区的生态环境承载力极限，

---

① 戴维·皮尔斯：《世界无末日经济学：环境与可持续发展》，张世秋译，中国财政经济出版社，1996年版，第125页。

② 刘燕华、李秀彬：《脆弱生态环境与可持续发展》，商务印书馆，2007年版，第116页。

③ 谭清华：《生态扶贫：生态文明视域下精准扶贫新路径》，《福建农林大学学报(哲社版)》2020年第2期，第1-8页。

就会导致从由经济社会发展水平落后所形成的物质贫困，进一步发展为生态环境资源贫瘠所促成的生态贫困，进而使该地区的经济社会发展陷入“生态脆弱—诱发贫困—掠夺资源—生态恶化—贫困加剧”的恶性循环①。因而，对于广大西北地区来说，实现经济社会发展的前提是必须做好生态环境保护和建设，否则就会导致生态环境恶化“反噬”地区发展能力，并使其陷入经济发展能力与生态环境承载力“双重递减”的恶性循环。也正因为如此，生态环境保护和建设的重大举措，必须充分考虑到当地居民尤其是贫困人口的脱贫和维生，否则也很难彻底摆脱这一恶性循环。

应该说，我国西北生态脆弱地区所实施的国家公园试点建设、植树造林防风治沙、退耕还林还牧还草等重大政策举措，既十分重视通过生态环境保护与生态修复治理来更好地发挥这一区域的生态屏障功能区作用，也努力做到随着自然生态环境的逐步改善，建立完善生态补偿机制、稳步发展生态产业、积极探索生态科技支撑，加快推进这一地区的产业脱贫、生态富民、农民增收，努力实现生态正义与社会正义的有机统一。因而，西北地区生态文明建设的重要价值考量之一，就是高度重视并努力推进广大人民群众尤其是贫困社群的民生福祉，通过产业转型升级、生态补偿机制健全完善和生态科技支撑机制创建等方面的努力，努力形成一个消除绝对贫困、生态环境保护与绿色经济发展兼容互促的人与自然间良性互动的新格局。

由此可见，西北地区以“厚植绿水青山、共享绿水青山”为主旨的生态文明建设，其核心价值意涵就是在充分认识与尊重“绿水青山”自然生态价值的基础上，努力实现它们所潜在蕴含着的“金山银山”物质财富价值，既要使区域生态环境得到最大程度的治理修复，又能使当地人民群众共享发展成果，实现生产发展、生活富裕和生态良好的全面协调可持续发展。当然，对于广大西北地区来说，真正的难题并不是认识到“绿水青山就是金山银山”重要理念的正确性，或“绿水青山”的生存前提性意义，而在于如何打破现实中“生态环境恶劣”“物质匮乏”和“生态环境恶化”之间的恶性循环，或者说实现“生态环境改善”“摆脱绝对贫困”和“经济绿色发展”之间的良性互动。也就是说，

---

① 谭清华：《生态扶贫：生态文明视域下精准扶贫新路径》，《福建农林大学学报（哲社版）》2020年第2期，第1–8页。

这更多是一个价值实践的问题，而不是价值认知的问题。

四、生态文明建设“西北模式”的理论特质

现实的人的生活世界，总是与所处的自然生态环境和社会历史条件之间的具体的、历史的和真实的统一。就此而言，人类具有的保护生态的责任担当，固然可以从人的悲悯情怀、从生态环境本身的独特价值等方面做出某种证成，但其深层理据则在于，“自然界不在社会外，自然界即在社会中”①。依此可以理解，西北生态脆弱地区的生态文明建设实践及其话语建构，既是处在深刻反思“先污染、后治理，边污染、边治理”的人与自然对抗性实践方式，觅寻走出传统工业文明社会生产生活实践方式的未来之路意义上的全球性思潮与运动环境之下的，也与近年来党和政府大力推进的社会主义生态文明建设国家战略，构建人与自然和谐共生的现代化建设新格局的整体氛围紧密相关，但更为重要的，则是这一地区所逐渐实现的生态历史自觉，致力于探寻生态敏感地区如何构建一种不同于工业社会(文明)愿景的人与自然和谐相处的社会实践方式和人类生存方式。

第一，反思工业文明，走出一条不同于现代西方“先污染、后治理，边污染、边治理”的生态环境治理之路。

在人类发展的采集、游牧与农业文明阶段，由于人类对自然认知的水平和能力有限，所形成的是“依附自然”的文化价值理念，“人类秉持着一种谨慎的态度，以朴素的畏惧之感，直觉的崇敬之情，在遵从自然规律下有节制的利用自然”②；而在对自然神秘性的认知不断被剥离的工业文明阶段，随着人类对自然客体本质规律的不断掌握，人类对自然界的兴趣从“关注自然的神奇转向关注发现控制自然的工具，以便获取自然隐藏的财富”③，因而所形成的

---

① 高兆明：《生态保护伦理责任：一种实践视域的考察》，《哲学研究》2009年第3期，第103-108/129页。

② 薛勇民：《论环境伦理实践的历史嬗变与当代特征》，《晋阳学刊》2013年第4期，第70-75页。

③ 王丛霞、陈黔珍：《生态文化与人的自由全面发展》，《贵州社会科学》2007年第10期，第37-40页。

是工具性“控制自然”的文化价值理念。由此可见，生态文明价值理念的形成，标志着人对自然认知的由自发到自觉、再到自由的重大跃迁。也就是说，生态文明时代的文化价值观念，“是人类在认识、完善自身与自然界的过程中形成而发展的，并规范、约束和指导着人类的社会活动，表现为对人生终极意义的关怀，对人类生死存亡的关注，核心是人与自然的和谐发展”①。

众所周知，我国西北地区蕴藏着十分丰富的矿产资源。但是，这一地区如今果断摒弃了开发矿产资源、迅速致富但却会破坏自然的老路，也就是不再重复近代以来“先污染、后治理，边污染、边治理”传统工业化、现代化老路，而是努力把经济社会发展与生态建设有机结合起来。“即便是像右玉这样传统的国家煤炭业和矿产开采业基地，也可以实现绿色发展取向的生态转型。虽然这其中肯定会遭遇绿色发展初期的经济效益难题和能源产业转型所带来的经济阵痛，但会随着绿色经济发展效应的显现，国家和省市地方的多方扶持而得到逐渐缓解、克服。”②因而，西北地区生态文明建设实践所蕴含着的一个重大理念革新是，自然不再被视为一个无限掠夺和开采的对象，而是一个需要可持续利用的对象；不再被仅仅看作具有使用价值的可利用对象，而是自然本身的价值就是其存在的合理性；不再可以被破坏性利用，而是必须遵循自然生态本身的规律，努力发展人与自然和谐的生态技术。

因而，西北地区生态文明建设实践所代表的是对霸权性现代工业文明背后的“现代性”“物质至上”“经济至上”等价值观念的批判与超越，所彰显的是对一种摈弃掠夺自然的生产生活方式及其文化观念体系的新型现代化目标与路径的崭新探索。就目前而言，它还只是一个漫长的经济社会变革历程的开始。

第二，遵循生态学原则，探寻生态敏感地区如何构建不同于工业社会(文明)愿景的人与自然和谐相处的社会实践方式和人类生存方式。

概括地说，所谓生产生活方式就是在一定时空条件下，人们用什么样的方式生产与生活的问题。唯物史观认为，人类社会的生产生活方式随着历史

---

① 威廉·莱斯:《自然的控制》，岳长岭等译，重庆出版社，1993年版，第32页。

② 郇庆治、张沥元:《习近平生态文明思想与生态文明建设的“西北模式”》，《马克思主义哲学研究》2020年第1期，第16-25页。

的发展而不断地发生改变。如今，人类社会的生产生活方式已经历了由简单到复杂、由低级到高级的更替变迁，相应地，人类文化发展经历了由愚昧到开化、由野蛮到文明的递次变迁。从根本上说，对自然、社会和历史的认知把握能力，决定着人类社会的生产力水平，进而形成各种具体性的社会生产与生活方式。同时，社会的政治与文化又会对生产生活方式产生深刻的作用影响，使得一定社会历史条件下人们的生产生活方式明显地带有当时文化熏陶和影响的痕迹。

可以说，我国西北地区生态文明建设模式的渐趋生成，就同时是一个理论认识水平逐步提高的过程和一个不断科学认知与总结这一区域的自然生态规律及其经济社会发展制约性的过程。新中国 70 多年、改革开放 40 多年的实践一再证明，西北地区经济社会发展过程中必须彻底抛弃自工业革命以来形成的“征服自然”的不合理理念。正如恩格斯在《自然辩证法》中所指出的，“我们不要过分陶醉于我们对自然界的胜利。对于每一次这样的胜利，自然界都报复了我们。每一次胜利，在第一步都确实取得了我们预期的结果，但是在第二步和第三步却有了完全不同的、出乎预料的影响，常常把第一个结果又取消了”[①]。尤为重要的是，西北地区对于人与自然和谐共生现代化的目标与路径的实践探索，也就是对于地域性生态文明建设模式的具体探索，必须特别注意科学认识与尊重当地的自然生态规律，科学制定发展规划，因地制宜合理利用资源，坚决禁止乱砍滥伐、乱采乱挖、过度放牧等生态破坏行为，努力实现经济可持续发展与生态环境维持之间的动态平衡。生态安全和人与自然和谐相处，是统摄所有经济社会发展追求与举措的前提性目标，任何时候都不能本末倒置或舍本求末。

因而，西北地区生态文明建设话语构建的核心是超越目前主流性的现代化或发展话语，包括狭义的生态现代化或绿色发展话语，而这其中至关重要的因素就是对于生态科学和自然生态规律的重新认知定位。也就是说，现代社会中已经被认为是理所当然的许多未来目标图景与想象，是需要在不断推进生态文明建设的过程中加以审视和反思的。

第三，主动自我革命，在不断推动社会生态转型过程中弘扬与重塑新时

---

① 《马克思恩格斯文集》(第九卷)，人民出版社，1995 年版，第 559 页。

代的“东方生态智慧”。

毋庸置疑，生态文明建设的最本质问题是人的培育或重塑问题，而一般来说，这对于西北地区如何构建适合自身条件的生态文明发展道路、发展模式和发展特色来说意味着更为必要但也更为艰巨的挑战。但事实证明，也未必尽然。近年来，西北地区生态文明建设过程中所涌现出来的“誓把荒山变绿洲”的壮志豪情、植树还草于“不适宜人类居住”的野丘荒山的生态奇迹、“提升绿水青山品质、共享金山银山成果”的辩证口号，都清楚地表明了西北生态脆弱地区民众的生态文化的醒悟与自觉。

需要特别强调的是，这种生态意识自觉，既是指个体层面的觉悟与行动，也包括各种形式的集体觉悟与行动。就前者而言，生态自觉意味着人与自然和谐共存与发展的理念，不仅已经深入内心，而且转化成为日常生活与工作中的具体行动。而且，这并不限于通常所指的生态环境保护与治理活动，而是要贯彻到人们衣食住行的各个方面和全过程。而人们之所以选择绿色生活、生态行动，并不是出于高尚的道德意识与追求，而是由于对这些态度与行动本身的内心认同。在这方面，西北地区内容丰富的植树绿化、防风治沙与发展生态产业实践，事实上成为生态公民及其素质培养的“自然课堂”①，尽管这无疑是一个长期性的历史过程，不可能一蹴而就②。就后者来说，如今为人们熟知的像河北塞罕坝林场、山西右玉县和甘肃八步沙“六老汉”这样的绿色先进集体，所展示的并非仅仅是传统意义上的政治模范带头作用，还包括社会文化制度与集体组织对于重塑人们生态价值观和思维方式发挥时代作用的广阔潜能。

西北地区在中华民族文明史上曾长期扮演着哺育与滋养者的母亲角色，后来才逐渐演变成为今天这样十分脆弱而敏感的状态，其中既有不可改变的自然生态因素，也与长期不合理的社会生产生活方式密切相关。“生态兴则文明兴，生态衰则文明衰”，如今大力推行的生态文明建设以及随之发生的生态文化自觉与自信，假以时日必将重塑山川秀丽的绿色大西北、繁荣昌盛的大

---

① 王继创、薛勇民：《“右玉精神”的生态文化意蕴》，《山西农业大学学报（社科版）》2011年第11期，第1101-1103/1008页。

② 王继创：《论“右玉精神”的生态伦理启蒙意义》，《晋阳学刊》2019年第4期，第132-136页。

西北。

结论

依据唯物史观，生态文明及其理论构建，既是一个学理性问题，更是一个社会生活实践问题，“真理的彼岸世界消失后，历史的任务就是确立此岸世界的真理”[①]。因而可以说，对于我国“社会主义生态文明来说，真正需要的不是泛泛而谈的各种理论性描述或规划，而是我们可以(或能够)作出的实践性解答”[②]。因而，我国的生态文明及其理论研究，必须要尽快实现从沉浸于理念思辨的抽象理论向基于鲜活生动的多样化实践概括总结基础上的理论分析转变。依此而言，新时代中国特色社会主义生态文明建设实践，是最终形成中国风格与中国学派的生态文明及其建设理论的唯一现实途径。党的十九大报告指出，“我们要建设的现代化是人与自然和谐共生的现代化，既要创造更多物质财富和精神财富以满足人民日益增长的美好生活需要，也要提供更多优质生态产品以满足人民日益增长的优美生态环境需要”[③]。这一重要论述所包含的，不只是党和政府对于当代中国大力推进生态文明建设的政治意识形态与治国理政方略认知，也提出了一系列需要学术界从人文社会科学到战略实施策略层面进行长期深入探讨的重大理论与实践问题。比如，我们究竟应如何认识新时代人们的“美好生活需要”和“优美生态环境需要”，又该如何去满足人民群众的这些不断扩大与发展着的新需要或需要形式。而正是在上述多重意义上，近年来西北地区的生态文明建设及其在这一伞形术语下所采取的系列方针政策，比如通过退耕还林还牧进行生态环境修复治理，通过植树造林防风固沙提升生态系统安全稳定性，通过发展绿色生态经济改善群众生活福祉，同时具有区域特色鲜明的生态环境保护治理、“绿水青山就是金山银山”重要理念践行、生态新人与生态文化形塑等多方面多维度的经济社会生态转型或重构的意义，构成了新时代中国特色社会主义生态文明实践的有机

① 《马克思恩格斯选集》(第一卷)，人民出版社，1995年版，第2页。

② 郇庆治：《社会主义生态文明：理论与实践向度》，《江汉论坛》2009年第9期，第11-17页。

③ 习近平：《决胜全面建成小康社会，夺取新时代中国特色社会主义伟大胜利》，人民出版社，2017年版，第50页。

组成部分。

毋庸置疑，生态文明战略及其推进的最大挑战，就是对工业（城市）文明及其文化观念、思维方式基础的生态化超越与否定，而这显然并不是一个短时间内就可以实现的历史过程。“生态文明的创建并非工业文明顺势前行的自发过程，在很大程度上毋宁说是一个需要人类自觉逆转的艰难过程。”①而就其否定与超越工业文明的本质性特征来说，西北地区的生态文明建设实践也提供了一个具有多重观察与思考视角的重要个例。一方面，脆弱而敏感的生态系统环境，使之很难简单模仿我国东南部、西南部省区而采取着力于将“绿水青山”转化为“金山银山”的绿色发展战略或进路，而是必须首先要把极其宝贵有限的“绿水青山”创造（修复）出来并保持维持好，另一方面，相对有限的经济社会现代化工具手段，尤其是工业资本和科学技术，使之很难简单模仿东部沿海省市或大都市区域而采取用“金山银山”购买“绿水青山”的生态现代化战略或进路，而是必须将相对有限的资金技术用于那些产品附加值较低的农林牧渔业。但也正因为如此，历史的辩证法是，人与自然和谐共生的价值理念、产业经济形态、社会文化制度似乎更容易在这里得到复活或重生，至少并不更加困难。当然，这一过程的具体实践呈现及其动力机制，还需要我们做更多的观察分析。

（作者单位：山西大学哲学社会学学院/
兰州理工大学马克思主义学院）

① 余正荣：《生态文化教养：创建生态文明所必需的国民素质》，《南京林业大学学报（人文社科版）》2008年第3期，第150-158页。

参考文献

A. N. 怀特海，1959. 科学与近代世界[M]. 何钦，译. 北京：商务印书馆.
A. N. 怀特海，2011. 观念的冒险[M]. 周邦宪，译. 贵阳：贵州人民出版社.
阿蒂略·波隆，2017. 好生活与拉丁美洲左翼的困境[J]. 国外社会科学，(2).
阿克塞尔·霍耐特，2005. 为承认而斗争[M]. 胡继华，译. 上海：上海世纪出版社.
安德烈·冈德·弗兰克，1999. 依附性积累与不发达[M]. 高墦，高戈，译. 南京：译林出版社.
安德鲁·多布森，2015. 绿色政治思想[M]. 郇庆治，译. 济南：山东大学出版社.
安东尼·吉登斯，2009. 超越左与右——激进政治的未来[M]. 李惠斌，译，北京：社会科学文献出版社.
奥尔多·利奥波德，2000. 沙乡年鉴[M]. 侯文蕙，译. 长春：吉林人民出版社.
白刚，2014. 作为“正义论”的《资本论》[J]. 文史哲，(6).
蔡华杰，2017. 国外政治生态学研究述评[J]. 国外社会科学(6).
蔡华杰，2018. 政治生态学：政治分析新框架——以西方国家公园建设为例[J]. 中国社会科学报.
曹顺仙，张劲松，2020. 生态文明视域下社会主义生态政治经济学的创建[J]. 理论与评论，(1).
陈婉，2019.《三北防护林体系建设40年综合评价报告》发布：三大效益有机结合，生态效应显著[J]. 环境经济，(1).
陈学明，2008. 建设生态文明是中国特色社会主义题中应有之义[J]. 思想理论教育导刊，(6).
陈永森，2014. 生态社会主义与中国生态文明建设[J]. 思想理论教育，(4).
陈永森，郑丽莹，2018. 有机马克思主义的后现代生态文明观[J]. 福建师范大学学报(哲社版)，(1).
程恩富，2017.《资本论》与中国特色马克思主义政治经济学[J]. 北京日报.
戴维·哈维，2010. 正义、自然和差异地理学[M]. 胡大平，译. 上海：上海人民出版社.
戴维·佩珀，2005. 生态社会主义：从深生态学到社会正义[M]. 刘颖，译. 济南：山东大学出版社.

戴维·皮尔斯, 1996. 世界无末日经济学：环境与可持续发展[M]. 张世秋, 译. 北京：中国财政经济出版社.
党政军, 2020. 绿色发展视野下新农村经济转型发展模式研究[J]. 农业经济, (5).
邓小平, 1994. 邓小平文选(第二卷)[M]. 北京：人民出版社.
董亚珍, 2008. 我国农村集体经济发展的历程回顾与展望[J]. 经济纵横, (8).
菲利普·德根哈特, 2019. 社会生态转型的话语性分类[J]. 国外理论动态, (9).
菲利普·克莱顿, 贾斯廷·海因泽克, 2015. 有机马克思主义：生态灾难与资本主义的替代选择[M]. 孟献丽, 等译. 北京：人民出版社.
费迪南·穆勒—罗密尔, 托马斯·博古特克, 2012. 欧洲执政绿党[G]. 郇庆治, 译. 济南：山东大学出版社.
弗雷德·马格多夫, 约翰·贝拉米·福斯特, 2015. 美国工人阶级的困境[J]. 当代世界与社会主义, (3).
付文军, 2020. 马克思生态政治经济学批判的逻辑理路[J]. 兰州学刊, (2).
高仁龄, 2016. 从"异化劳动"到"生态劳动"：马克思异化劳动理论的生态启示[J]. 知与行, (6).
高兆明, 2009. 生态保护伦理责任：一种实践视域的考察[J]. 哲学研究, (3).
耿明斋, 2008. 中国经济社会转型探索[M]. 北京：社会科学文献出版社.
宫敬才, 2018. 马克思政治经济学中劳动范畴的性质[J]. 四川大学学报(哲社版), (4).
龚天平, 刘潜, 2019. 我国生态治理中的国内环境正义问题[J]. 湖北大学学报(哲社版), (6).
赫尔曼·达利, 小约翰·柯布, 2015. 21世纪生态经济学[M]. 王俊, 韩冬筠, 译. 北京：中央编译出版社.
赫尔曼·戴利, 2002. 可持续发展：定义、原则和政策[J]. 国外社会科学, (6).
郇庆治, 1997. 绿色乌托邦：生态自治主义述评[J]. 政治学研究, (4).
郇庆治, 2007. 环境政治学：理论与实践[G]. 济南：山东大学出版社.
郇庆治, 2009. 社会主义生态文明：理论与实践向度[J]. 江汉论坛, (9).
郇庆治, 2010. "社会主义生态文明"：一种更激进的绿色选择？[M]// 郇庆治. 重建现代文明的根基：生态社会主义研究. 北京：北京大学出版社.
郇庆治, 2011. 21世纪以来的西方绿色左翼政治理论[J]. 马克思主义与现实, (3).
郇庆治, 2012. 重聚可持续发展的全球共识：纪念里约峰会20周年[J]. 鄱阳湖学刊, (3).
郇庆治, 2014. 绿色变革视角下的生态文化理论及其研究[J]. 鄱阳湖学刊, (1).
郇庆治, 2014. 生态文明新政治愿景2.0版[J]. 人民论坛, 10月(上).
郇庆治, 2015. 布兰德批判性政治生态理论述评[J]. 国外社会科学, (4).

郇庆治, 2015. 当代西方生态资本主义理论[G]. 北京：北京大学出版社.
郇庆治, 2015. 社会生态转型与社会主义生态文明[J]. 鄱阳湖学刊, (3).
郇庆治, 2016. 区域一体化下生态文明建设如何坚持整体性战略？——基于对北京市密云区、延庆区和河北省唐县的考察[J]. 中国生态文明, (10).
郇庆治, 2016. 生态文明建设的区域模式：以浙江安吉县为例[J]. 贵州省党校学报, (4).
郇庆治, 2016. "碳政治"的生态帝国主义逻辑批判及其超越[J]. 中国社会科学, (3).
郇庆治, 2017. 拉美超越发展理论述评[J]. 马克思主义与现实, (6).
郇庆治, 2017. 社会主义生态文明的政治哲学基础：方法论视角[J]. 社会科学辑刊, (1).
郇庆治, 2017. 作为一种政治哲学的生态马克思主义[J]. 北京行政学院学报, (4).
郇庆治, 2018. 欧洲左翼政党谱系视角下的"绿色转型"[J]. 国外社会科学, (6).
郇庆治, 2018. 社会主义生态文明观阐发的三重视野[J]. 北京行政学院学报, (4).
郇庆治, 2018. 生态文明及其建设理论的十大基础范畴[J]. 中国特色社会主义研究, (4).
郇庆治, 2018. 以更高的理论自觉推动新时代生态文明建设[J]. 鄱阳湖学刊, (3).
郇庆治, 2019. 改革开放四十年中国共产党绿色现代化话语的嬗变[J]. 云梦学刊, (1).
郇庆治, 2019. 作为一种转型政治的"社会主义生态文明"[J]. 马克思主义与现实, (2).
郇庆治, 2020-12-15. 促进经济社会发展全面绿色转型[N]. 安徽日报.
郇庆治, 2021-01-11. 建设人与自然和谐共生的现代化[N]. 人民日报.
郇庆治, 等, 2019. 绿色变革视角下的当代生态文化理论研究[M]. 北京：北京大学出版社.
郇庆治, 张沥元, 2020. 习近平生态文明思想与生态文明建设的"西北模式"[J]. 马克思主义哲学研究, (1).
黄爱宝, 2007. 生态型政府构建与生态公民养成的互动方式[J]. 南京社会科学, (5).
黄爱宝, 2008. 生态型政府构建的背景动因[J]. 南京工业大学学报(社科版), (2).
黄爱宝, 2012. 当代中国生态政治发展的动力资源[J]. 南京林业大学学报(人文社科版), (3).
黄爱宝, 2015. "河长制"：制度形态与创新趋向[J]. 学海, (4).
黄克亮, 罗丽云, 2013. 以生态文明理念推进美丽乡村建设[J]. 探求, (3).
黄少安, 2017. 制度经济学由来与现状解构[J]. 改革, (1).
黄志斌, 钱巍, 2020. 恩格斯生态劳动思想探析[J]. 自然辩证法研究, (5).
霍尔姆斯·罗尔斯顿, 2000. 环境伦理学[M]. 杨通进, 译. 北京：中国社会科学出版社.
霍尔姆斯·罗尔斯顿, 2000. 哲学走向荒野[M]. 刘耳, 叶平, 译. 长春：吉林人民出版社.
纪明, 刘国涛, 2020. 新中国70年生态文明建设：实践经验与未来进路[J]. 重庆工商大学学报(社科版), (1).
贾雷, 2016. 布兰德社会生态转型理论述评[J]. 中国地质大学学报(社科版), (5).

江泽民，2006. 江泽民文选(第一卷)[M]. 北京：人民出版社.
解保军，2015. 生态资本主义批判[M]. 北京：中国环境出版社.
解振华，2017. 构建中国特色社会主义的生态文明治理体系[J]. 中国机构改革与管理，(10).
卡洛琳·麦茜特，1999. 自然之死——妇女、生态和科学革命[M]. 吴国盛，等译. 长春：吉林人民出版社.
卡米拉·莫雷诺，2015. 超越绿色资本主义[J]. 鄱阳湖学刊，(3).
李波，于水，2018. 达标压力型体制：地方水环境河长制治理的运作逻辑研究[J]. 宁夏社会科学，(2).
李伯聪，1998. 略论制度经济学派[J]. 自然辩证通讯，(6).
李培林，1992. 另一只看不见的手：社会结构转型[J]. 中国社会科学，(5).
李全喜，2018. 增强社会主义生态文明制度的实效性[J]. 中国生态文明，(5).
李燕，2020. 我国农村集体经济发展的基本历程、逻辑主线与核心问题[J]. 上海农村经济，(2).
李轶，2017. 河长制的历史沿革、功能变迁与发展保障[J]. 环境保护，(16).
理查德·史密斯，2015. 超越增长，还是超越资本主义[J]？国外理论动态，(4).
梁健，2018. 河长制的困局与出路：基于政府功能限度的视角[J]. 长江论坛，(5).
林敬志，2018. 武夷山国家公园试点体制运行的思考[J]. 旅游纵览，(3).
刘东，1996. 周恩来关于环境保护的论述与实践[J]. 北京党史研究，(3).
刘福森，2009. 新生态哲学论纲[J]. 江海学刊，(6).
刘海霞，常文峰，2017. 机遇、挑战、对策："一带一路"背景下西北地区生态文明建设[J]. 西北工业大学学报(社科版)，(4).
刘合光，2020. 新时代农村经济的发展前景[J]. 石河子大学学报(哲社版)，(4).
刘少杰，2014. 当代中国社会转型的实质与缺失[J]. 学习与探索，(9).
刘思华，2009. 中国特色社会主义生态文明发展道路初探[J]. 马克思主义研究，(3).
刘燕华，李秀彬，2007. 脆弱生态环境与可持续发展[M]. 北京：商务印书馆.
刘勇，2012. 生态文明建设：中国共产党治国理政的与时俱进[J]. 社科纵横坛，(12).
龙昊，吴燕，2019. 实现城乡融合的江苏模式[N]. 中国经济时报，2019-10-01.
卢风，等，2019. 生态文明：文明的超越[M]. 北京：中国科学技术出版社.
罗宾·艾克斯利，2012. 绿色国家：重思民主和主权[M]. 郇庆治，译，济南：山东大学出版社.
马继民，2015. 西北地区生态文明建设研究[J]. 甘肃社会科学，(1).
马克思，2004. 资本论(第三卷)[M]. 北京：人民出版社.
马克思，2004. 资本论(第一卷)[M]. 北京：人民出版社.

马克思，恩格斯，1997. 共产党宣言[M]. 北京：人民出版社.
马里斯特拉·斯万帕，2017. 资源榨取主义及其替代性选择：拉美的发展观[J]. 南京工业大学学报(社科版)，(1).
米里亚姆·兰，杜尼亚·莫克拉尼，编，2018. 超越发展：拉丁美洲的替代性视角[M]. 郇庆治，孙巍，等编译. 北京：中国环境出版集团.
潘家华，2019. 新中国70年生态环境建设发展的艰难历程与辉煌成就[J]. 中国环境管理，(4).
潘岳，2006. 论社会主义生态文明[J]. 绿叶，(10).
钱津，2016. 应创新对政治经济学研究基点的认识：谈劳动范畴的五个基本性质[J]. 经济纵横，(8).
乔尔·科威尔，2015. 自然的敌人：资本主义的终结还是世界的毁灭？[M] 杨燕飞，冯春涌，译. 北京：中国人民大学出版社.
秦立春，2014. 建国以来中国共产党生态政治思想的演进[J]. 求索，(6).
曲展，2020. 新时代发展农村集体经济的探索[J]. 中国集体经济，(18).
任敏，2015. "河长制"：一个中国政府流域治理跨部门协同的样本研究[J]. 北京行政学院学报，(3).
萨拉·萨卡，2008. 生态社会主义还是生态资本主义[M]. 张淑兰，译. 济南：山东大学出版社.
萨拉·萨卡，2013. 当代资本主义危机的政治生态学批判[J]. 国外理论动态，(2).
赛德，2013. 经济"去增长"、生态可持续和社会公平[J]. 国外理论动态，(6).
佘正荣，2008. 生态文化教养：创建生态文明所必需的国民素质[J]. 南京林业大学学报(人文社科版)，(3).
沈力，张攀，朱庆华，2010. 基于生态劳动价值论的资源性产品价值研究[J]. 中国人口·资源与环境，(11).
史玉成，2018. 流域水环境治理："河长制"模式的规范建构——基于法律和政治系统的双重视角[J]. 现代法学，(6).
苏长和，2006. 理性主义、建构主义与世界政治研究[J]. 国际政治研究，(2).
苏杨，等，2018. 中国国家公园体制建设研究[M]. 北京：社会科学文献出版社.
谭清华，2020. 生态扶贫：生态文明视域下精准扶贫新路径[J]. 福建农林大学学报(哲社版)，(2).
田鸣，等，2019. 河(湖)长制推进水生态文明建设的战略路径研究[J]. 中国环境管理，(6).
托马斯·迈尔，2001. 社会民主主义的转型——走向21世纪的社会民主党[M]. 殷叙彝，译. 北京：北京大学出版社.

托马斯·皮凯蒂，2014. 21世纪资本论[M]. 巴曙松，等译. 北京：中信出版社.
王丛霞，陈黔珍，2007. 生态文化与人的自由全面发展[J]. 贵州社会科学，(10).
王凤才，2018. 生态文明：生态治理与绿色发展[J]. 华中科技大学学报(社科版)，(4).
王浩，陈龙，2018. 从"河长制"到"河长治"的对策建议[J]. 水利发展研究，(11).
王宏斌，2011. 生态文明与社会主义[M]. 北京：中央编译出版社.
王慧，2008. 环境危机与私有化：基于制度经济学视角的认知[J]. 制度经济学研究，(3).
王继创，2019. 论"右玉精神"的生态伦理启蒙意义[J]. 晋阳学刊，(4).
王继创，2020. 生态伦理学的实践价值取向与路径生成[J]. 天府新论，(4).
王继创，薛勇民，2011."右玉精神"的生态文化意蕴[J]. 山西农业大学学报(社科版)，(11).
王黎明，2019. 生态农村建设：乡村振兴的重要路径[J]. 湖北理工学院学报(人文社科版)，(36).
王雨辰，2011. 论生态学马克思主义与社会主义生态文明[J]. 高校理论战线，(8).
王雨辰，2020. 论生态文明的普遍与特殊、全球与地方维度[J]. 南国学术，(3).
王允端，2018. "一带一路"背景下西北地区生态文明建设的困境和破解[J]. 开发研究，(4).
威廉·莱斯，1993. 自然的控制[M]. 岳长岭，等译. 重庆：重庆出版社.
维克多·沃里斯，2018. 交互性的粘合剂：阶级的政治优先性[J]. 国外理论动态，(2).
魏建克，胡荣涛，2018. 生态文化视域下中国共产党意识形态话语建构[J]. 学习论坛，(12).
温莲香，2015. 批判与超越：从雇佣劳动走向生态劳动[J]. 当代经济研究，(2).
温铁军，罗士轩，马黎，2021. 资源特征、财政杠杆与新型集体经济重构[J]. 西南大学学报(社科版)，(1).
乌尔里希·布兰德，2015. 如何摆脱多重危机？一种批判性的社会—生态转型理论[J]. 国外社会科学，(4).
乌尔里希·布兰德，2016. 超越绿色资本主义——社会生态转型理论和全球绿色左翼德视点[J]. 探索，(1).
乌尔里希·布兰德，2016. 绿色经济、绿色资本主义和帝国式生活方式[J]. 南京林业大学学报(人文社科版)，(1).
乌尔里希·布兰德，2016. 生态马克思主义及其超越：对霸权性资本主义社会自然关系的批判[J]. 南京工业大学学报(社科版)，(1).
乌尔里希·布兰德，2016. 作为一种新批判性教条的"转型"[J]. 国外理论动态，(11).
乌尔里希·布兰德，马尔库斯·威森，2014. 绿色经济战略和绿色资本主义[J]. 国外理论动态，(10).

乌尔里希·布兰德，马尔库斯·威森，2014. 全球环境政治与帝国式生活方式[J]. 鄱阳湖学刊，(1).

乌尔里希·布兰德，马尔库斯·威森，2019. 资本主义自然的限度：帝国式生活方式的理论阐释及其超越[M]. 郇庆治，等译. 北京：中国环境出版社.

吴韬，2019. 从非物质劳动到数字劳动：当代劳动的转型及其实质[J]. 国外社会科学前沿，(7).

武夷山市志编纂委员会，1994. 武夷山市志[G]. 北京：中国统计出版社.

习近平，1992. 摆脱贫困[M]. 福州：福建人民出版社.

习近平，2003. 生态兴则文明兴：推进生态建设，打造"绿色浙江"[J]. 求是，(13).

习近平，2013. 习近平出席博鳌亚洲论坛2013年年会开幕式并发表主旨演讲共同创造亚洲和世界的美好未来[N]. 人民日报，2013-04-08.

习近平，2013. 坚持节约资源和保护环境基本国策，努力走向社会主义生态文明新时代[N]. 人民日报，2013-05-25.

习近平，2014. 干在实处 走在前列[M]. 北京：中共中央党校出版社.

习近平，2015. 习近平在气候变化巴黎大会开幕式上的讲话[N]. 人民日报，2015-12-01.

习近平，2016. 为建设世界科技强国而奋斗[N]. 人民日报，2016-06-01.

习近平，2016. 在省部级主要领导干部学习贯彻党的十八届五中全会精神专题研讨班上的讲话[M]. 北京：人民出版社.

习近平，2019. 习近平出席第二届"一带一路"国际合作高峰论坛开幕式并发表主旨演讲[N]. 人民日报，2019-04-26.

习近平，2019. 推动我国生态文明建设迈上新台阶[J]. 求是，(3).

肖显静，2009. "河长制"：一个有效而非长效的制度设置[J]. 环境教育，(5).

谢光前，1992. 社会主义生态文明初探[J]. 社会主义研究，(2).

谢里，王瑾瑾，2016. 中国农村绿色发展绩效的空间差异[J]. 中国人口·资源与环境，(6).

徐海红，2013. 生态文明的劳动基础及其样式[J]. 马克思主义与现实，(2).

徐红罡，张朝枝，2014. 转型期的国家公园——中国的武夷山风景区[M]//沃里克·弗罗斯特，迈克尔·霍尔. 旅游与国家公园——发展、历史与演进的国际视野. 王连勇，等译. 北京：商务印书馆.

许经勇，黄爱东，2014. 寓生态文明建设于美丽乡村建设之中[J]. 福建论坛(人文社科版)，(8).

薛勇民，2013. 论环境伦理实践的历史嬗变与当代特征[J]. 晋阳学刊，(4).

扬·图罗夫斯基，2021. 关于转型的话语与作为话语的转型：转型话语与转型的关系[M]. 郇庆治主编. 马克思主义生态学论丛(第5卷). 北京：中国环境出版集团.

杨建民，2016. 拉美左翼执政动向及前景[N]. 中国社会科学报，2016-11-24.
杨信礼，2002. 社会发展动力机制的结构、功能与运行过程[J]. 中共中央党校学报，(4).
杨英姿，2018. 社会主义生态文明制度建构的理念、原则与范例[J]. 今日海南，(11).
叶翔凤，易国棚，2019. 略论新时代条件下农村集体经济的创新发展[J]. 长江论坛，(5).
于冰，2012. 论生态自觉[J]. 山东社会科学，(10).
于兴安，2017. 当代国际环境法发展面临的内外问题与对策分析[J]. 鄱阳湖学刊，(1).
约翰·贝拉米·福斯特，2012. 生态马克思主义政治经济学：从自由资本主义到垄断阶段的发展[J]. 马克思主义研究，(5).
约瑟夫·鲍姆，2017. 欧洲左翼面临的多重挑战与社会生态转型[J]，国外社会科学，(2).
詹国辉，熊菲，2019. 河长制实践的治理困境与路径选择[J]. 经济体制改革，(1).
詹云燕，2019. 河长制的得失、争议与完善[J]. 中国环境管理，(4).
张剑，2016. 社会主义与生态文明[M]. 北京：社会科学文献出版社.
张康之，张桐，2014. 论依附论学派的中心—边缘思想：从普雷维什到依附论学派的中心—边缘思想演进[J]. 社会科学研究，(5).
张康之，张桐，2015. "世界体系论"的"中心—边缘"概念考察[J]. 中国人民大学学报，(2).
张乾元，杨赵赫，2020. "生态人"理念及其培育路径[J]. 湖北行政学院学报，(3).
张首先，2009. 生态文明建设：中国共产党执政理念现代化的逻辑必然[J]. 重庆邮电大学学报(社科版)，(4).
张雄，1993. 社会转型范畴的哲学思考[J]. 学术界，(5).
张玉林，2009. 承包制能否拯救中国的河流[J]. 环境保护，(9).
张云飞，2019. "生命共同体"：社会主义生态文明的本体论奠基[J]. 马克思主义与现实，(2).
张振华，朱佳磊，2018. 中国特色社会主义生态文明制度体系的构建：基于若干重要政策报告的文本分析[J]. 中共宁波市委党校学报，(6).
赵家祥，2014. 马克思恩格斯对未来社会基本特征的设想[J]. 马克思主义与现实，(6).
赵翔，2018. 绿色发展理念深入人心生态文明建设持续推进[J]. 统计科学与实践，(11).
赵曜，1997. 重新认识和正确理解社会主义初级阶段理论[J]. 求是，(17).
郑阳，冯慧敏，郭畅，2019. 新世纪以来"三农"问题的政策思路与内容探析[J]. 中共济南市委党校学报，(4).
中共中央编译局，2009. 马克思恩格斯文集(第八卷)[G]. 北京：人民出版社.
中共中央编译局，2009. 马克思恩格斯文集(第二卷)[G]. 北京：人民出版社.
中共中央编译局，2009. 马克思恩格斯文集(第九卷)[G]. 北京：人民出版社.
中共中央编译局，2009. 马克思恩格斯文集(第七卷)[G]. 北京：人民出版社.

中共中央编译局, 2009. 马克思恩格斯文集(第三卷)[G]. 北京: 人民出版社.
中共中央编译局, 2009. 马克思恩格斯文集(第十卷)[G]. 北京: 人民出版社.
中共中央编译局, 2009. 马克思恩格斯文集(第四卷)[G]. 北京: 人民出版社.
中共中央编译局, 2009. 马克思恩格斯文集(第一卷)[G]. 北京: 人民出版社.
中共中央文献研究室, 1991. 十三大以来重要文献选编[G]. 北京: 人民出版社.
中共中央文献研究室, 2004. 邓小平年谱(1975—1997)(下册)[M]. 北京: 中央文献出版社.
中共中央文献研究室, 2005. 十六大以来重要文献选编(上)[G]. 北京: 中央文献出版社.
中共中央文献研究室, 2006. 十六大以来重要文献选编(中)[G]. 北京: 中央文献出版社.
中共中央文献研究室, 2011. 十五大以来重要文献选编(上)[G]. 北京: 中央文献出版社.
中共中央文献研究室, 2014. 十八大以来重要文献选编(上)[G]. 北京: 中央文献出版社.
中共中央文献研究室, 2017. 习近平关于社会主义生态文明建设论述摘编[G]. 北京: 人民出版社.
中共中央宣传部, 2019. 习近平新时代中国特色社会主义思想学习纲要[G]. 北京: 学习出版社.
周强, 等, 2020. 新时期中国西北地区新能源可持续发展反思与建议[J]. 电网与清洁能源, (6).
朱教君, 郑晓, 2019. 关于三北防护林体系建设的思考与展望: 基于40年建设综合评估结果[J]. 生态学杂志, (5).
邹全荣, 2003. 武夷山村野文化[M]. 福州: 海潮摄影艺术出版社.
邹诗鹏, 2003. 传统社会发展动力学说的解释性难题及其反思[J]. 教学与研究, (5).
ACOSTA A, 2009. La Maldición de la Abundancia[M]. Quito: Ediciones Abya-Yala.
ACOSTA A, 2013. Extractivism and neoextractivism: Two sides of the same curse[A]// Miriam Lang and Dunia Mokrani (eds.). Beyond Development: Alternative Visions from Latin America. Quito: Rosa Luxemburg Foundation.
ALLIANCE 90/The Greens. 2002. The Future is Green: Party Program and Principles for Alliance 90/The Greens[M]. Berlin: 15-17 March.
BAMBRICK H, MONCADA S, 2015. From social reform to social transformation: Human ecological systems and adaptation to a more hostile climate[A]// J. Dixon, A. Capon and C. Butler (eds.). Health of People, Places and Planet: Reflections Based on Tony McMichael's Four Decades of Contribution to Epidemiological Understanding. Australia: ANU Press.
BECKER E, 2012. Soziale ökologie: Konturen und konzepte einer neuen wissenschaft[A]// MATSCHONAT G, GERBER A(eds.). Wissenschaftstheoretische Perspektiven für die Umweltwissenschaften. Weikersheim: Margraf Publishers.

BETZ H G, WELSH H, 1995. The PDS in the new German party system[J]. German Politics 4/3.

BLÜHDORN I, 2004. "New Green" Pragmatism in Germany-Green politics beyond the social democratic embrace[J]? Government and Opposition 39/4.

BÜNDNIS 90/Die Grünen, 2013. Zeit Für Den Grünen Wandel: Bundestagswahlprogramm 2013 [M]. Berlin: Bündnis 90/Die Grünen.

BÜNDNIS 90/Die Grünen, 2017. Zukunft Wird Aus Mut Gemacht: Bundestagswahlprogramm 2017[M]. Berlin: Bündnis 90/Die Grünen.

BRAND U, 2012. Green economy and green capitalism: Some theoretical considerations[J]. Journal für Entwicklungspolitik 28/3.

BRAND U, 2012. Green economy—the next oxymoron? No lessons learned from failures of implementing sustainable development[J]. GAIA 21/1.

BRAND U, 2013. Growth and domination: Shortcomings of the (de-)growth debate[A]// Aušra Pazėrė and Andrius Bielskis (eds.). Debating with the Lithuanian New Left. Vilnius: Demons.

BRAND U, 2013. The role of the state and public policies in processes of transformation[A]// Miriam Lang and Dunia Mokrani (eds.). Beyond Development: Alternative Visions from Latin America. Quito: Rosa Luxemburg Foundation.

BRAND U, 2016. Beyond green capitalism: Social-ecological transformation and perspectives of a global green-left[J]. Fudan Journal of the Humanities and Social Sciences 9/1.

BRAND U, 2016. How to get out of the multiple crisis? Towards a critical theory of social-ecological transformation[J]. Environmental Values 25/5.

BRAND U, 2016. "Transformation" as a new critical orthodoxy: The strategic use of the term "transformation" does not prevent multiple crises[J]. GAIA 25/1.

BRAND U, DIETZ K, LANG M, 2016. Neo-extractivism in Latin America: One side of a new phase of global capitalist dynamics[J]. Ciencia Política 21.

BRAND U, WISSEN M, 2012. Global environmental politics and the imperial mode of living: Articulations of state-capital relations in the multiple crisis[J]. Globalizations 9/4.

BRAND U, WISSEN M, 2013. Crisis and continuity of capitalist society-nature relationship: The imperial mode of living and the limits to environmental governance[J]. Review of International Political Economy 20/4.

BRAND U, WISSEN M, 2014. The financialisation of nature as crisis strategy[J]. Journal für Entwicklungspolitik 30/2.

BRAND U, WISSEN M, 2015. Strategies of a green economy, contours of a green capitalism [A]// Kees van der Pijl (ed.). The International Political Economy of Production. Cheltenham: Edward Elgar.

BRAND U, WISSEN M, 2017. Social-ecological transformation[A]// Douglas Richardson et al. (eds.). The International Encyclopedia of Geography. Hoboken: John Wiley & Sons.

BRUCKMEIER K, 2016. Social-ecological Transformation: Reconstructing Society and Nature [M]. London: Palgrave Macmillan.

BUNKER S, 1984. Modes of extraction, unequal exchange and the progressive underdevelopment of an extreme periphery: The Brazilian Amazon, 1600-1800[J]. The American Journal of Sociology 89/5.

BURKETT P, 1999. Marx and Nature: A Red and Green Perspective[M]. New York: St. Martin's Press.

CALLICOTT J B, 1992. Rolston on intrinsic value: A deconstruction[J]. Environmental Ethics 14/2.

CANDEIAS M, 2013. Green Transformation: Competing Strategic Project[M]. Berlin: RLS.

D'ALISA G, DEMARIA F, KALLIS G, 2014. De-growth: A Vocabulary for a New Era[M]. London: Routledge.

DANSON-DAHMEN L, DEGENHARDT P, 2018. Social-ecological Transformation: Perspective from Asia and Europe[M]. Hanoi: Rosa-Luxemburg-Stiftung.

DEGENHARDT P, 2018. Social-ecological Transformation: A discursive classification[A]// Liliane Danso-Dahmen and Philip Degenhardt (eds.), Social-ecological Transformation: Perspectives from Asia and Europe. Berlin: RLS.

DIE LINKE, 2011. Programme of the Die Linke Party[M]. Erfurt: Die Linke.

DIE LINKE, 2013. Das Wir Entscheidet-Das Regierungsprogramm 2013-2017[M]. Berlin: Die Linke.

DIE LINKE, 2017. Zeit für mehr Gerechtigkeit. Unser Regierungsprogramm für Deutschland[M]. Berlin: Die Linke.

ESCOBAR A, 2011. The making and unmaking of the third world through development[A]// Encountering Development: The Making and Unmaking of the Third World. Princeton, N.J.: Princeton University Press.

EUROPEAN GREEN PARTY (EGP), 2009. Green New Deal for Europe: Manifesto for the European election campaign 2009. Brussels.

FOSTER J B, Brett Clark, Richard York, 2010. The Ecological Rift: Capitalism's War on the Earth[M]. New York: Monthly Review Press.

GORZ A, 1980. Ecology as Politics[M]. London: Pluto.

GRAMSCI A, 1971. Selections from the Prison Notebooks[M]. London: International Publishers.

GÖRG C, BRAND U, HABERL H, et al., 2017. Challenges for social-ecological transformations: Contributions from social and political ecology[J]. Sustainability 9/7.

GUDYNAS E, 2013. Debates on development and its alternatives in Latin America: A brief heterodox guide[A]// Miriam Lang and Dunia Mokrani (eds.). Beyond Development: Alternative Visions from Latin America. Quito: Rosa Luxemburg Foundation.

GUDYNAS E, 2013. Transition to post-extractivism: Directions, options, areas of action[A]// Miriam Lang and Dunia Mokrani (eds.). Beyond Development: Alternative Visions from Latin America. Quito: Rosa Luxemburg Foundation.

HARDIN G, 1968. The tragedy of the commons[J]. Science 162.

HARVEY D, 1985. The Urbanization of Capital[M]. Baltimore: John Hopkins University Press.

HILDEBRANDT C, WEICHOLD J, 2013. Bundestagswahl 2013: Wahlprogramme Der Parteien Im Vergleich[M]. Berlin: Rosa Luxemburg Stiftung.

KAEWEL M, SCHMITT-BECK R, WOLSING A, 2011. The campaign and its dynamics at the 2009 German general election[J]. German Politics 20/1.

KARL T L, 1997. The Paradox of Plenty: Oil Booms and Petro-State[M]. University of California Press.

KOTHARI A, DEMARIA F, ACOSTA A, 2014. Buen Vivir, degrowth and ecological swaraj: Alternatives to sustainable development and the green economy[J]. Development, 3-4(57).

KOVEL J, 2008. Ecosocialism, global justice and climate change[J]. Capitalism Nature Socialism 19/2.

LANDER E, 2013. Complementary and conflicting transformation projects in heterogeneous societies[A]// Miriam Lang and Dunia Mokrani (eds.), Beyond Development: Alternative Visions from Latin America. Quito: Rosa Luxemburg Foundation.

LANG M, 2013. The crisis of civilisation and challenges for the left[A]// Miriam Lang and Dunia Mokrani (eds.). Beyond Development: Alternative Visions from Latin America. Quito: Rosa Luxemburg Foundation.

LANG M, MOKRANI D (eds.), 2013. Beyond Development: Alternative Visions from Latin America[M]. Quito: Rosa Luxemburg Foundation.

LIPSCHUTZ R, 2004. Global Environmental Politics: Power, Perspectives, and Practice[M]. Washington, D.C.: CQ Press.

NAESS A, 2005. The deep ecological movement: Some philosophical aspect[A]// A. Drengson and H. Glasser(eds.). Selected Works of Arne Naess. Dordrecht: Springer: 33-35.

NALAU J, HANDMER J, 2005. When is transformation a viable policy alternative? [J] Environmental Science & Politics 54/7.

O'BRIEN K, 2012. Global environmental change II: From adaptation to deliberate transformation [J]. Progress in Human Geography 36/5.

OLSSON P, GALAZ V, BOONSTRA W, 2014. Sustainability transformations: A resilience perspective[J]. Ecology and Society 19/1.

O'NEILL S, HANDMER J, 2012. Responding to bushfire risk: The need for transformative adaptation[J]. Environmental Research Letters 7/1.

OSWALD F, 2002. The Party that Came out of the Cold War: The Party of Democratic Socialism in United Germany[M]. Westport & Connecticut: Praeger.

PARK S, et al, 2012. Informing adaptation responses to climate change through theories of transformation[J]. Global Environment Change 22/1.

PARTEI DES DEMOKRATISCHEN SOZIALISMUS, 1993. Programm und Statut [M]. Berlin: PDS.

PARTEI DES DEMOKRATISCHEN SOZIALISMUS, 2003. Programm der Partei des Demokratischen Sozialismus[M]. Berlin: PDS.

PARTY OF EUROPEAN SOCIALISTS (PES), 2010. Making Green Growth Become a Reality [M]. Warsaw.

PARTY OF THE EUROPEAN LEFT (EL), 2016. Refound Europe, Create New Progressive Convergence[M]. Berlin.

PARTY OF THE EUROPEAN LEFT (EL), 2016. Statute of the Party of the European Left[M]. Rome.

POGUNTKE T, 1993. Alternative Politics: The German Green Party[M]. Edinburgh: Edinburgh University Press.

POLANYI K, 1944/1945/1957/2001. The Great Transformation[M]. New York: Farrar & Rinehart.

POLANYI K, 1995. The Great Transformation: Politische und ökonomische Ursprünge von Gesellschaften und Wirtschaftssysteme[M]. Frankfurt am Main: Suhrkamp.

PRADA R, 2013. Buen Vivir as a model for state and economy[A]// Miriam Lang and Dunia Mokrani (eds.). Beyond Development: Alternative Visions from Latin America. Quito: Rosa Luxemburg Foundation.

REYES C V, 2017. Territories and structural changes in peri-urban habitats: Coca Codo Sinclair, Chinese investment and the transformation of the energy matrix in Ecuador, prepared for "The workshop and conference on Chinese-Latin American relations"[M]. Quito: 7-12 May.

SARKAR S, 1999. Eco-Socialism or Eco-Capitalism? A Critical Analysis of Humanity's Fundamental Choices[M]. London: Zed Books.

SCHULZE G, 2003. Die beste aller Welten. Wohin bewegt sich die Gesellschaft im 21 Jahrhundert? [M] Frankfurt am Main: Hanser Belletristik.

SOCIAL DEMOCRATIC PARTY, 2007. Hamburg Programme: Principal Guidelines of the Social Democratic Party of Germany[M]. Hamburg: SPD.

SOZIALDEMOKRATISCHE PARTEI DEUTSCHLAND, 1989. Grundsatzprogramm der Sozialdemokratischen Partei Deutschlands[M]. Berlin: SPD.

SVAMPA M, 2013. Resource extractivism and alternatives: Latin American perspectives on development[A]// Miriam Lang and Dunia Mokrani (eds.). Beyond Development: Alternative Visions from Latin America. Quito: Rosa Luxemburg Foundation.

THIE H, GRÜN R, 2013. Pioniere und Prinzipien einer? Kologischen Gesellschaft[M]. Hamburg: VSA.

THOMASBERGER C, 2012-2013. The belief in economic determinism, Neoliberalism, and the significance of Polanyi's contribution in the twenty-first century[J]. International Journal of Political Economy 41/4.

VEGA E, 2013. Decolonisation and dismantling patriarchy in order to "live well" [A]// LANG M, MOKRANI D(eds.). Beyond Development: Alternative Visions from Latin America. Quito: Rosa Luxemburg Foundation.

VOLKENS A, LEHMANN P, et al, (eds.), 2013. The Manifesto Data Collection: Manifesto Project (MRG/CMP/MARPOR) [G]. Berlin: Wissenschaftszentrum Berlin für Sozialforschung.

WALLIS V, 2018. Red-green Revolution: The Politics and Technology of Ecosocialism[M]. Boston: Political Animal Press.

WEICHOLD J, 2013. Langer Atem Gefragt: Die Linken Parteien in Deutschland Nach der Bundestagswahl [J]. Rosa Luxemburg Stiftung, November.

Wissenschaftlicher Beirat der Bundesregierung Globale Umweltveränderungen (WBGU), 2011.
Welt im Wandel: Gesellschaftsvertrag für eine Große Transformation[M]. Berlin.

著作者简介

蔡华杰，男，汉族，福建省泉州市人，法学博士，现为福建师范大学马克思主义学院教授、博士生导师，国家“万人计划”哲学社会科学青年拔尖人才，教育部高等学校思想政治理论课教学指导委员会委员。2015—2016 年美国雪城大学访问学者，荣获福建师范大学“我最喜爱的好老师”荣誉称号，首届福建师范大学青年五四奖章获得者，福建师范大学优秀研究生指导教师。中国社会主义生态文明研究小组成员和福建省辩证唯物主义研究会秘书长。主要学术专长为马克思主义生态理论与当代中国生态文明建设研究。主持国家社科基金 2 项，出版专著 4 部，在《马克思主义研究》、*Capitalism Nature Socialism* 等国内外期刊上发表 60 余篇论文，并被求是网、光明网、新华网等媒体报刊转载，获得教育部第八届高等学校科学研究优秀成果奖(人文社会科学)青年成果奖 1 项，福建省政府社会科学优秀成果奖多项。

曹顺仙，女，江苏省宜兴市人，理学博士，现为南京林业大学马克思主义学院教授、博士研究生导师。“中国社会主义生态文明研究小组”成员，兼任中国自然辩证法研究会环境伦理学专业委员会副会长、江苏省环境与发展研究中心副主任、江苏省高校思想政治理论课教学指导委员会委员、江苏省自然辩证法研究会常务理事等。主要学术专长为马克思主义理论、生态文明和环境伦理学。出版《水伦理的生态哲学基础研究》《中国传统环境政治研究》《西方生态伦理思想》《世界文明史》等专(编)著 15 部，并在《中国特色社会主义研究》《苏州大学学报》等学术期刊发表论文 60 余篇。主持参与“发展中国家的生态文明理论研究”“发达国家与发展中国家生态文明理论与实践的比较研究”“佛教与生态文明建设的相关问题研究”“‘后学院科学’伦理规范研究”“江苏率先建成生态文明建设示范区研究”等国家级、省部级课题 30 多项(csx966@njfu. edu. cn)。

方世南，男，江苏省张家港市人，现为苏州大学马克思主义学院特聘教授、博士生导师，首批“东吴学者”，马克思主义生态文明理论与绿色发展研究中心主任。“中国社会主义生态文明研究小组”成员，兼任苏州市专家咨询团团长、苏州市基层党建研究所副所长。主要学术专长为马克思恩格斯生态文明思想、中国特色社会主义生态文明理论与实践、环境公共治理。出版《马克思恩格斯的生态文明思想：基于〈马克思恩格斯文集〉的研究》《美丽中国生态梦》《马克思环境思想与环境友好型社会研究》等学术专著20余部，并在《人民日报》理论版、《光明日报》理论版、《求是》《政治学研究》《哲学研究》《马克思主义研究》等国内重要报刊发表论文400多篇。主持国家社科基金项目5项，其中重点项目3项，目前正在负责2018年度教育部哲学社会科学研究重大攻关项目“习近平生态文明思想研究”。

郇庆治，男，汉族，山东省青州市人，法学博士，现为北京大学马克思主义学院教授、博士研究生导师，北京大学习近平生态文明思想研究中心主任，教育部长江学者特聘教授。2002—2003年美国哈佛—燕京学社访问学者、2005—2006/2009年德国洪堡研究基金访问学者、2008年荣获国务院政府特殊津贴；2015年6月组建“中国社会主义生态文明研究小组”(CRGSE)并担任总协调人。主要学术专长为马克思主义生态学、环境政治和比较政治。现已出版专著《生态文明建设试点示范区实践的哲学研究》《文明转型视野下的环境政治》《环境政治国际比较》《当代欧洲政党政治》《多重管治视角下的欧洲联盟政治》《欧洲绿党研究》《绿色乌托邦：生态主义的社会哲学》和《自然环境价值的发现》等8部，主编《马克思主义生态学论丛》(五卷本)《绿色变革视角下的当代生态文化理论研究》等8部，并在*Capitalism Nature Socialism*、*Environmental Politics*、*Sustainability*、*Sustainability*：*Science*, *Practice and Policy*、*Problems of Sustainable Development*、*Journal of Current Chinese Affairs*、*American Journal of Economics and Sociology*、《中国社会科学》《政治学研究》《欧洲研究》《现代国际关系》《马克思主义研究》《马克思主义与现实》《世界社会科学》《当代世界与社会主义》《学术月刊》和《北京大学学报(哲社版)》等国内外知名杂志发表论文430多篇。

黄爱宝，男，安徽省和县人，哲学博士、公共管理博士后，现为南京工业大学马克思主义学院教授、硕士研究生导师，南京工业大学生态治理创新研究中心主任，《南京工业大学学报》(社科版)常务副主编。“中国社会主义生态文明研究小组”成员，兼任中国环境伦理学研究会和中国环境哲学专业委员会常务理事与副秘书长等。学术专长为马克思主义生态文明理论和政府生态治理。出版《建设资源节约型和环境友好型政府研究》《政府生态责任追究：制度创新与中国特色》等2部，并在《自然辩证法研究》《江苏社会科学》《理论探讨》等学术期刊发表论文90多篇。主持完成国家社科基金项目2项，并正在负责国家社科基金重点项目《生态文明制度执行力的强化与评估研究》(aibao1818@163.com)。

鞠昌华，男，江苏省如皋市人，理学博士，现为生态环境部南京环境科学研究所副研究员。“中国社会主义生态文明研究小组”成员。学术专长为区域生态安全、农村环境保护和生态文明理论与实践研究。出版《问路中国环保垂直管理》《基于空间治理的畜禽污染控制技术与制度探索》等专著2部，并在《植物生态学报》《生态与农村环境学报》《环境保护》和 *PEDOSPHERE* 等期刊发表论文40多篇。获环境保护科技进步二等奖1项(chju33@163.com)。

李雪姣，女，汉族，河北省廊坊市人，法学博士，现为北京航空航天大学副教授、硕士生导师，2018—2019年牛津大学访问学者，“中国社会主义生态文明研究小组”(CRGSE)成员，牛津大学中国研究中心成员。主要学术专长为环境政治、生态马克思主义、生态哲学。主持国家社科基金、省部级课题各1项，并在《马克思主义与现实》《当代世界与社会主义》《国外理论动态》等杂志发表论文10余篇。

刘海霞，女，甘肃省陇南市人，法学博士，现为兰州理工大学马克思主义学院教授、硕士研究生导师。“中国社会主义生态文明研究小组”成员，兼任甘肃省哲学学会理事等。主要学术专长为马克思主义生态文明理论、社会主义生态文明理论与实践和马克思主义社会发展理论与实践。出版《马克思主义生态文明思想及中国实践研究》《马克思恩格斯生态思想及其当代价值研究》《生态治理的理论与实践："民勤经验"的生态政治学分析》等专著 3 部，并在 CSSCI 等全国核心期刊发表论文 60 余篇。主持参与国家、省部级社科规划基金项目 10 余项，获得甘肃省哲学社会科学优秀成果二等奖 1 项(liuhaixia04@126. com)。

马洪波，男，河南省沈丘县人，经济学博士，现为中共青海省委党校副校长、教授，青海师范大学博士研究生导师。先后被评为青海省优秀专业技术人才和青海省优秀专家，2016 年获国务院政府特殊津贴，2019 年入选青海省"高端创新人才千人计划"杰出人才，"中国社会主义生态文明研究小组"成员。出版《可持续发展视角下三江源生态保护的长效机制研究》《青海实施生态立省战略研究》等著作 4 部，并在《人民日报》《光明日报》《中央党校学报》等重要报刊发表论文 60 余篇，10 余篇研究报告获省部级及中央领导肯定性批示。主持完成国家社科基金项目 2 项、青海省社科规划重大招标项目 2 项，获青海省哲学社会科学优秀成果一等奖 2 项、全国党校(行政学院)系统优秀成果一等奖 2 项(hoboma@ 126. com)。

王聪聪，女，汉族，山东省日照市人，法学博士，现为北京大学马克思主义学院预聘副教授、研究员、博士生导师，"中国社会主义生态文明研究小组"成员兼秘书，曾于 2012—2014 年在德国柏林自由大学政治系访学。主要从事国外左翼政党、比较政党政治、环境政治等议题领域研究，在 *Journal of Contemporary European Studies*、《马克思主义研究》《欧洲研究》等国内外知名期刊发表学术论文 30 余篇，主持国家社科基金 2 项、北京市社科基金 2 项，已出版专著《世界政党与国家治理丛书(德国卷)》、主编《社会主义生态文明：理论与实践》。

王继创，男，山西省万荣县人，哲学博士，现为山西大学哲学社会学学院副教授、硕士研究生导师。"中国社会主义生态文明研究小组"成员，入选山西省"三晋英才"青年优秀人才支持计划，兼任山西省哲学学会生态文明专业委员会执行主任。主要研究方向为生态哲学、环境伦理学和社会主义生态文明理论与实践。在《科学技术哲学研究》《天府新论》《晋阳学刊》等学术期刊发表论文 20 余篇。主持国家社科基金项目“美德伦理视域下生态道德治理研究”、山西省哲学社会科学研究一般项目“生态文明时代的环境伦理实践研究”等 5 项(jichuangw@ sxu. edu. cn)。

王雨辰，男，湖北省武汉市人，哲学博士，现任中南财经政法大学哲学院院长，博士生导师，主要从事国外马克思主义哲学和生态文明理论研究。享受国务院特殊津贴。入选教育部长江学者特聘教授、国家“万人计划”哲学社会科学领军人才、中宣部文化名家暨“四个一批”人才、国家级百千万人才、教育部优秀人才支持计划、湖北省有突出贡献的中青年专家。自 1991 年以来在《中国社会科学》《哲学研究》《马克思主义研究》《马克思主义与现实》等刊物上发表学术论文 340 多篇，其中《新华文摘》《中国社会科学文摘》全文转载 28 篇、《人大复印资料》等全文转载 90 余篇，出版个人学术专著《生态批判与绿色乌托邦：生态学马克思主义研究》《伦理批判与道德乌托邦：西方马克思主义伦理思想研究》《哲学批判与解放的乌托邦》《生态学马克思主义与生态文明》《生态学马克思主义与后发国家生态文明理论研究》《阿尔都塞的马克思主义理论研究》等 19 部。研究成果先后 15 次获得教育部高校人文社科奖二等奖、湖北省社会科学优秀成果奖、武汉市社会科学优秀成果一等奖、二等奖和三等奖。主持国家社科基金重大、重点和一般项目 5 项；中宣部、教育部和省社科基金等课题 10 项。

徐海红，女，汉族，江苏省如皋市人，哲学博士，现为南京信息工程大学马克思主义学院教授、副院长、南京信息工程大学生态文明研究中心主任、“中国社会主义生态文明研究小组”成员，主要从事生态伦理、生态哲学研究。兼任中国环境哲学研究会副秘书长、江苏省自然辩证法研究会常务理事。主持国家社科基金项目 1 项，主持国家社科基金重大招标项目子课题 2 项，主持完成教育部人文社会科学规划项目 1 项、江苏省社科基金项目 2 项。出版专著 2 部，在《马克思主义与现实》《道德与文明》《当代世界与社会主义》等期刊发表论文 40 余篇，部分成果被《新华文摘》《中国社会科学文摘》《高等学校文科学术文摘》《人大复印资料》等转载。获江苏省第十三届哲学社会科学优秀成果奖三等奖、市厅级社会科学优秀成果奖多项。

张云飞，男，内蒙古丰镇市人，哲学博士，现为中国人民大学马克思主义学院教授、博士研究生导师。“中国社会主义生态文明研究小组”成员。主要学术专长为马克思主义与生态文明。出版《生态文明的伦理诉求》《唯物史观视野中的生态文明》《天人合一：儒道哲学与生态文明》《中国农家》和 *Building an Ecological Civilization* 等专著 10 部，《开创社会主义生态文明新时代》(中文版、英文版、阿拉伯文版、波兰文版和斯拉夫蒙文版)《新中国生态文明建设的历程和经验研究》《中国生态文明新时代》等合著 7 部，主编《生态文明：建设美丽中国的创新抉择》《辉煌 40 年 · 生态文明卷》等文集 6 部，并在 *Capitalism Nature Socialism* 和《马克思主义研究》《马克思主义与现实》《自然辩证法研究》等国内外杂志发表学术论文 200 余篇(zhangyf@ ruc. edu. cn)。